▶ 中国录音师协会教育委员会

▶ 中国传媒大学信息工程学院　编著

▶ 北京恩维特声像技术中心

第3版

中级音响师速成实用教程

人民邮电出版社

北　京

图书在版编目（ＣＩＰ）数据

中级音响师速成实用教程 / 中国录音师协会教育委
员会，中国传媒大学信息工程学院，北京恩维特声像技术
中心编著. -- 3版. -- 北京：人民邮电出版社，2013.2（2023.7重印）
ISBN 978-7-115-29868-3

Ⅰ．①中… Ⅱ．①中… ②中… ③北… Ⅲ．①音频设
备－技术培训－教材 Ⅳ．①TN912.2

中国版本图书馆CIP数据核字(2012)第270731号

内 容 提 要

本书讲解了音响系统的基础理论、调整方法和调音技巧，主要内容包括声音和人耳的听觉特性、乐器声与语声、立体声和环绕声系统、传声器的原理与使用、扬声器系统、扩声系统、建筑声学基础、声音指标的测量，重点介绍了各种音响设备的调整方法及调音技巧。

本书是学习中级音响调音技术的读物，既适合已从事音响调音工作的人员及准备从事该行业工作的人员阅读，也可作为音响师培训班和大、中专院校相关专业的教材使用。

中级音响师速成实用教程（第 3 版）

◆ 编　著　中国录音师协会教育委员会
　　　　　　中国传媒大学信息工程学院
　　　　　　北京恩维特声像技术中心
　　责任编辑　张　鹏

◆ 人民邮电出版社出版发行　　北京市丰台区成寿寺路 11 号
　　邮编　100164　电子邮件　315@ptpress.com.cn
　　网址　http://www.ptpress.com.cn
　　北京九州迅驰传媒文化有限公司印刷

◆ 开本：787×1092　1/16
　　印张：15.25　　　　　　　　　　2013 年 2 月第 3 版
　　字数：362 千字　　　　　　　　2023 年 7 月北京第 26 次印刷

ISBN 978-7-115-29868-3
定价：40.00 元

读者服务热线：(010)81055493　印装质量热线：(010)81055316
反盗版热线：(010)81055315

编委会

主　任：王明臣

副主任：金洪海　李遥

编　委：王树森　韩宪柱　王　雷　胡　彤　王　强

前　言

Preface

随着我国文化娱乐产业的飞速发展和声频技术水平的日益提高，专业音响师（调音师）的社会需求量越来越大。据统计，全国现有电台、电视台的数量已超过 5000 家，再加上影视制作间和歌舞厅、影剧院、厅堂扩音、电化教学等，与音响技术相关的从业人员已有近百万人之多。作为一个新兴的职业，音响师越来越受到人们的青睐。

要成为一名合格的音响师，必须掌握相关的理论知识，并具有一定的技能技巧，诸如电工学和电子学基础知识、电声学和建筑声学基础知识、乐理学知识和设备装配以及应用操作能力都十分重要。从 2003 年开始，音响师要求持职业资格证书上岗。即便是具有大专或本科学历的人员，也只有在考取职业资格证书后才具有上岗资格。另外，由于声频技术发展很快，从模拟技术进入数学技术已是大势所趋，设备和技术的更新已在很多单位逐步实现，知识更新和人员素质的提高已迫在眉睫。因此，尽快培养出高水平的音响专业人才，满足社会的需求，已成为当前职业技能培训的一个重要方面。

本套教程正是为了顺应现代声频技术、音响技术的发展潮流，满足广大声频工作者，特别是大量音响技术人员的实际需求而编写的，具有较高的实用价值。由于目前市场上适合音响师实际工作需要的书籍很少，系统介绍音响调音技术的书籍尚无法满足读者的需要，因此，本套教程的出版能在一定程度上弥补这种不足。

中国录音师协会教育委员会（http://www.cavre.com）是二级协会，担负着全国录音师、音响师的教育培训任务；中国传媒大学是全国综合性重点大学，其信息工程学院的培养重点是声像技术方面的高级专业人才；北京恩维特声像技术中心是由人力资源和社会保障部正式委托的职业培训机构。由上述 3 个单位在中国传媒大学联合成立的音响师、录音师、灯光师培训中心已有 13 年的历史，已举办培训班 60 多期，培训学员近万人之多，在培训规模和培训质量方面在我国位居前列，是目前我国重要的声像职业技能培训基地。本套教材正是培训中心多年教学实践经验的总结，在培训中收到了良好效果。

本套教程为第 3 版，分 3 册出版，包括《初级音响师速成实用教程（第 3 版）》、《中级音响师速成实用教程（第 3 版）》和《高级音响师速成实用教程（第 3 版）》。其中，《初级音响师速成实用教程（第 3 版）》主要针对初学者，介绍音响设备的基本原理、基本操作方法，主要讲解音响师必备的电学、声学基础知识，如声音的基本属性、电工基础知识等，重点讲解了操作性很强的音响系统的连接、主要设备的操作与使用方法，是初级音响师的入门读物；《中级音响师速成实用教程（第 3 版）》主要讲解音响系统基础理论、系统的调整方法与使用技巧，特别是对主要设备（如调音台）与周边设备的调整方法以及各种场合的调音技巧作了比较详细的介绍；《高级音响师速成实用教程（第 3 版）》以讲解数字声频技术为主，介绍了数字声频技术的发展和应用，数字声频设备的基本原理、使用和操作方法，以及正确判断音响设备故障、正确处理故障和维修的方法。本次再版除改正了原书中的一些疏漏外，重点对《高级音响师速成实用教程（第 2 版）》的内容作了较大改动，以适应目前蓬勃发展的数字化进程。

对于书中的疏漏和不当之处，请广大读者批评指正。

中国录音师协会教育委员会
中国传媒大学信息工程学院
北京恩维特声像技术中心
2012 年 9 月 9 日
于北京

目　　录

1

1.1 什么是声音

声音是客观物体振动通过介质传播作用于人耳产生的主观感觉。

声音不但是一种客观物理量，是一种能量，包括声源（产生振动的物体或系统）、声场（传播声音的声波存在的空间），而且又是一种主观感觉，即听觉，包括人耳的听觉和大脑的感觉。声音具有客观和主观双重属性，所以我们在分析、研究和处理声音时，就应当从客观和主观两个方面去进行。

1.2 声音和声波

声音是由物体振动产生的，振动发声的物体称为声源。声源发出的声音可以通过固体、液体或气体等媒质来传播。通常声音是通过空气传播的。图 1-1 为扬声器（俗称喇叭）振动发声时通过空气传播的示意图。

在空气中，声源的振动会使周围的空气质点产生一定的疏密变化，并以一定速度传播出去形成声波。因此，声波是疏密波，也称为纵波。

1.2.1 声压

包围地球表面的大气层，随高度和温度的不同而存在不同的大气压强。地面的静态大气压强，在 0℃时约为 101300Pa。Pa（帕斯卡）是压强的单位，1Pa 等于 1 N/m² （牛/米²）。当有声音存在时，大气压强会有微弱的起伏变化，即在静态大气压强上叠加了变化的分量。这个变化的分量称为声压，以 p 表示，单位为 Pa。通常，声压的大小用它的有效值 P 来表示。有效值是指将变化的声压瞬时值平方后求得的平均值。图 1-2 所示为声波引起的空气疏密与气压变化。

如果声压作简谐（正弦或余弦）变化，则声压的有效值为

$$P = \frac{1}{\sqrt{2}} P_{\mathrm{m}}$$

式中，P_{m} 为声压的振幅（即最大值）。

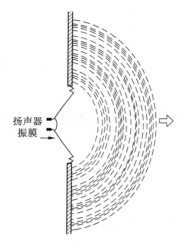

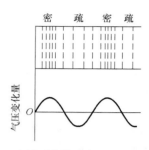

图 1-1　扬声器振动发声时通过空气传播的示意图　　　图 1-2　声波引起的空气疏密与压强变化

人耳刚好能听到的声压约为 2×10^{-5}Pa。如果某人在房间中大声说话，那么相距他 1m 处的声压为 0.05～0.1Pa；飞机强力发动机发出的声音，在相距它 5m 处的声压约为 100Pa。

1.2.2　声速、频率、周期和波长

声波在 1s（秒）内所传播的距离称为声速，以 c 表示，单位为 m/s（米/秒）。

0℃时，在压强为 1 个大气压的空气中，$c = 331.5$m/s。c 值几乎不受气压影响，但会受温度变化的影响。在 t℃时，

$$c = 331.5(1 + t/273)^{1/2} \approx 331.5 + 0.6t \text{ (m/s)}$$

在室温（15℃）时，c 约为 340m/s。

当声源作周期性振动，即作每隔一定时间运动状态就重复一次的振动时，它所发出的声波也作同样的周期性振动。我们将声源或声波每 1s 内的振动次数称为声音的频率，以 f 表示，单位为 Hz（赫兹）。1000Hz = 1kHz[①]（千赫兹）。

周期性振动完成一次振动所需的时间称为周期，以 T 表示，单位为 s（秒）。

很明显，频率和周期是互为倒数的，即 $T = 1/f$。人耳能听到的声音频率范围为 20Hz～20kHz。

声波每振动一次所走过的距离称为声波的波长，以 λ 表示，单位为 m（米）。

声波频率 f、声速 c 和声波波长 λ 之间具有

$$\lambda = \frac{c}{f}$$

的关系。

一些声波的频率与波长关系如表 1-1 所示。

表 1-1　　　　　　　　　一些声波的频率与波长关系（$c = 340$m/s 时）

f	20Hz	50Hz	100Hz	250Hz	500Hz	1kHz	2kHz	5kHz	10kHz	15kHz	20kHz
λ	17m	6.8m	3.4m	1.36m	68cm	34cm	17cm	6.8cm	3.4cm	2.3cm	1.7cm

---

① 频率单位还有 MHz（兆赫兹）、GHz（吉赫兹），1MHz=10^6Hz，1GHz=10^9Hz。

1.2.3 声功率和声强

单位时间内穿过垂直于声波传播方向给定面积的声能通量称为声功率，以 P 表示，单位为 W（瓦）。

单位时间内，穿过垂直声波传播方向单位面积的声能，也就是垂直声波传播方向单位面积的声功率称为声强，以 I 表示，单位为 W/m^2（瓦/米^2）。声强与声压的平方成正比。

1.2.4 声级

由于人耳能听到的声压范围为 $2 \times 10^{-5} \sim 20$Pa，相差 10^6 倍，声强范围为 $10^{-12} \sim 1$W/m^2，相差 10^{12} 倍，表示起来不方便，另外，人耳对声压和声强变化的感觉也并不与它们的绝对值成正比，而是与它们的对数成正比，因此采用声压级、声强级和声功率级来表示声压、声强和声功率大小更为方便。声压级、声强级和声功率级的单位为 dB（分贝）。声级的概念与电路中电平的概念相似。

1．声压级

声压级（L_p）的定义为

$$L_p = 20 \lg \frac{p}{p_0} \qquad (1\text{-}1)$$

式中，p_0 为基准声压，数值等于 2×10^{-5}Pa；p 为待求声压级的声压。式（1-1）也可写成

$$L_p = 20 \lg p + 94\text{dB}$$

由式（1-1）可知，声压变化 10 倍，相当于声压级变化 20dB；声压变化 100 倍，相当于声压级变化 40dB。

2．声强级

声强级（L_I）的定义为

$$L_I = 10 \lg \frac{I}{I_0} \qquad (1\text{-}2)$$

式中，I_0 为基准声强，数值等于 10^{-12}W/m^2；I 为待求声强级的声强。式（1-2）也可写成

$$L_I = 10 \lg I + 120\text{dB}$$

由式（1-2）可知，声强变化 10 倍，相当于声强级变化 10dB；声强变化 100 倍，相当于声强级变化 20dB。

3．声功率级

声功率级（L_P）的定义为

$$L_P = 10 \lg \frac{P}{P_0} \qquad (1\text{-}3)$$

式中，P_0 为基准声功率，数值等于 10^{-12}W；P 为待求声功率级的声功率。式（1-3）也可写成

$$L_P = 10 \lg P + 120\text{dB}$$

表 1-2 给出了声压比或声强比与声压级、声强级的关系。

表 1-2　　　　　　　　　　　声压比与声压级及声强比与声强级的关系

声压比或声强比	1.0	2.0	3.0	4.0	5.0	6.0	7.0	8.0	9.0	10.0	20.0
声压级（dB）	0.00	6.02	9.54	12.04	13.98	15.56	16.90	18.06	19.08	20.00	26.02
声强级（dB）	0.00	3.01	4.77	6.02	6.99	7.78	8.45	9.03	9.54	10.00	13.01
声压比或声强比	30.0	40.0	50.0	60.0	70.0	80.0	90.0	100.0	1000.0	10000.0	100000.0
声压级（dB）	29.54	32.04	33.98	35.56	36.90	38.06	39.08	40.00	60.00	80.00	100.00
声强级（dB）	14.77	16.02	16.99	17.78	18.45	19.03	19.54	20.00	30.00	40.00	50.00

注：表中比值为声压、声强与基准声压、声强的比值。

1.3　人耳的构造及各部分的功能

人耳可分为外耳、中耳和内耳三部分，它的剖面图如图 1-3 所示。

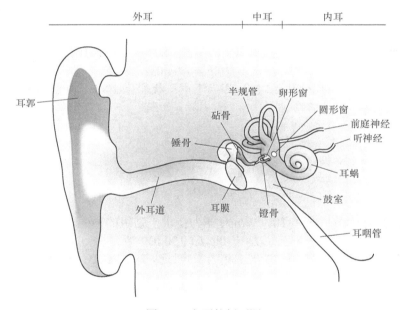

图 1-3　人耳的剖面图

1.3.1　外耳

外耳由耳郭（或耳廓）、外耳道和耳膜（鼓膜）组成。耳郭起着将声波导向外耳道的作用，并对声源方向的定位起作用。外耳道是一个直径约为 0.5cm、长约为 2.5cm，一端封闭的管子，起着将声音传至耳膜的作用。外耳道的自然谐振频率约为 3400Hz。由于外耳道的共鸣以及人头对声音产生的反射和衍射作用，人耳对 2000～4000Hz 声音的感觉可提高 15～20dB。耳膜是一个面积约 0.8cm^2、厚约 0.1mm 的柔软的浅锥形薄膜。锥形的顶点朝向中耳。耳膜可接收声波的振动，然后传给中耳的听小骨。

1.3.2 中耳

中耳是耳膜内侧的空腔部分，容积约 $2cm^3$，其中包含三个听小骨。与耳膜相连接，由耳膜中央朝向上方的小骨是锤骨，然后是砧骨及镫骨，它们以关节状相连接。镫骨的底面积约 $3.2mm^2$，与内耳的卵形窗相接。中耳由于听小骨的杠杆作用以及耳膜与卵形窗面积比，使加到耳膜上的声压被放大后加给卵形窗，并起着将外耳的空气与内耳的液体之间进行阻抗匹配的作用。另外，听小骨附有能对强声起反射作用的肌肉，使强声减低后传入内耳，可保护内耳。听小骨具有一定的非线性，使人们对一个频率的声音能产生出它的谐音的感觉。中耳通过耳咽管与鼻腔相通。耳咽管平常是闭合的，当咽东西时它才打开，使外耳与中耳的气压保持平衡，以保护耳膜不致受到过强气压的冲击而破裂。

1.3.3 内耳

内耳由三个半规管和耳蜗组成。耳蜗的外形如同蜗牛的外壳，是由卷曲成 $2\frac{3}{4}$ 圈的螺旋形骨质小管组成的，管长为 $2\sim3cm$。耳蜗的直径约 9mm，高约 5mm，内部充满淋巴液。三个半规管是起保持身体平衡作用的，与人的听觉无关。耳蜗沿长度方向以基底膜为界分为前庭阶和鼓阶两个部分。这两个阶在顶端蜗孔处相通。基底膜由外端的 0.16mm 逐渐变宽，最里端宽度约为 0.52mm。基底膜上分布有约 3 万根毛细胞，每根毛细胞都与末梢神经相连。当声音经镫骨传到卵形窗后，由淋巴液传到基底膜，使基底膜上与声音频率相应的部分产生共振。靠卵形窗近处与高频声音共振，越往里面共振的频率越低。共振使该部分的毛细胞刺激相应的末梢神经产生电脉冲，送至大脑皮质中的听觉中枢，从而使人听到声音。对于由许多频率组成的复音，各频率声音分别使相应部分产生共振，使人感觉到复音的音色。关于声音大小的感觉，是由电脉冲的频度决定的。电脉冲频率越高，人感觉到的声音就越响。

1.4 人耳的听觉范围

人耳对声振动的感受，在频率及声压级方面都有一定的范围。在这个范围外的声振动人耳是感觉不到的。

1.4.1 频率范围

人耳能感觉到的声振动在 20Hz～20kHz，称为可听声。低于 20Hz 的声振动称为次声，高于 20kHz 的声振动称为超声。人耳对次声和超声都感觉不到。声频工作者主要研究的对象是可听声。

1.4.2 声压级范围

人耳对不同频率的可听声在相同声压级时的感觉是不同的。通常将青年人对 1000Hz 声音刚能感觉到的声压，即 0dB 声压级（即 2×10^{-5}Pa 声压）定为这一频率的听阈。比 0dB 再小的声音则感觉不到。1000Hz、120dB 的声音会使人耳感到疼痛，故将 120dB 定为 1000Hz

声音的痛阈。其他频率的可听声的听阈和痛阈与 1000Hz 声音不同。图 1-4 中最下面一条曲线表示了各频率声音的听阈，最上面一条曲线表示了各频率的痛阈。随着年龄的不同、健康状况的不同，人的听阈和痛阈的数值也会不同。图 1-4 中标有百分数的各条曲线，表示听阈低于该曲线的人所占的百分比。从听阈曲线可看出，低于 1000Hz 和高于 4000Hz 的听阈都高于 0dB，即人耳对它们的灵敏度较差。听阈曲线最低的是 3000～4000Hz 的声音，这是由于外耳道在这一频率段谐振所致，人耳对它们最敏感。

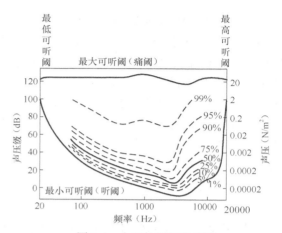

图 1-4　人耳的听阈和痛阈

由图 1-4 可以看出，听觉敏锐的人（约占 1%）与具有平均值的人（50% 的人）的听阈相差可达 20dB（10 倍）；听阈比平均值还要高 20dB 的人则属于听觉衰退的人。人们由于年龄和健康状况等因素，能听到的声音频率范围是不同的。通常年龄大的人听不到频率较高的声音。

1.5　声音的三要素

人们对声音的主观感觉有音调、响度和音色，它们被称为声音的三要素。

1.5.1　音调

人耳对声音高低的感觉称为音调，它主要与声音的频率有关。音调随频率增大而增高，但不与频率成正比关系。

音调的单位为美（mel），1000Hz、40dB 的纯音的音调定为 1000 美，比 1000 美高一倍的音调定为 2000 美，比 1000 美低一半的音调定为 500 美。美与频率的关系如图 1-5 所示。2000 美的音调比 1000 美高 1 倍，但频率数却增大近 4 倍（约 4000Hz）。所以频率与音调之间的关系是较为复杂的。在音乐中很少用美来表示音调间的关系。

影响音调的其他因素还有声音的声压级以及声音的持续时间。

低频的纯音，声压级高时要比声压级低时感到音调变低；在 1000～5000Hz 范围的纯音，音调与声压级几乎无关系；频率再高的纯音，声压级升高时会感到音调变高。

一个复音的音调是由复音中频率最低的声音，即由基音决定的。复音的声压级高低对音调的影响比纯音时要小得多。

声音的持续时间在 0.5s 以下比 1s 以上时感到的音调要低。持续时间再短，为 10ms 左右时会使听音人感觉不出它的音调，只有喀呖声感觉。使人耳能明确感觉出音调所必需的声音持续时间，随声音的频率而不同。频率低的声音要比频率高的声音需要较长的持续时间。

人耳对频率的辨别阈，是指人耳对频率微小变化（Δf）的分辨能力。根据图 1-6 所示实验结果可知，对于 500～6000Hz、50dB 的声音，人耳的辨别阈为 0.3%左右，是很敏感的。例如，3000Hz 声音变化 0.3%，即 9Hz 时人耳就能感觉到。

通常，称某一频率的区间为频带，并由上限频率 f_2 和下限频率 f_1 来规定带宽，f_2、f_1 称为截止频率。在声频技术中常用的频带宽度为倍频带或称倍频程（oct）。一个倍频带是上限频率为下限频率 2 倍的频率范围，即 $f_2 = 2f_1$。如果需要得到比倍频带更窄一些的频带，可以用 1/2 倍频带（或称 1/2 倍频程）。1/2 倍频程是在两个相距一个倍频程的频率之间插入一个频率，使这三个频率之间依次相差 $2^{1/2} \approx 1.414$ 倍，即成为 $f_1 : 2^{1/2}f_1 = 1.414f_1 : 2f_1$。还可以使用 1/3 倍频带（或称 1/3 倍频程）。1/3 倍频程是在两个相距一个倍频程的频率之间插入两个频率，使这四个频率之间，依次相差 $2^{1/3} = 1.26$ 倍，即成为 $f_1 : 2^{1/3}f_1 = 1.26f_1 : 2^{2/3}f_1 = 1.587f_1 : 2f_1$。

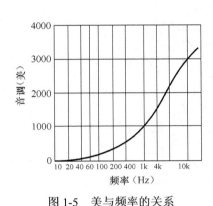

图 1-5　美与频率的关系

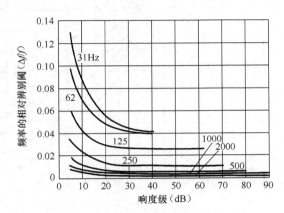

图 1-6　人耳对频率的辨别阈

上限和下限截止频率的关系为

$$f_2 = 2^n f_1$$

式中，n 为倍频带的系数，可以是整数，也可以是分数，例如，当 $n = 1/3$ 时，就是 1/3 倍频带；$n = 1/2$ 时，就是 1/2 倍频带；当 $n = 1$ 时，就是倍频带。

1.5.2　响度

人耳对声音强弱的感觉称为响度。由图 1-4 可知，人耳的听阈在各频率是不同的，因此，即使两个纯音声压级相同，如果它们的频率不同，就可能听得到，也可能听不到。同样，对两个不同频率的纯音，即使声压级相同，人耳也会感到声音的响度有差别。

美国人弗莱彻·门逊对健康的美国青年进行了频率和声压级与人耳感觉到的声音响度之间的关系的实验，求得了统计的平均值，绘出了如图 1-7 所示的等响曲线。图中各曲线上所代表的声音听起来都同样响。各曲线上所注明的数值称为响度级，单位为方（phon）。方值与 1000Hz 时的声压级（dB）数值相等，即任何声音的响度级都等于一个同样响的 1000Hz 的声压级。由图 1-7 可看出，一个 200Hz、40dB 的声音的响度级约为 20 方。

由图 1-7 可知，0 方的曲线即图 1-4 中的听阈曲线，而 120 方的曲线即痛阈曲线。

后来，鲁宾逊等人对在自由声场中的 90 位 18～25 岁的健康人进行了平面声波听觉测验，得出了与弗莱彻·门逊等响曲线不同的另一组等响曲线，如图 1-8 所示。这一组曲线经国际标准组织（ISO）提议，被作为正式标准采用。对这两组曲线进行比较可以看出，它们在低频段的差异较大。鲁宾逊等响曲线中的最下面一条曲线（即听阈的最小可听声曲线，也就是响度为零的等响曲线）的响度级不是 0 方，而是 4.2 方。

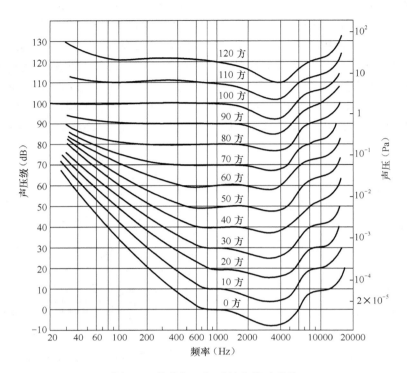

图 1-7　弗莱彻·门逊纯音等响曲线

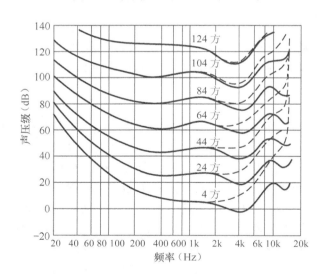

实线：18～25 岁平均值；虚线：60 岁平均值
图 1-8　鲁宾逊等响曲线

等响曲线表明了听觉对响度的如下一些特点。

① 响度级与声强有关，声强提高，响度级也会相应增加。

② 响度级与声音的频率有关，频率不同时，声压级即使一样，响度级也会不同。

③ 在 3400Hz 附近的声音听起来比较响，这是由外耳道共鸣所引起的。

④ 随着方值的增大，等响曲线随频率的变化减小，即曲线变得较平直。这说明不同频率的声音的响度增长率也不同。例如在听阈时，100Hz 纯音的声压级要比 1000Hz 纯音的声压级约高 20dB，但在 100 方时，两者的声压级接近相等。虽然响度级的变化都是 100 方，但 1000Hz 的纯音的声压级需增加（100–4）dB = 96dB，而 100Hz 纯音的声压级只需增加（100–24）dB = 76dB，可见，低频纯音的响度增长率大于中频纯音的响度增长率。

⑤ 对于 400～4000Hz 的声音，响度级值与声压级相差不大，有时就可用它代替方值。

由等响曲线可看出，20Hz 声音声压级必须达到 70dB 才能被人耳听到，这就是对包含低音的节目进行调音时，监听音量通常都要达到 70～90dB 的原因所在。

根据上述听觉与响度关系的特点，当改变放音装置的音量时，因为各个频率的声音的响度级也将改变，所以人们会感到声音的音色有变化。即使是一个高档的放音装置，在低声级放音时，也会感到放音频带变窄，声音单薄；相反，即使是一个低档的放音装置，只要提高放音音量，就会感到放音频带展宽，声音较丰满。这是因为在低声级时，低频段和高频段声音的响度下降很多，甚至会使有些频率的声音听不见。为了改变这种情况，可以在前置放大器部分安装响度控制器，使其在低声级放音时，能根据等响曲线自动地将低频段和高频段声音的声级进行反校正，将它们相应提高。

测量噪声声级所用的声级计也要利用等响曲线。因为在测量噪声这种复音时，必须反映人耳的感觉特点，不能简单地对声音各个成分原样相加，而需要对它们按等响曲线的形状来计权，以求得与人耳实际听得的效果相符合。通常，声级计上大多有 A、B、C 三种计权，它们分别是大体按 40 方、70 方、100 方三条等响曲线设计的。

由于响度级方值并不与人耳感到的响度成正比，即响度级增大一倍时，人耳感到的响度并不增大一倍，因此，又定出了与人耳感到的响度成正比的响度单位，称为宋（sone）。规定以 1000Hz、40dB 声压级声音的响度为 1 宋，比它高一倍的响度定为 2 宋，高两倍的响度定为 3 宋。声音响度级（方）与响度（宋）之间的关系如图 1-9 所示。

图 1-9 所示曲线在 40～105 方时可用下式近似表示：

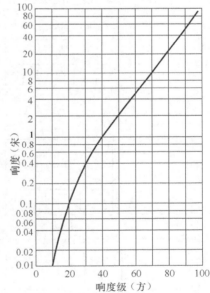

图 1-9　响度级（方）与响度（宋）之间的关系

$$宋值 = 2^{0.1(方值-40)}$$

或
$$\lg 宋值 = 0.03 方值-1.2$$

由上式可以看出，方值在 40～150 时，响度级变化 10 方，对应的响度宋值变化为 2 倍，响度级变化 20 方，对应的响度宋值变化 4 倍。

声音的响度级还与声音的持续时间有关。对于振幅一定、持续不断的声音，开始听到时响度级不是立即达到一定的数值，而是比较急速地增大，经过一段时间后达到最大值，随后则逐渐减小。

对于持续时间在 1s 以下的声音，人耳会感到响度下降。频率越高的声音，下降得越多，持续时间越短的声音，听起来响度下降得越多。

当声压级在 50dB 以上时，人耳对声压级差的辨别阈，即人耳能辨别的最小声压级差大约为 1dB，与频率的关系不大。如果声压级小于 40dB，声压级需变化 1～3dB 才能被察觉出来。因此声频设备的音量控制器如为分挡调节时，每挡间差值不应大于 1dB，以免听声人感到声音骤变。

1.5.3 音色

音色是人们区别具有同样响度和音调的两个声音的主观感觉，也称为音品。例如，每个人讲话都有自己的音色，不同乐器演奏相同曲调时，人们也能区别它们各自的音色。

人的讲话声和乐器的演奏声都不是纯音，而是复音，即由基频与谐频组成的声音。两个音调相同的声音，它们的基频相同，但谐频的成分幅度可能不同，即频谱组成可能不同，从而会使人感到音色不同。频谱是以频率的对数坐标作为横坐标，以声压级作为纵坐标，将基频及谐频按幅度大小以相应高度的纵线表示在相应频率坐标上的图形。图 1-10 所示为钢琴的频谱，它的谐频较多。图 1-11 所示为吉他的频谱，它的高次谐频更多。图 1-12 所示为钹的频谱，它的各组成频率之间不成倍数关系，因而声音比较浑浊。

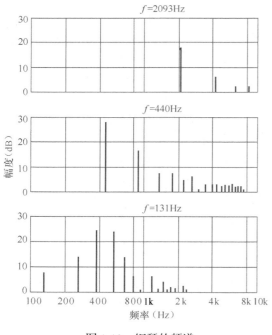

图 1-10 钢琴的频谱

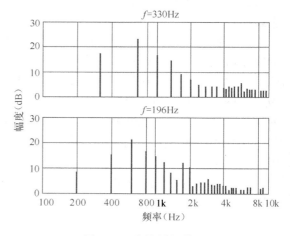

图 1-11 吉他的频谱

声音的时间过程不同也会影响音色。所谓时间过程是指声音的启振、稳态和衰减的过程，也称为时程或时间轴上的包络形状，也有称为音型。不同类型的乐器的时间过程是不同的。

① 启振阶段（也称为建立阶段）：指激发弦或空气柱使振动开始的瞬间，即开始振动而振幅还不大，并且还不稳定的那段时间。例如铜管乐器激发的时间一般为 40ms 左右，强激发时最长为 80ms，但在弱激发时最长可达 180ms。

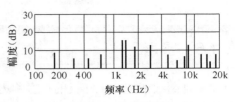

图 1-12　钹的频谱

② 稳态阶段：这是音乐过了启振阶段以后，振幅增至最大并保持恒定不变的阶段。弦乐器中的提琴、二胡等有稳态阶段，板鼓、梆子、小锣等打击乐器，基本上没有稳态阶段。

③ 衰减阶段：这是振幅开始减小直到完全停止振动的阶段。有的乐器衰减阶段很短，有的却很长。例如扬琴、竖琴的衰减时间就很长，可达 1～2s 或更长，一般乐器的衰减时间，高音较短、低音较长。

如图 1-13 所示，钢琴的时间过程是启振得较快，然后逐步衰减，而风琴的时间过程是启振较慢，在短时间内保持一定稳态声级，然后较快地衰减。如果将风琴的声音进行录音，然后将录音磁带由后向前倒放，我们仍然可以听得出是风琴的声音，但对钢琴的声音录音后再倒放就完全不像钢琴声了。

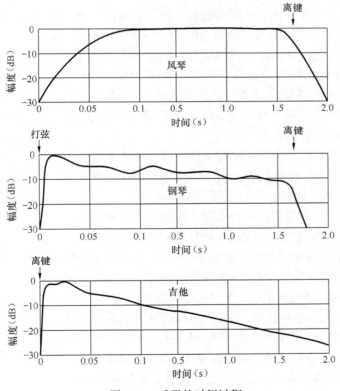

图 1-13　乐器的时间过程

不同的乐器，如果击振方式和发音方式不同，则发音过程的 3 个阶段所占的比重也会不同。即使是同一乐器采用不同的演奏方法，产生的时间过程也会不同。例如，弦乐器的拉奏和拨奏的时间过程就不同。

1.6 噪声

素乱断续或统计上随机的声音称为噪声，例如交通噪声、工业噪声等。再有，对于不需要的声音也称为噪声，例如由外界传入播音室中的声音。

噪声也用声压级来表示它的强度，称为噪声级。交通噪声中，重型卡车的噪声级约为88dB，轿车约为60dB。在火车车厢内为70~75dB，在喷气飞机发动机附近可达140dB。工业噪声则随行业不同而具有不同的噪声级。钢铁工业的噪声级为80~130dB，个别的可达140dB，纺织工业的噪声级为80~108dB。

强度很高的噪声可使建筑物受到损坏，例如震碎玻璃、震塌烟筒等。在吵闹的噪声环境中，人们会感到厌烦，精神不集中，影响工作效率，妨碍人们的休息和睡眠等。强噪声的环境会使人的听觉产生暂时性的听阈上移，听力迟钝，即产生听觉疲劳。这是一种暂时性的生理现象，此时内耳听觉器官尚未损坏，经过休息后可以恢复到正常。但如果长期处在强噪声环境中，听觉疲劳就不能复原，内耳听觉器官会发生病变，暂时性阈移会变为永久性阈移，严重时会导致耳聋，称为噪声性耳聋。这与人们随年龄的增长使听力下降导致的老年性耳聋不同。

通常，评价噪声使人烦恼和危害的参数是噪声评价数，即NR曲线，如图1-14所示。它的横坐标为倍频程频带（频率为一倍关系的几个声音组成的频带）的中心频率，纵坐标为声压级，它的每一条曲线在1000Hz的倍频带声压级等于噪声评价数NR。求一个噪声的NR数值的方法是：先测量该噪声在8个倍频带的声压级，求出倍频带频谱后，将频谱曲线画到图1-14上，找出其中最接近或稍高于频谱线1dB的NR曲线，则该NR曲线值就是该噪声的评价数。

此外，在美国还使用一种NC曲线来评价建筑物内噪声影响的参数。它的形状与NR曲线类似，用法也相同。后来又提出来一种用优选频率的PNC曲线，这里就不介绍了。

另外，在声学测量中经常使用由仪器产生的白噪声和粉红噪声。白噪声是指固定频带宽度测量时，频谱连续并且均匀的噪声，也就是在宽广频率范围内相同带宽能量相等的噪声。在线性频率坐标系中，其能量分布是均匀的；而在对数频率坐标系中，其能量分布是每倍频程上升3dB。"白"是从光学名词中借用的，因为白光可以分解为能量分布均匀的各种色光。粉红噪声是指用恒百分比的频带宽度测量时，频谱连续并且均匀的噪声，也就是在宽广频率范围内恒百分比带宽能量相等的噪声。在对数频率坐标中，其能量分布是均匀的，而在线性频率坐标中，其能量分布是每倍频程下降3dB，"粉红"也是从光学名词中借用的，它表示相对于白噪声来说低频成分较多。

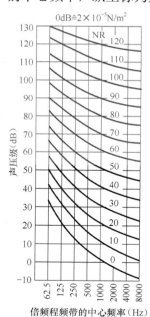

图1-14 NR曲线

另外，在声学测量中还时常用到啭声和猝发声。啭声是指在一定的中心频率上下改变一定带宽频率的声音或指一种经过频率调制的声音。猝发声由一系列间断的正弦波所组成，波的间断和持续时间都要求一定，每列波包含有一定个数的正弦波。猝发声也称为正弦波群或正弦波列。

1.7　声波的传播

1.7.1　波阵面和声线

声波由声源发出后，在媒质中向各个方向传播。在某一时刻由声波到达的各点所连成的面称为波阵面。很明显，波阵面上各点的相位是相同的。波阵面的形状决定了声波的类型。

波阵面为平面的声波称为平面波，例如在管中传播的声波可看作是平面波。波阵面为球面的声波称为球面波，由很小的声源（点声源）发出的声波可看作是球面波。球面波的波阵面随距声源的距离不断扩大。当球面波距声源很远，取其一部分来看，可近似于平面波。图 1-15 为平面声波和球面声波的示意图。

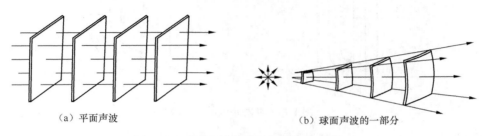

（a）平面声波　　　　　　　　　　　（b）球面声波的一部分

图 1-15　平面声波和球面声波的示意图

在均匀媒质中，代表声波传播方向，处处与波阵面垂直的线段称为声线。平面声波的声线是垂直于波阵面的平行直线，球面声波的声线是以声源为中心的径向直线。声线是为了研究方便而假设的线。

1.7.2　声波的反射和折射

如图 1-16 所示，平面声波由媒质 Ⅰ 以与界面法线成 θ_i 角入射到媒质 Ⅱ 时，可以和光波一样，根据斯涅尔反射与折射定律来求得反射角 θ_r、折射角 θ_t 及界面的反射系数、折射系数。设媒质 Ⅰ、Ⅱ 内的声波传播速度分别为 c_1 及 c_2，则

$$\frac{\sin\theta_i}{c_1} = \frac{\sin\theta_r}{c_1} = \frac{\sin\theta_t}{c_2}$$

因此

$$\begin{cases} \theta_i = \theta_r \\ \dfrac{\sin\theta_i}{\sin\theta_t} = \dfrac{c_1}{c_2} \end{cases} \quad (1\text{-}4)$$

即入射角等于反射角；入射角正弦与折射角正弦之比等于两媒质的声速比。

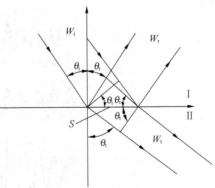

图 1-16　声波的反射与折射

1.7.3　声波的衍射和拍

1．声波的衍射

声波在传播过程中遇到障碍物或带有孔洞的障板时将弯曲传播，这种现象为声波的衍射，也可称为声波的绕射。衍射的程度取决于声波的波长和障碍物体（或孔洞）的大小。频率越高（波长越短）越难产生衍射，因而高频声具有较强的方向性。通常认为障碍物体的尺度小于 5λ 时，入射声波会绕过障碍物体；障碍物体的尺度为 $5\sim10\lambda$ 时，一部分入射声波会绕过障碍物体；障碍物体的尺度接近 30λ 时，入射声波几乎完全被障碍物遮挡。

图 1-17 所示为两种声波的衍射现象。

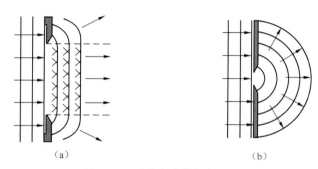

（a）　　　　　　　　　　　　　　（b）

图 1-17　两种声波的衍射现象

2．拍

两个频率相近的简谐声波相遇时，由于两者间的相位差时刻在变化而使叠加后的声波振幅作周期性变化的现象称为拍。振幅变化的频率等于原来的两个频率之差，称为拍频。当两个频率相近的音叉同时发声时，就可听到时强时弱按拍频变化的声音。

图 1-18 形象地表示了拍的形成。图中曲线（a）及（b）分别表示两个频率相近的声压，曲线（c）表示合声压。t_1 时刻两个声压都达到最大值，因而合声压最大。由于频率的差别，经过一段时间后，到达 t_2 时刻时，两个声压一个达到正最大值、一个达到负最大值，合声压

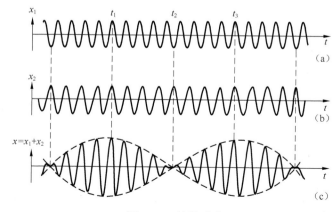

图 1-18　拍的形成

减弱到零。在 t_3 时刻，合声压又达到最大。这样，合声压的振幅就时而加强时而减弱，形成了拍。图中在左右两条垂直虚线之间，曲线（a）有 18 个完全波，曲线（b）有 16 个完全波，合声波幅值有两次变化。

1.7.4　驻波

驻波是由两列振幅及频率都相同的声波在同一直线上沿相反方向传播时叠加形成的。如图 1-19 所示，图中点画线表示向右传播的声波，虚线表示向左传播的声波。我们取两声波的振动正负始终相同的点作为坐标原点，并于 $x = 0$ 处媒质质点向上达到最大位移时开始计时。

图中画出了这两列声波在 $t = 0$、$T/8$、$T/4$、$3T/8$、$T/2$ 各时刻的波形，实线为合成声波。由图可以看出，无论什么时刻，合成声波在"·"表示的点即称为波节的点处总是静止不动的，在两波节中的所有的振动正负都相同，在两波节的中点，即用"+"号表示的点是最大振幅的点称为波腹。波节的两边则振动正负相反。波腹与波节每隔 $\lambda/4$ 交替产生，而相邻两波腹或波节都相隔 $\lambda/2$。

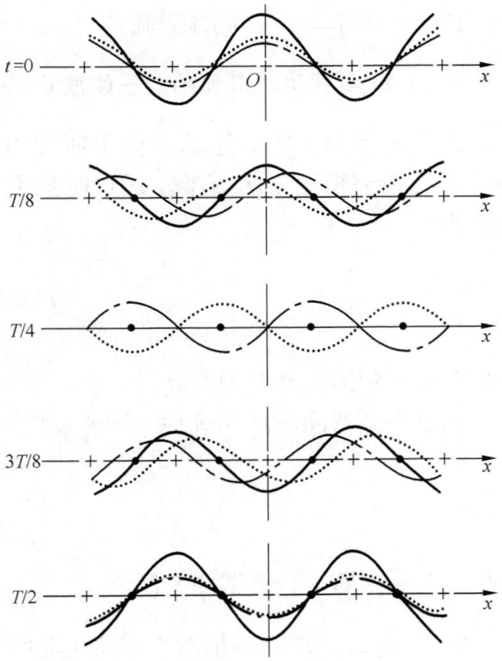

图 1-19　驻波的形成

1.7.5　多普勒效应

当声源与听声人处于相对运动状态时，听声人会感到声源所发声音的频率有变化，这种现象称为多普勒效应。

设声源与听声人的运动发生在二者连线方向，声源相对于媒质的运动速度为 v_s，听声人相对于媒质的运动速度为 v_1，声速为 c。

1．声源与听声人都相对媒质静止时（$v_s = 0$，$v_1 = 0$）

设声源所发声音的频率为 f，波长为 λ，听声人听到的频率为 f'，则

$$f' = \frac{c}{\lambda} = f$$

即频率无变化。

2．声源不动，听声人相对于媒质运动时（$v_s = 0$，$v_1 \neq 0$）

设听声人朝向声源运动，由于听声人在单位时间多接收了由声源发出的 $\frac{v_1}{c} f$ 个周期，所以

$$f' = f + \frac{v_\mathrm{l}}{c}f = \left(1 + \frac{v_\mathrm{l}}{c}\right)f \qquad (1\text{-}5)$$

即声音频率增加，声音音调变高。

如果听声人背向声源运动，则

$$f' = f - \frac{v_\mathrm{l}}{c}f = \left(1 - \frac{v_\mathrm{l}}{c}\right)f$$

即声音频率减小，声音音调变低。

3. 听声人不动，声源相对于媒质运动时（$v_\mathrm{s} \neq 0$，$v_\mathrm{l} = 0$）

设声源朝向听声人运动，由于所发出的声波将向运动方向挤紧，在一完全周时间内，相当于波长缩短了 v_s/f，因此，通过听声人处的声波波长 $\lambda' = \lambda - v_\mathrm{s}/f = c/f - v_\mathrm{s}/f = (c - v_\mathrm{s})/f$，频率为

$$f' = \frac{c}{\lambda'} = \frac{c}{c - v_\mathrm{s}}f \qquad (1\text{-}6)$$

即听声人听到的声音音调变高。

如果声源背向听声人运动，则所发出声波变得疏一些，频率为

$$f' = \frac{c}{\lambda'} = \frac{c}{c + v_\mathrm{s}}f$$

即听声人听到的声音音调要变低。

4. 听声人、声源都相对于媒质运动时（$v_\mathrm{s} \neq 0$，$v_\mathrm{l} \neq 0$）

设两者相向运动，则综合式（1-5）及式（1-6）可得

$$f' = \frac{c + v_\mathrm{l}}{c - v_\mathrm{s}}f$$

即听声人听到的声音音调要变高。

当声源与听声人运动方向相反时

$$f' = \frac{c - v_\mathrm{l}}{c + v_\mathrm{s}}f$$

即听声人听到的声音音调要变低。

当纸盆扬声器同时发出一较强的低频声和一较弱的高频声时，由于纸盆受强低频声信号作用，振动很强烈，这时所发出的高频声就是由前后强烈振动着的扬声器纸盆发出的，因此，高频声的频率就会由于多普勒效应而变动，使听到的高频声音调不稳定。

如果听声人与声源的运动并不沿着两者的连线方向，那么，只要将在连线方向的速度分量作为 v_s 及 v_l，然后代入以上的公式中就可求出频率。

1.8　人耳的几种效应

1.8.1　掩蔽效应

人耳能在寂静的环境中分辨出轻微的声音，但在嘈杂的环境中，这些轻微的声音就会被嘈杂声所淹没而听不到了。这种由于第一个声音存在而使第二个声音听阈提高的现象称为掩蔽效应。第二个声音称为被掩蔽声，第二个声音听阈提高的数值称为掩蔽量。

掩蔽效应可分为纯音的掩蔽、复音的掩蔽、噪声的掩蔽、非同时掩蔽、远掩蔽和中枢掩蔽等。

1. 纯音的掩蔽

纯音间的掩蔽效应是最简单、最容易研究的。设保持第一个纯音（掩蔽声）的频率和响度级一定（1200Hz、80dB），使第二个纯音（被掩蔽声）的频率变化，就可以求出第二个纯音的听阈。如图 1-20 所示，纵轴为第二个纯音的响度级，在曲线下面的区域①中第二个纯音被掩蔽，只能听到第一个纯音（1200Hz）；在区域②中可以分别听到第一个纯音和第二个纯音；在区域③中则可以听到两个声音的和音、差音、混合音等。

在第一个纯音附近掩蔽的下降，是由于两个声音产生差拍，使人比较容易确定第二个纯音的存在。在第二个纯音的频率为第一个纯音的 2 倍（2400Hz）、3 倍（3600Hz）时也出现了

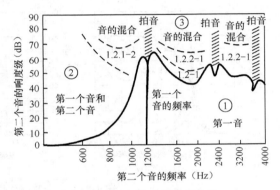

图 1-20　两个纯音的掩蔽曲线
（第一个纯音为 1200Hz、84dB）

下降，这是因为第一个声音虽然是纯音，但由于人耳的非线性，在人耳内会出现谐音，并与第二个纯音产生拍音。

如果改变第一个纯音的频率和响度级，可以得出图 1-21 所示的几组掩蔽曲线，它们分别是第一个纯音为 200Hz、400Hz、800Hz、1200Hz、2400Hz 和 3500Hz 时的掩蔽曲线。

从图 1-21 可见，纯音掩蔽的规律可归纳为以下几点。

① 低音容易掩蔽高音，而高音掩蔽低音较难。

② 频率相近的纯音容易掩蔽，但如果两音的频率过于接近时则会产生差拍，反而会使掩蔽作用减弱。

③ 提高掩蔽声的声压级，掩蔽的范围则会展宽。

2. 复音的掩蔽

人耳对复音能分辨出组成它的各个分音，因而能感受到它的音色。我们知道，复音的声压级改变会影响到它的音色，而掩蔽效应也会影响到复音的音色。

例如，有一个包含频率 400Hz、1200Hz 和 2800Hz 3 个分音的复音，它们的响度级分别

为 60dB、20dB 和 20dB。由图 1-21（b）可知，由于第一个音（400Hz）的响度级为 60dB，而它对 1200Hz 的掩蔽量为 30dB，所以 1200Hz 声音被 400Hz 声音掩蔽而听不到，而 400Hz 对 2800Hz 的掩蔽量为 8dB，抵消后还有 12dB（即在听阈曲线上 12dB），所以人耳只能听到 400Hz 和 2800Hz 两个声音所形成的声音，原来的音色发生改变。

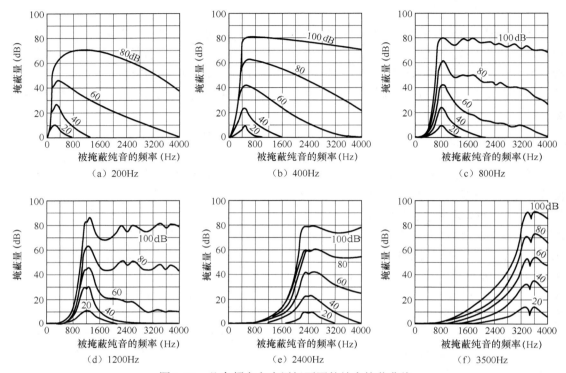

图 1-21　几个频率和声压级不同的纯音掩蔽曲线

如果 400Hz、1200Hz 和 2800Hz 的声音响度级分别为 80dB、40dB、40dB，则由图 1-21（b）的 80dB 曲线可知，对 1200Hz 声音的掩蔽量为 50dB，对 2800Hz 声音的掩蔽量为 40dB，这时，1200Hz 及 2800Hz 两个声音都会被 400Hz 声音所掩蔽，都不能被听到，只能听到 400Hz 的声音，音色也会有较大的变化。

3．频带噪声对纯音的掩蔽

当频带噪声的频带不太宽时，掩蔽曲线与纯音间的掩蔽近似，但更具有对称性，并且不受拍频影响，中心的掩蔽量要大于纯音的掩蔽量。当频带噪声的频带较宽时，只有以纯音为中心的很窄的频带内的噪声才与掩蔽有关，这一频带可称为临界频带。

4．非同时掩蔽

以上论述的掩蔽现象是发生在掩蔽声和被掩蔽声同时作用的情况下，即同时掩蔽。但是掩蔽声与被掩蔽声在具有时间差的情况下，也会发生掩蔽，这种掩蔽称为非同时掩蔽。掩蔽声作用在被掩蔽声之前所发生的掩蔽称为前掩蔽；掩蔽声作用在被掩蔽声之后所发生的掩蔽称为后掩蔽。

前掩蔽与后掩蔽具有如下特点。

① 掩蔽声在时间上越接近被掩蔽声时，掩蔽效应越显著，并且通常发生在掩蔽声声压级在 40dB 以上时。

② 掩蔽声与被掩蔽声相距时间差很小时，后掩蔽作用会大于前掩蔽作用。

③ 掩蔽声声压级增大时，掩蔽量并不成比例地增大。

④ 单耳的掩蔽作用要大于双耳的掩蔽作用。

5．远掩蔽

在纯音掩蔽时，通常高频声对低频声的掩蔽较小；但在噪声掩蔽时，低于噪声频率的声音也会受到掩蔽，这种掩蔽称为远掩蔽。

6．中枢掩蔽

将掩蔽声与被掩蔽声分别加到人的左右耳，也会产生掩蔽效应，这种掩蔽称为中枢掩蔽。中枢掩蔽的效果要小于单耳掩蔽 50～60dB。掩蔽声与被掩蔽声的频率越接近，中枢掩蔽的效果也越明显。

1.8.2　双耳效应

大多数动物都有两只耳朵，这是由于用一只耳朵听声与用两只耳朵听声在许多效果方面都不同，这种不同的效果称为双耳效应。例如用双耳可听到比单耳听到的更小的声音。

根据测量，可知双耳可听到比单耳时低 3dB 的声音。随着声音声压级的增大，到达 35dB 以上时，这一差值可达 6dB。但对噪声来说，上述关系就不成立了。当噪声较大时，上述差值会减小，噪声声压级大到一定程度时，双耳的听阈反而会上升，单耳的灵敏度反倒较好，这称为耳间的抑制效应。

双耳效应中最明显的是对声音的定位，也就是双耳可正确地确定声源的方位。例如，闭起双眼的人可根据脚步声判断来人的位置，可推测出相距的距离。但是，双耳对声音的定位能力是随声音的性质和周围的情况而改变的。

许多研究表明，双耳定位的基理主要是到达两耳声音的声级差以及时间差。

1.8.3　主观音

当声音变强时，人耳会感觉到原来声音中所没有的频率的声音。这是由于人耳中传输声音的机构具有非线性而产生了失真，形成高次谐波。声音越强，谐波的次数会越高。因为这种声音是由人耳主观产生的，称为主观音。

另外，当频率为 f_1 及 f_2 两个频率不同的声音同时到达人耳时，人们除听到 f_1、f_2 声音以外，还会听到 f_2-f_1 频率的差音和 f_1+f_2 频率的和音，以及 $f_1 \pm 2f_2$、$2f_1 \pm f_2$、$2f_1 \pm 2f_2$……的声音，这些也都是主观音。

1.8.4　鸡尾酒会效应

人们具有能从众多声音中选择出自己要听的声音的能力，例如在鸡尾酒会的嘈杂环境中能听到特定的人讲话。这称为鸡尾酒会效应。

1.8.5　哈斯效应

该效应是由哈斯（Hass）发现的，它是指人们分辨声源方向的现象。根据实验，当左右两个声源声压相同，而且同时到达人耳时，人们感觉声音是从中间方向来的，即中间会形成一个虚拟声源；当其中一个声源（如左声源）声压逐步提高时，人们感到声源从中间位置向高声压级的一边（左边）移动，当提高声压级超过另一边 9dB 以上时，人们感觉声源是从高声压级一边（左边）而来；当逐步提高时，会产生声像移动的感觉。如果不改变声压级，而使其中一个声源（如左声源）延迟，当延迟时间超过 25ms 时，人们感觉到声源是从延迟的声源（右边）而来，当延迟超过 50ms 时，就会产生两个声音，即出现回声。哈斯效应是制作环绕声的理论基础。

1.8.6　耳壳效应

对于单耳能对声音定位的现象，可用耳壳效应来解释。耳壳的不规则形状，使它各部分向外耳道反射的声音延时不同。水平面上延时 2～20μs，垂直面上延时 20～45μs。另外，延时声与直达声的相位干涉现象也有助于声源的定位。最近的研究认为，耳壳对不同方向传来的声音的频响曲线具有不同的反应。对耳壳效应的研究时间还不长，尚在探讨之中。

■■■■■■ **第 2 章**
乐器声和语声

2.1 乐器声

2.1.1 乐器的分类

我国古代是按照制造乐器所用材料来对乐器分类的。即金、石、丝、竹、匏、土、革、木八类，称为八音。金指钟及响铜乐器，石指磬，丝指弦乐器，竹指竹管乐器，匏指笙竽等采用葫芦为材料的管乐器，土指埙等用土烧制的乐器，革指鼓类，木指木鱼、梆子等木制乐器。

现代则大致将乐器分为弦乐器、管乐器、键盘乐器、打击乐器、电声乐器和电子乐器等几种。

其中弦乐器又可分为弓弦乐器、拨弦乐器和打弦乐器。

管乐器又可分为有簧和无簧两种。有簧乐器又可分为单簧、双簧和簧管 3 类；无簧乐器又可分为笛类和振唇类，笛类属于木管乐器，而振唇类属于铜管乐器。

键盘乐器有手风琴、风琴、钢琴、管风琴和电子琴等。

打击乐器有各种鼓类、锣类、三角铁、沙锤、钹、磬、钟、响板等。我国习惯上将锣、钹等称为响铜乐器。

电声乐器是指利用电声换能器将某种乐器的振动转换为电振荡，经放大器放大后由扬声器发出声音的乐器，例如电吉他等。

电子乐器是指用电子振荡器振荡出一定音调的声音，经放大器放大后由扬声器发出声音的乐器，例如电子琴等。

上述分类并不严格，有些乐器是跨类别的，例如钢琴也可作为打弦乐器。

对乐器也可按节奏乐器、旋律乐器及和声乐器来分类。

节奏乐器所发声音的音调感觉不明显，只用来产生强的节奏。

旋律乐器是以演奏旋律为目的的乐器。这类乐器可以容易地发出不同音阶的长短强弱的声音。大多数弦乐器、管乐器属于这一类。这类乐器自然也能演奏节奏。在合奏时也能奏出和声。

和声乐器是本身能演奏和声的乐器，例如键盘乐器等。

另外一种分类法是将乐器分为体鸣乐器、弦鸣乐器、膜鸣乐器、气鸣乐器和电鸣乐器。

体鸣乐器是乐器全体振动发声的，如鼓、钟、三角铁等。弦鸣乐器即弦乐器。膜鸣乐器是指由张紧的膜振动发声的乐器，如大鼓等。气鸣乐器是由乐器内的空气振动发声的，如管乐器等。电鸣乐器是由电振荡器通过放大器和扬声器发声的电子乐器，例如电子琴等，也指将乐器的振动利用某种电声换能器转换为电振荡后经放大器和扬声器发声的电声乐器。

2.1.2　乐器的组成

按照各种乐器发音的情况来研究它们的组成，可将乐器分为振动体、传导体、共鸣体、支撑体和附件等几个部分。

振动体是乐器振动发音的部分。在弦乐器中是琴弦，在木管乐器中是簧片，在铜管乐器中是人的嘴唇，在打击乐器中是振动的膜和板。

传导体是乐器将振动体的振动传给共鸣体的部分，例如弦乐器的琴码、音梁和音柱等。

共鸣体是乐器对振动产生共鸣的部分，例如共鸣箱、共鸣管和共鸣板等。

支撑体是支撑乐器使它不因张力而变形的部分，例如琴杆、音柱等。

附件是不属于以上几部分的部件，例如弦轴、琴弓和指板等。

上面对乐器组成的划分也是不严格的，例如音梁、音柱既是传导体，又是支撑体，严格地说，它们也是共鸣体。

2.1.3　乐器的时间过程

各种不同乐器的时间过程自然不同，即使是同一种类的乐器，时间过程也会因所发出的频率不同而不同，因此，无论西洋乐器或民族乐器，只能根据乐器类型举出代表性的时间过程特性，如图2-1所示。

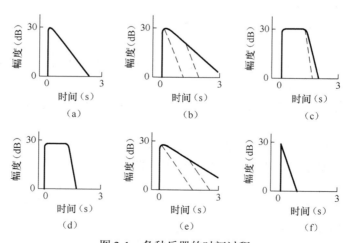

图 2-1　各种乐器的时间过程

图 2-1（a）所示为拨弦乐器（吉他、竖琴、曼托林、琵琶、三弦等）的时间过程特性。由于用手拨弦时，琴弦及振动系统的其他部分积蓄了势能，当手离开琴弦时，势能突然释放

出来，因此，启振时间非常短。由于这类乐器振动机构的声辐射抗与声辐射阻之比很大，因而衰减时间较长。

图 2-1（b）所示为打弦乐器（钢琴、扬琴等）的时间过程特性。由于琴锤的快速运动，动能在非常短的时间内传给振动机构，所以启振时间很短，由于共鸣器的面积很大，有效质量也较大，因而声辐射抗与声辐射阻之比也很大，使衰减时间较长。如果踩下钢琴的衰减踏板，或用手按住扬琴琴弦，则衰减时间将减短，如图中虚线所示。

图 2-1（c）所示为弓弦乐器（小提琴、大提琴、胡琴等）的时间过程特性。由于弓使弦产生强迫振动，所以启振时间很短。当弓离开弦时，使弦产生自由振动，衰减时间较长。如果使弓与琴弦接触，则衰减时间较短，如图中虚线所示。

图 2-1（d）所示为管乐器、簧乐器（小号、大号、单簧管、萨克斯管、唢呐、笙、口琴、风琴、管风琴和手风琴等）的时间过程特性。这种乐器大部分时间是工作在中声频段的。管乐器的振动系统大多是管中的空气，声辐射抗与声辐射阻之比大多较小，因此，启振时间和衰减时间都稍短。簧乐器中风琴和手风琴的启振时间和衰减时间都稍长些，管风琴的启振时间和衰减时间要更长。

图 2-1（e）所示为具有固定音调类型的打击乐器（木琴、钟琴、编钟和锣等）的时间过程特性。这类乐器受快速运动的锤子敲击后，很快地接受了动能，因而启振时间很短。这类乐器的质量通常较大，并且声辐射阻很小，因而衰减时间大多较长。带有阻尼器的这类乐器，在加给阻尼后，衰减时间将减短，如图中虚线所示。

图 2-1（f）所示为无固定音调类型的打击乐器（鼓、梆子、木鱼和钹等）的时间过程特性。这类乐器较轻，受快速运动锤子敲击后启振时间很短。这类乐器比较小，但振动部分面积较大，声辐射阻也较大，因而声辐射抗与声辐射阻之比较小，衰减时间较短。

2.1.4　乐器发声的指向性

乐器辐射的声波波长如果比乐器发音体的尺度大时，声波会均匀地向各方向辐射，即无指向性。乐器辐射的声波波长如果小于乐器发音体的尺度时，声波会集中在正前方的一个圆锥形区域内。频率越高，圆锥形将越尖锐，声波的指向性将越强。图 2-2（a）所示为低音萨克斯管的指向性图形。可以看出，低音萨克斯管在 1000Hz 以下时，指向性还比较均匀，大于 1000Hz 时，指向性就比较明显了。图 2-2（b）所示为三角钢琴打开盖时水平面内的指向性图形，情况与低音萨克斯管的指向性相似。了解乐器的指向性，在拾音时可将传声器置于乐器发音特性表现最好的方向上。

管乐器中的铜管乐器是从喇叭口辐射声能，木管乐器则除喇叭口外，管身下方音孔在发高频声时也辐射一部分声能。

我国民族乐器的胡琴等，膜面大多辐射高频声，琴窗大多辐射低频声和中频声。因此，高频的辐射在演奏者的右方，而中、低频辐射在演奏者的左方，放置传声器时应考虑到这一特点。

打击乐器中的膜振动乐器，例如鼓等，低频声是无指向性的，高频声的指向性是在膜面的垂直方向。板振动乐器，例如钹等响铜乐器与鼓类似，所以钹的演奏者在打响之后要将钹的平面举向听众，以使辐射声能有效地传送给听众。棒振动的打击乐器，例如梆子、三角铁等，高低频都是无指向性的。木琴、铝板琴因有共鸣箱，指向性比较复杂。

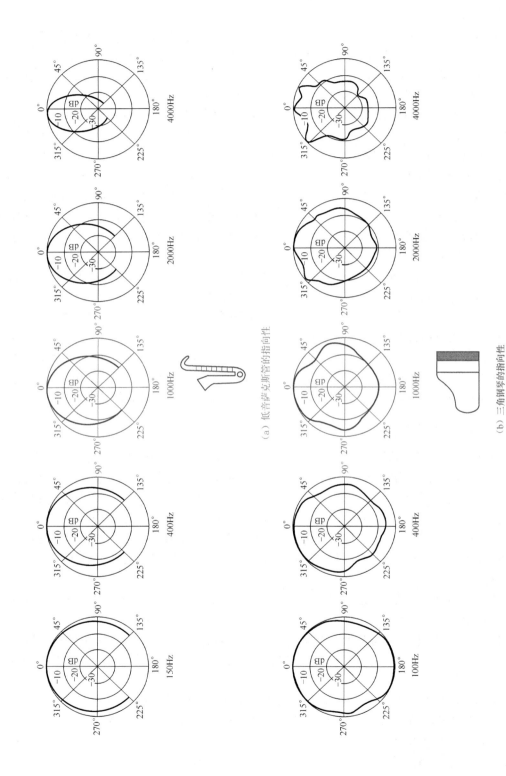

（a）低音萨克斯管的指向性

（b）三角钢琴的指向性

图 2-2 低音萨克斯管与三角钢琴的指向性图形

2.1.5 乐器声的声学特性

1. 频谱分布

每种乐器都有自己的频谱分布，它显示了各种乐器具有特征的音色。图 2-3 所示的是一些西洋乐器的波形和频谱图。从频谱图上可以看出，有些乐器的高次谐音相当丰富。为了不失真地录制乐器的声音，就应该尽可能地保留乐器的高次谐音。另外，从图中还可以看出，两个吉他的频率不同，波形也会不同。

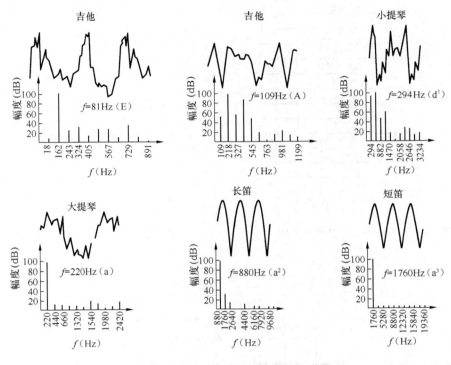

图 2-3　一些西洋乐器的波形和频谱图

2. 乐器声的频率范围

各种乐器都有各自的频率范围，显示出各自所具有的音色。图 2-4 给出了一些西洋乐器的频率范围，图 2-5 给出了一些民族乐器的频率范围。这两张图所示的频率范围是包括了基波和谐波，因此，为了能不失真地重放出原有的音色，电声系统的频带起码应为 30Hz～18kHz。图 2-6 给出了歌声的频率范围（平均值），供对比。

图 2-7 为一些西洋乐器的声压级范围（动态范围），图 2-8 为一些民族乐器的声压级范围（动态范围）。可以看出，最大声压级可达 110dB 以上，高保真放音要求能重放这样的动态范围。部分乐器的声功率如表 2-1 所示。可以看出铜管乐器和大部分打击乐器的功率较强；管乐器中的长笛和弦乐器中的小提琴功率较弱。

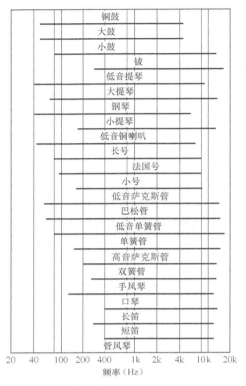

图 2-4　一些西洋乐器的频率范围

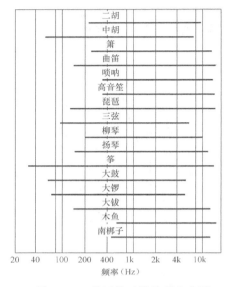

图 2-5　一些民族乐器的频率范围

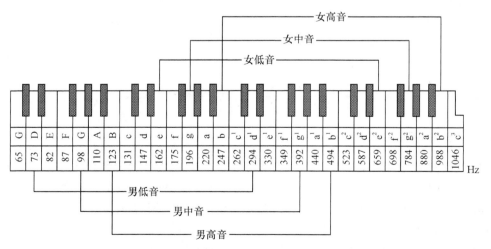

图 2-6　歌声的频率范围（平均值）

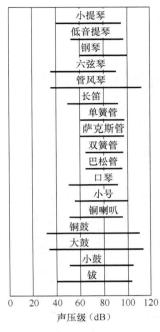

图 2-7　一些西洋乐器的动态范围

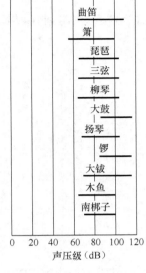

图 2-8　一些民族乐器的动态范围

表 2-1　部分乐器的声功率

乐 器 名 称	声 功 率	乐 器 名 称	声 功 率
75 人交响乐队的演奏	70W	小提琴	0.3～17.7mW
大鼓	25W	长笛	1.1～17.7W
管风琴	13W	小号	0.3～2.2mW
小鼓	23W	二胡	3.6～1410mW
钢琴	0.4W	笛子	7.2～718W
大提琴	0.16mW	唢呐	2.8～17.7mW

2.1.6　音阶

两个声音的音调间距离称为音程。将声音按一定音程进行排列称为音阶。图 2-9 为钢琴键盘上每个白键所对应的音名及按平均律音阶规定的频率数。由图可看出，88 键钢琴的频率范围为 27.5～4186Hz。

1．倍频程和 1/3 倍频程

音阶中频率为 2:1 的频率音间隔的音程，称为倍频程，在音乐学中也称为八度音程。例如 a^1 音的频率为 440Hz，a 音的频率为 220Hz，它们两者相差一个倍频程或一个八度音程。

频率 f_0 与频率 f_n 间所具有的倍频程数 n，可按如下计算。

设频率从 f_0 起依次增加一倍，即 $f_1=2f_0$，$f_2=2f_1=2^2f_0$，…，$f_n=2^nf_0$，或 $f_n/f_0=2^n$，所以，频率 f_0 与 f_n 间所具有的倍频程数为

$$n=\log_2(f_n/f_0)$$

$$=\frac{1}{\lg 2}\lg(f_n/f_0)$$

$$=3.32\lg(f_n/f_0)$$

由上式可见，按倍频程均匀划分频率区间时，相当于将频率按对数关系加以标度。

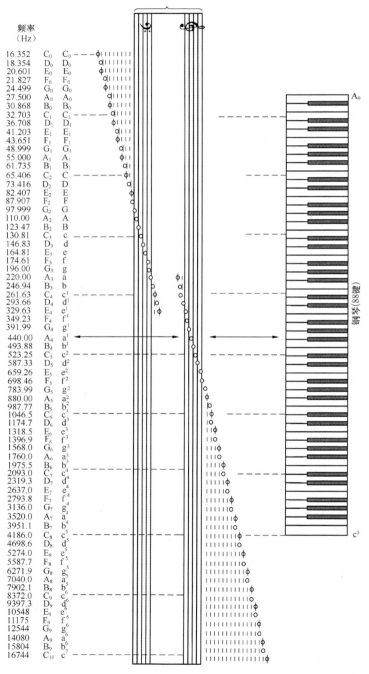

图 2-9　钢琴键所对应的音名及频率

此外，在声学测量中还经常用到 1/3 倍频程。如第 1 章所述，它是在两个相距为一个倍频程的频率之间插入两个频率，使这 4 个频率之间依次相差 1/3 个倍频程。这时，4 个频率必须成以下比例

$$1 : 2^{1/3} : 2^{2/3} : 2$$

即 1:1.26:1.587:2。由下面讲述的音阶可知，c^1、e^1、g^1 和 c^2 音就是 1/3 倍频程的关系。

2. 自然音阶

自然音阶是音程为小整数比的音阶，它有大全音、小全音和半音 3 种音程，数值分别为 9/8、10/9 和 16/15。表 2-2 所示为以 c^1 为第一音的一个倍频程的自然音阶数。通常以 440Hz 作为基准音，定为 a^1 音。

表 2-2　　　　　　　　　　　　　　　　自然音阶表

音　　程	一　　度	二　　度	三　　度	四　　度	五　　度	六　　度	七　　度	八　　度
音名	c^1	d^1	e^1	f^1	g^1	a^1	b^1	c^2
与 c 音的频率比	1	9/8	5/4	4/3	3/2	5/3	15/8	2
频率比值	1.000	1.125	1.250	1.333	1.500	1.667	1.875	2.000
频率	264	297	330	352	396	440	495	528
相邻二音的频率比	9/8 大全音	10/9 小全音	16/15 全音	9/8 大全音	10/9 小全音	9/8 大全音	16/15 半音	

自然音阶中两个音之间的音程，可分为极完全谐和音程、完全谐和音程、不完全谐和音程和不谐和音程 4 种。极完全谐和音程的两个音一起出现时，听起来非常悦耳；不谐和音程的两个音一起出现时，会感到非常不悦耳，如表 2-3 所示。通常成为小整数比的音程较为谐和。

表 2-3　　　　　　　　　　　　　　　　自然音阶的谐和性

音程比（频率比）	音　　程	谐　和　性
2:1	纯八度	极完全谐和音程
3:2	纯五度	完全谐和音程
4:3	纯四度	完全谐和音程
5:4	大三度	不完全谐和音程
5:3	大六度	不完全谐和音程
9:8	大二度	不谐和音程
10:9	大二度	不谐和音程
15:8	大七度	不谐和音程

3. 等程音阶

将一个倍频程分 12 等份所组成的音阶，称为等程音阶，也称为平均律音阶。钢琴各键的频率是按等程音阶组成的，也是以频率为 440Hz 的音作为基准音，它就是钢琴键盘上的中央 a^1 音。表 2-4 为以 c^1 音为第一音的一个倍频程的等程音阶表，它只用到钢琴上的白键。

表 2-4 等程音阶表

音　程	一　度	二　度	三　度	四　度	五　度	六　度	七　度	八　度
音名	c^1	d^1	e^1	f^1	g^1	a^1	b^1	c^2
与 c^1 音的频率比	1	$2^{1/6}$	$2^{1/3}$	$2^{5/12}$	$2^{7/12}$	$2^{3/4}$	$2^{11/12}$	2
与 c^1 音的频率比比值	1.000	1.122	1.260	1.335	1.498	1.682	1.888	2.000
频率（Hz）	261.63	293.66	329.63	349.23	391.99	440.00	493.88	523.25

等阶音程是将一个倍频程等分为 12 份，每份相当于 1 个半音。f_n 与 f_0 两个频率之比即为 $2^{n/12}$（n 为半音数），取对数可得

$$n = 12\log_2(f_n/f_0) = 12 \times 3.32\lg(f_n/f_0)$$

当 $n = 1$ 时为小二度，即 $f_1/f_0 = 1.05946$；当 $n = 2$ 时，$f_2/f_0 = 1.12246$，即大二度，也就是一个全音。其余可依此类推。

比较表 2-2 和表 2-4 可以看出，两种音阶对应的音的频率很接近。

钢琴在 c^1 与 d^1 两个白键之间有一黑键，音名为 $^\#c^1$ 或 $^bd^1$，即比 c^1 升高半音，或比 d^1 降低半音。同样，在 d^1 与 e^1 之间有一黑键，音名为 $^\#d^1$ 或 $^be^1$；在 f^1 与 g^1 之间有一黑键，音名为 $^\#f^1$ 或 $^bg^1$；在 g^1 与 a^1 之间有一黑键，音名为 $^\#g^1$ 或 $^ba^1$；在 a^1 与 b^1 之间有一黑键，音名为 $^\#a^1$ 或 $^bb^1$。所以钢琴在一个倍频程之内共有 12 个键（7 白、5 黑），等音程就是在相邻的黑白键之间或中间没有黑键的相邻的两个白键之间，都相差半音。

表 2-4 中加进黑键以后，成为由 12 个半音组成的等程音阶，如表 2-5 所示。

表 2-5 12 个半音组成的等程音阶

音　名	c^1	$^\#c^1$ $^bd^1$	d^1	$^\#d^1$ $^be^1$	e^1	f^1
与 c^1 音的频率比	1	$2^{1/12}$	$2^{1/6}$	$2^{1/4}$	$2^{1/3}$	$2^{5/12}$
与 c^1 音的频率比比值	1.00000	1.05946	1.12246	1.18921	1.25992	1.33484
频率（Hz）	261.63	277.18	293.66	311.13	329.63	349.23

音　名	$^\#f^1$ $^bg^1$	g^1	$^\#g^1$ $^ba^1$	a^1	$^\#a^1$ $^bb^1$	b^1	c^2
与 c^1 音的频率比	$2^{1/2}$	$2^{7/12}$	$2^{2/3}$	$2^{3/4}$	$2^{5/6}$	$2^{11/12}$	2
与 c^1 音的频率比比值	1.41421	1.49831	1.58740	1.68179	1.78180	1.88775	2.00000
频率（Hz）	369.99	392.00	415.30	440.00	466.16	493.88	523.25

如果一个倍频程的第一个音是由 d^1 起始的，也就是 D 调，则要用到钢琴的黑键。一个倍频程内各音的频率应为 293.66Hz、329.63Hz、369.99Hz、392.00Hz、440.00Hz、493.88Hz、554.37Hz、587.33Hz。钢琴上音是按等程音阶固定了的。但弦乐器，如小提琴变调时（例如由 C 调到 D 调），要由演奏人员自己调整。

音乐中还将一个倍频程等分 1200 份，每一份称为一音分。半音（小二度音程）相当于 100 个音分，全音（大二度音程）相当于 200 个音分，五度相当于 700 个音分。利用音分值可以更精确地求得两个音的频率比。

每一音分的频率比值 x 为 $\sqrt[1200]{2}$，即 $x = 2^{1/1200}$。两边取对数得

$$\lg x = \frac{1}{1200}\lg 2 = \frac{1}{1200} \times 0.3010 \approx 0.000250833$$

$$x = 1.000578$$

同样，两音分的频率比为

$$\sqrt[1200]{2^2} = (1.000578)^2 = 1.001156$$

三音分的频率比为

$$\sqrt[1200]{2^3} = (1.000578)^3 = 1.001734$$

n 音分的频率比为

$$\sqrt[1200]{2^n} = (1.000578)^n$$

表 2-6 为部分西洋乐器的频率范围表，表 2-7 为部分民族乐器的频率范围表，表 2-8 为部分西洋乐器的峰值声压级与动态范围表，表 2-9 为部分民族乐器的峰值声压级与动态范围表。

表 2-6　　　　　　　　　　　部分西洋乐器的频率范围表

乐 器 名 称	基本频率（Hz）	频率范围（Hz）	能量集中的频率范围（Hz）	第一个共振峰（Hz）
小提琴	196～2093	196～19800	250～3000	400
中提琴	131～1046	131～12000	75～3500	220
大提琴	65.4～523.3	65.4～14000	180～3000	250
低音提琴	32.7～211.6	32.7～8000	35～200	70
短笛	587～4186	587～19200	1000～2000	无
长笛	246.9～2489	246.9～19300	350～1000	无
双簧管	233～1760	233～9500	100～5000	1100
英国管	155.6～922.3	155.6～13000	500～1500	1000
单簧管	146.5～1976	146.5～10000	160～450	无
低音单簧管	69.3～398.5	69.3～10000	180～350	无
大管	58.3～784	58.3～7300	350～1000	500
低音大管	29～196	29～2500	220～350	250
♭B 高音萨克斯管	207.7～1244.5	—	—	—
♭E 高音萨克斯管	138.6～830.6	—	—	—
♭B 次中音萨克斯管	103.8～622.3	103.8～10000	103～300	—
♭E 低音萨克斯管	69.3～415.3	—	—	—
小号	164.8～1397	164.8～15400	1000～1500	1200
圆号	61.7～689.5	61.7～15000	85～1000	340
长号	82.4～544.4	82.4～15000	82.4～2000	480
钢琴	27.5～4186	27.5～18500	27.5～2000	
竖琴	32～3136	32～19800	700～4000	
木琴	196～2217.5	196～19000	500～1500	
小军鼓	—	80～18000	80～500	
高音定音鼓	233～349.2	—	—	
中音定音鼓	103.8～155.6	—	—	
低音定音鼓	87.3～130.8	—	—	
特低音定音鼓	61.7～110	—	—	

续表

乐 器 名 称	基本频率（Hz）	频率范围（Hz）	能量集中的频率范围（Hz）	第一个共振峰（Hz）
碰铃	—	200～18300	8000～9500	
三角铁	−200～17800	4500～7000	—	
沙锤	−200～19800	5000～8000	—	
大锣	−300～9500	300～800	—	
铃鼓	−300～9500	5000～7000	—	
响板	−200～19800	1600～3600	—	
小钟琴	523.3～2637	523.3～19000	4000～8000	
排钟	—	200～18500	1500～2500	
大鼓	—	50～5600	500～1000	
大钹	—	3000～20000	200～2000	
吊钹	—	100～11000	1500～4500	

表2-7　　　　　　　　　　　　　　部分民族乐器的频率范围表

乐 器 名 称	频率范围（Hz）	能量集中区（Hz）	第一个共振峰（Hz）
高胡	250～20000	500～2000	—
二胡	208～20000	600～2000	—
中胡	50～8200	300～800	285
高音板胡	550～20000	300～1200	580
中音板胡	420～13000	450～1000	—
坠胡（二弦）	360～9500	400～1500	—
C调曲笛	173～20000	300～1500	205
G调梆笛	580～18000	580～2500	580
D调新笛	850～20000	1500～3500	885
G调新笛	268～20000	400～2500	280
箫	233～19500	500～1500	260
D调高音唢呐	380～17800	2000～3500	430
高音笙	285～20000	500～4000	—
中音笙	98～20000	300～3000	—
低音笙	20～20000	100～1000	—
排笙	40～10500	130～3000	—
琵琶	120～17800	200～2000	—
三弦	87～8000	500～800	—
柳琴	200～20000	4000～11500	235
大阮	35～10000	120～650	—
中阮	45～6800	200～500	110
扬琴	145～10300	250～950	—
筝	30～16000	250～550	—
大鼓	50～5500	50～200	—
排鼓	150～7000	150～500	—
大锣	60～5500	100～1000	—
武锣、苏锣	400～20000	400～1000	—
小锣	445～20000	1500～1800	—

续表

乐 器 名 称	频率范围（Hz）	能量集中区（Hz）	第一个共振峰（Hz）
云锣（硬槌）	370～20000	500～5000	385
云锣（软槌）	370～4500	500～5000	385
月锣	800～15000	1500～1800	—
板鼓	700～20000	2000～2500	—
拆板（响板）	400～18000	1500～3500	—
大钹	130～14300	130～2000	143
小钹	430～20000	430～550	—
木鱼	700～18000	800～1800	—
南梆子	450～13000	1200～1500	—

表 2-8　　　　　　　**部分西洋乐器的峰值声压级与动态范围表**

乐 器 名 称	数量（个）	传声器与乐器的距离（m）	峰值声压级（dB）	最低声压级（dB）	经常出现的声压级范围（dB）	动态范围（dB）	声功率（W）
小提琴	1	0.55	107	57	75～92	50	0.036
中提琴	1	0.55	109	60P	75～94	49	—
大提琴	1	0.60	110	68	72～90	42	—
低音提琴	1	0.50	114	65	74～94	39	0.16
短笛	1	0.50	119	65	74～92	54	0.084
长笛	1	0.50	119	65	68～99	54	0.035
双簧管	1	0.55	105	72	75～90	33	0.04
英国管	1	0.55	108	70	75～96	38	0.055
单簧管	1	0.50	112	60	75～99	52	0.05
萨克斯管	1	0.55	115.5	73.5	83～99	42	0.05
大管	1	0.45	106	68	73～90	38	0.065
低音大管	1	0.35	99	17	78～88	22	—
小号	1	0.85	132	74	84～108	58	0.314
小号加弱音器	1	0.85	−68		79～90		
圆号	1	0.55	115	75	82～102	40	0.55
圆号加弱音器	1	0.55	−70	—	—		
长号	1	0.90	104.5	80	90～107	44.5	0.64
长号加弱音器	1	0.90	—	—	75～92	—	
钢琴（开盖）	1	0.50	117	67	85～99	50	0.43
竖琴	1	0.30	117	58	77～97	59	0.12
木琴	1	0.50	112.5	65	73～87	47.5	—
铝板钟琴	1	0.45	113.5	78	83～98	35.5	—
定音鼓	5	0.55	132	75	85～105	57	

乐 器 名 称	数量（个）	传声器与乐器的距离（m）	峰值声压级（dB）	最低声压级（dB）	经常出现的声压级范围（dB）	动态范围（dB）	声功率（W）
小军鼓	1	0.50	125	72	84～98	53.5	11.9
碰铃	2	0.30	113	70	7～88	48	—
三角铁	1	0.40	112	74	78～86	38	0.055
沙球	2	0.40	105	62	78～88	43	
大锣	1	0.65	122	92	100～104	30	—
铃鼓	1	0.30	119	65	90～103	54	
小钟琴	1	0.35	118.5	75	80～94	43.5	
大钹	1	0.90	132	70	88～100	62	9.5
钢片琴	1	0.20	104	68	75～85	36	—
爵士鼓	1	0.50	126.5	72	88～103	54.5	

表2-9　　　　　　　　　　部分民族乐器的峰值声压级与动态范围表

乐 器 名 称	数量（个）	传声器与乐器的距离（m）	峰值声压级（dB）	最低声压级（dB）	经常出现的声压级范围（dB）	动态范围（dB）
曲笛	1	0.50	112	68	75～100	44
梆笛	1	0.50	112.5	65	80～98	47.5
短笛	1	0.50	113	73	82～997	40
新笛	1	0.50	107.5	67	73～92	40.5
箫	1	0.25	99.5	60	68～84	39.5
高音唢呐	1	0.60	116.5	75	86～102	41.5
中音唢呐	1	0.60	115.5	79	88～102	36.5
高音笙	1	0.65	118	64	67～88	34
琵琶	1	0.62	115	65	70～88	50
三弦	1	0.70	117.5	65	78～88	52.5
柳琴	1	0.60	114.5	64	68～85	50.5
中阮	1	0.70	112.5	65	73～88	47.5
扬琴	1	0.52	110	67	74～94	43
大鼓	1	0.60	131	85	94～109	46
排鼓	1	0.50	129.5	80	92～108	49.5
锣	1	0.60	123	86	98～108	37
板鼓	1	0.50	132	70	85～95	62
大镲	2	0.90	132	70	85～100	62
小镲	2	0.90	135	82	88～100	53
板	1	0.40	126	—	—	—
木鱼	8	0.35	124.5	68	77～90	56.8
小木鱼	2	0.30	123	68	78～88	55
梆子	2	0.40	108	68	72～82	40
南梆子	1	0.35	132	72	80～90	60

2.2 语声

在调音中，语声占有很重要的位置，本节将对人的发声机构、语声性质及清晰度作简要介绍。

2.2.1 人的发声机构

人与其他动物相区别的重要标志之一，就是人能利用语言传达信息。人们所发出的语声是由于发声机构中的声带振动而形成的。人的发声机构由肺、气管、喉（包括声带）、咽、鼻和口（舌、唇、齿）组成。这些器官形成了一条由肺到唇的形状复杂的通道。喉以上的通道称为"声道"，由声道中各器官的动作，可使声道形状产生各种变化，从而发出各种不同的语声。

语声能量的供给源是储藏在肺中的空气在呼出时的气流。在日常呼吸时，气流是不受阻碍的，但在发声时，气流会受到阻碍而产生声音。

声带位于气管上方的喉内，它由左右突出小筋肉形成，呼吸时是打开的。当发声时，声带稍微闭合，使中间留有窄缝，气流从窄缝中穿出时，声带受气流冲击而振动，从而发出声音。图 2-10 所示为人的发声器官示意图。

由喉向上就是口腔，如果软腭和小舌上升与咽壁接触，则呼气或声带振动产生的声波就从口腔发出；如果软腭和小舌下垂，则呼气或声带振动产生的声波就从鼻腔发出，形成了"鼻音"。口腔里唇、舌、齿、腭可以做出开闭或敛放的动作，使呼出的气流受到阻碍，再加上声带振动所发出的声音要受到口腔、鼻腔所形成的共鸣作用影响，

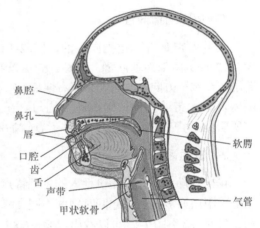

图 2-10　人的发声器官

所以能产生各种不同的声音。另外，唇、舌等处肌肉因阻塞气流受到气流冲击而振动，也会成为发声的振动体而发声，但它所发声音不如声带振动所发声音那样响亮。

2.2.2 元音和辅音

语言有词汇、语法和语音 3 个要素。语言中的每句话是由一个个词连接构成的，一个个词又是由一个个音节连接构成的，音节又是由音素构成的。音素可以分为两大类，即元音（或称母音）和辅音（或称子音）。普通话语音中每个音节都包含有元音，而且有些音节中只有元音。通常，大多数辅音不能自成音节，而必须和元音在一起共同组成音节。

人们在发元音时，声带振动，声音响亮、清晰，发音器官全部紧张，发出的气流在口腔中不受显著阻碍，气流较弱。在发辅音时，声带大多不振动，声音不响亮，气流在口腔中受到显著的阻碍，口腔中阻碍气流的部分紧张，不阻碍气流的部分不紧张，气流较强。

从频谱来看，元音的频谱是离散的线状谱，辅音则大多是连续频谱。

图 2-11 所示为元音 a（阿）的频谱及其包络线。口腔的共振效应反映在谱包络线的峰值

结构上，这些峰称为共振峰。按照频率的高低，依次命名为第1、第2、第3……共振峰，通常写作 F_1、F_2、F_3……由于发音时口腔形状不同，不同元音共振峰的结构也不同。每个人发相同的音时，音色虽然不同，但共振峰的频率却大致相同，因此，利用共振峰可进行语音的自动识别与合成。

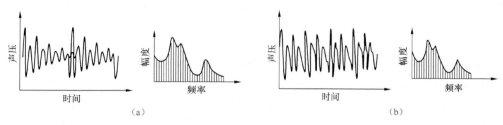

图 2-11　两个人所发元音 a（阿）的频谱及其包络线

2.2.3　语声的声学特性

1．语声的指向性

人的发声是有一定指向性的，图 2-12 示出了这种指向性。图 2-12（a）所示为水平面，图 2-12（b）所示为垂直面。由图 2-12 可以看出，频率在 4000Hz 以上时，语声的指向性就比较显著了。在水平方向，与正前方左右偏离 40°范围内；在垂直方向，与正前方上下也是偏离 40°范围内，各频带的指向性曲线比较均匀。在上述范围内听到的说话声比较真实自然，与在正前方所听到的声音相差不大。在讲话者背后听到的声音，由于高频分量急剧下跌而会不清楚。

2．普通话的平均频谱

语声是随机的，是随讲话人的生理特点、情感和所讲内容的不同而时刻变化着。因此，平均频谱采用由许多人在一起同时朗读不同文章，在足够长的时间内混合得到的语言噪声来测得，如图 2-13 所示。由图 2-13 可以看出，200～600Hz 的电平最大；主要声能分布的频带在 100Hz～5kHz，高频端几乎扩展到 10kHz。所以电声设备的频带范围不应窄于 80Hz～10kHz。由图 2-13 还可看出，语言信号的动态范围（最大值声级与最小值声级之差）约为 30dB。

3．功率分配

图 2-14 所示为用滤波器限制一部分语声频带时的功率分布百分比。图中标以 LP 的曲线为通过以横轴为截止频率的低通滤波器后的语声功率百分数，标以 HP 的曲线为通过以横轴为截止频率的高通滤波器后的语声功率百分数。LP 与 HP 曲线的交点约在 300Hz 处，功率百分比约为 50%。由图可以看出，1000Hz 以下频率语声占有了绝大部分的声功率。

4．语声的功率

语声的功率很小，将讲话中的停顿时间除去后求得语声平均功率大致是：耳语的声功率仅为 $10^{-3}\mu W$，正常谈话时语声功率为 10～30μW，大声讲话时的声功率约为 100μW，喊叫时的声功率可以超过 1mW。语声在长时间内功率变化很大，男人的变化范围在 10～90μW，平均值为 34μW；女人的变化范围在 8～50μW，平均值为 18μW。男人的峰值功率可超过 3.6mW，女人的峰值功率可超过 1.8mW。

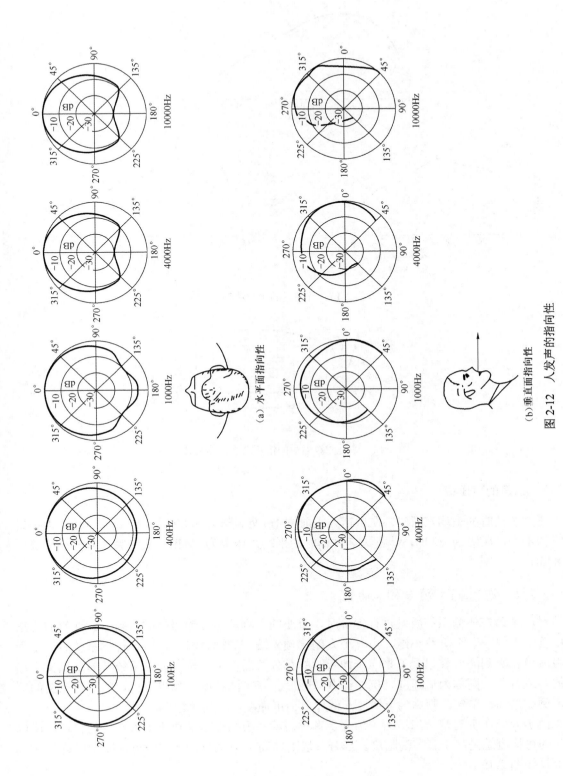

（a）水平面指向性

（b）垂直面指向性

图 2-12　人发声的指向性

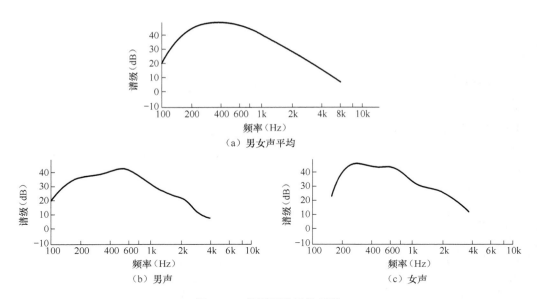

（a）男女声平均

（b）男声

（c）女声

图2-13　普通话的平均频谱

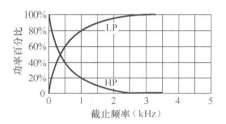

图2-14　通过滤波器后的语声功率的百分比

5. 语声的声压级

正常谈话时的平均声压级，在讲话人正前方1m处，男人为69dB，女人为64dB。大声讲话时的平均声压级为72dB，非常大声讲话时的平均声压级为78dB，大声喊叫时的声压级可达84dB。

2.2.4　语言的可懂度和清晰度

对一个语声传输系统质量进行评价时，重要的一项就是传输语声的清晰度。评价的方法是由若干人组成一个听测小组，由一个人朗读预先编好的读音材料，通过传输系统后，由听测组成员将听到的内容记录下来，统计听对的百分数后作出评价。如果所统计的是意义不连贯的音或音节，则称为清晰度，例如语音清晰度、音节清晰度；如果所统计的是有意义的语言，例如单词、单句，则称为可懂度，例如单词可懂度、单句可懂度。

由于人们在听清楚一句话的一部分字音时，就能根据推理来猜测出整句话的含意，所以单句的可懂度总是高于音节清晰度。当音节清晰度高于40%时，单句的可懂度就可达到95%以上，如图2-15所示。

1. 语言清晰度与传输系统的频率范围

语言清晰度与传输系统频率范围之间的关系如图 2-16 所示。图中标以 LP 的曲线为通过以横轴频率为截止频率的低通滤波器后的清晰度百分数；标以 HP 的曲线为通过以横轴频率为截止频率的高通滤波器后的清晰度百分数。由图 2-16 可以看出，当滤除 1000Hz 以下频率后（即通过 1000Hz 高通滤波器后），清晰度仍可达到 85%；当滤除 1000Hz 以上频率后（即通过 1000Hz 低通滤波器后），清晰度就只有 40%。这说明，要提高清晰度，就必须具有高频分量。

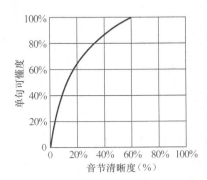

图 2-15　音节清晰度与单句可懂度的关系

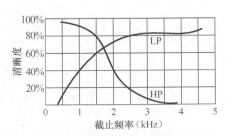

图 2-16　通过滤波器后的声音清晰度

2. 声压级与清晰度

如果传输系统的频率范围相同，但放音时的声压级改变时，清晰度也会不同。图 2-17 所示为放音时声压级与清晰度的关系曲线。图中的 0dB 曲线表明，当声压级在一定数值以上时，清晰度几乎不再改变，但当声压级再增大时，清晰度则反而下降。图中所注的 dB 值是放音时噪声的声压级。可以看出，当有噪声时，放音的声压级如不增大与噪声级相应的值，就不可能得到原有的清晰度。

3. 响度级与清晰度的关系

图 2-18 所示为谈话时的响度级与清晰度间的关系曲线。当响度级为 75 方时，如果噪声级为 65dB，则清晰度为 80%，对谈话没有影响，如噪声级为 75dB，则谈话的清晰度下降为 60%，如果噪声级为 95dB，则谈话声就完全听不清了。

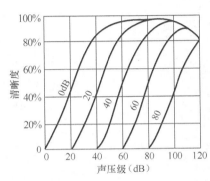

图 2-17　声压级与清晰度的关系曲线

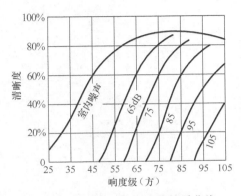

图 2-18　响度级与清晰度的关系曲线

4．房间混响时间与清晰度

在一个房间中，当声源停止发声后，声音仍然会持续存在一定时间的现象称为混响。在混响较强的房间内谈话，前一个字音的混响声会与后一个字音相混，使谈话的清晰度下降。通常将稳态声源停止发声后，房间中的声能密度下降到原来的百万分之一（即 10^{-6} 或 60dB）所经过的时间称为混响时间，用它来表示混响的大小。图 2-19 所示为房间混响时间与清晰度的关系曲线。由于房间中声音的衰减状态随声音的频率而有所不同，因而图中所示只是大致的趋向。

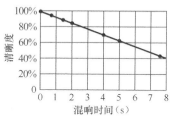

图 2-19　房间混响时间与清晰度的关系曲线

5．重放速度与清晰度

将录好的声音以与录音时不同的速度来重放时，声音的清晰度也会产生变化。当放音速度与录音速度之比不同时，声音的清晰度变化也不同。按录音时原速度重放时，清晰度最高，快于或慢于录音时速度重放，清晰度都将下降。

第3章
立体声和环绕声系统

立体声系统可使听声人能够感受到声源的方位，获得较好的立体感、临场感和真实感的声音感受。环绕声系统则可使听声人能有被四面八方来的声音包围的感觉。

立体声最早是在宽银幕电影中实现的，随后在唱片、磁带、广播中得到普及。环绕声系统则是在近十几年才发展起来的。

3.1 立体声和环绕声的概念

立体声是由两个或两个以上传声器、传输通路及扬声器（或耳机）组成的系统。将传声器及扬声器的位置作适当安排，听声人就能获得声源在空间分布的感觉。目前，广播、唱片及磁带大多是两声道立体声，听声人可对前方的声源有较好的方位感受。由于编码、解码技术的发展，已能在两声道基本上实现环绕声的传输，使听声人能获得比两声道立体声更富有空间感的立体环绕声声场，更增强了声音的临场效果。

立体声的实现，主要是利用人的双耳听觉效应。普通的单声道广播、唱片及磁带，无论拾音时所用的传声器多少，它们拾得的信号都汇合成一路，由一个传输通路传输给听声人，由一个或多个扬声器发出同样的声音，使听声人左右耳听到同样的声音信号，因而得不到声源方位的感受，与在拾音现场的感受会大不相同，也就是缺少立体感。这是单声道传输系统的最大缺点。

双声道立体声传输系统利用两个或两个以上传声器的不同位置（或利用传声器的不同指向性）获得具有时间差或声级差的信号，由两个传输通道传输给听声人，分别由布置在听声人前面左右方位的两个或两个以上扬声器发出具有时间差或声级差的声音，使到达听声人左右耳的声音具有时间差或声级差，利用人耳的双耳听觉效应，给听声人以声源在前方的方位感，从而获得立体感和临场感的声音感受。

环绕声系统的种类较多，效果也不同，最新的环绕声系统有杜比 AC-3 系统及杜比专业逻辑环绕声系统等。它们都具有左、中、右声道和布置在听声人后面的环绕声声道，使听声人不仅对前方声源有方位感和空间感，并对后面也有声源分布感，从而获得三维立体声场。这两种系统都可以和双声道立体声系统兼容，即双声道放音设备也可重放这两种系统的信号，当然获得仍是双声道立体声的效果。还有利用某种处理电路，使双声道立体声系统形成环绕声场的设备正在受到重视。

3.2 人耳对声源的定位

人有双耳，因此除了对声音具有音调、响度和音色的主观感觉外，还有对声源的定位能力，即具有空间印象感觉，也可称为对声源的方位感或声学透视特性。

人耳对声源方位的判断，主要是基于以下两个因素。

① 声音到达两耳的时间差；

② 声音到达两耳的声级差。

另外，还有由上述两个因素派生出来的另外两个因素。

① 声音的低频分量对双耳产生的相位差；

② 由于人头对声音的高频分量造成遮蔽而产生的音色差。

除此以外，人们的视觉及心理等因素也有助于对声源分布状态的判断，但这些在立体声的拾音过程中是不能利用的。

当声源在偏离听声人正前方较远距离处发声时，到达听声人左右两耳的声音会由于距离不同，以及人头的遮蔽作用，产生时间差、声级差、相位差及音色差。

3.2.1 声音到达人双耳的时间差

设通过听声人双耳并与地面平行的平面内，右前方声源所发声音传播方向与听声人头部正前方夹角为θ，如图3-1所示。图中为了简化，将人的左右两耳看作是相距为l的两个点L、R，l为两耳的等效距离。由于声音到达听声人左耳（L）要比到达右耳（R）多走了距离LD，因而声音到达左、右两耳的时间差为

$$\Delta t = \frac{LD}{c}$$

式中，c为声速，即

$$\Delta t = \frac{l}{c}\sin\theta \tag{3-1}$$

设$l = 21\text{cm}$，则

$$\Delta t = \frac{21}{c}\sin\theta = 0.62\sin\theta \ (\text{ms})$$

Δt随θ角的变化曲线如图3-2所示。

时间差对不同频率的声音会产生不同的相位差。设角频率ω的正弦声音在左、右两耳产生的相位差为$\Delta\varphi$，则

$$\Delta\varphi = \omega\Delta t = \omega l \sin\theta / c \tag{3-2}$$

当ω较小时，即声音频率较低、波长较长时，由时间差所造成的相位差有一定的数值，人耳可以根据它来判定声源的方位；当ω较大时，即声音频率较高、波长较短时，由时间差所形成的相位差数值将较大，甚至会超过180°，使人不能判断是超前还是滞后，因而不好判

断出声音的方位。所以，相位差只对低频声的方位判断作用较大。

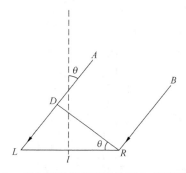

图 3-1　将人耳看作相距 l 的两个点时的图示

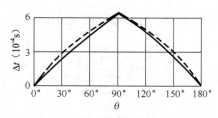

图 3-2　声源方向与时间差的关系

根据式（3-1）及式（3-2）可知：

① 声音到达听声人左、右耳的时间差 Δt 与声源方位角有关，可以根据 Δt 来判断声源方位。

② 声音到达听声人左、右耳的相位差 $\Delta \varphi$ 不仅与声源方位角有关，而且与声源频率有关，可以根据 $\Delta \varphi$ 来判断低频声源的方位。

3.2.2　声音到达人双耳的声级差

由于人头对声波的衍射作用，即使声波传来的方向相同，也会由于频率不同而在人的双耳之间形成不同的声级差。如图 3-3 所示，对高于 3kHz 的高频声来说，声波的波长小于或等于人头的尺寸，声波会被人头遮蔽而不能衍射到达人的左耳，使左耳附近形成阴影区。声源偏离听声人正前方角度越大，或频率越高，两耳间的声级差 ΔL 也越大。图 3-4 所示为一些频率的纯音到达左、右耳的声级随声源方位角 θ 变化的关系，图中虚线为左、右耳间的声级差。

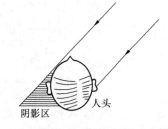

图 3-3　高频声形成的声影区（上视图）

由图 3-4 可知：

① 对于由正前方附近（θ 为 $0°\sim40°$）或正后方附近（θ 为 $140°\sim180°$）传来的声音，两耳间的声级差随声源方位角 θ 的变化速度较快，即曲线的斜率变化较大。因此，人耳对正前方附近和正后方附近声源的方位变化判断比较准确。

② 当声源频率 $f=300$Hz 时，声源由正前方向右移动到正后方，右耳的声级变化小于 2dB，左耳的声级变化小于 4dB，两耳间的声级差变化最大约为 4dB。当声源频率 $f=6400$Hz 时，两耳间的声级差变化最大可达 25dB。因此，对 300Hz 以下的低频声，人们的定位能力较差，随着声源频率的增高，人们的定位能力也逐步增强。

当声源不是纯音，而是复音时，设声源所处的方位角 θ 固定不变，这时复音中的基波由于频率较低，能由人头衍射到达左耳，但复音中的高次谐波则由于频率较高而被人头遮蔽，到达不了左耳。这样，到达左耳的声音中各谐波的声级与到达右耳的不同，从而左耳听到的音色也会与右耳不同，即在两耳间产生了音色差。

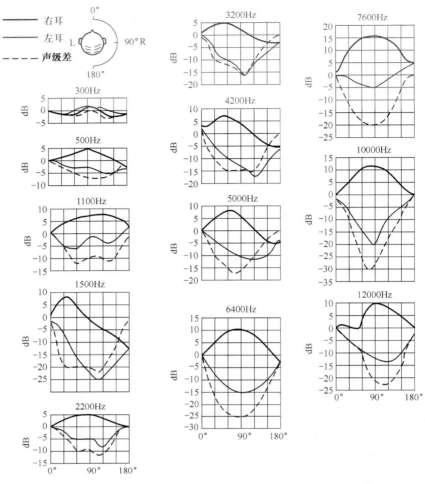

图3-4　纯音到达左、右耳的声级差与声源方位角θ间的关系

3.2.3　人耳对前后及上下声源方位的判断

　　人耳对前方声源远近的感觉，也可称为纵深感或距离感。在室外主要是由于声音强弱的对比以及地面及四周物体对声音反射所形成的反射声相对大小的对比所致。在室内则除去声音强弱以外，还有就是由于室内与声源相距不同的点，混响声能与直达声能之比不同所致。当直达声能大于混响声能时，会感到距声源较近，反之则较远。总的说来，人耳对声源距离感的准确性是很差的。在室外只在1m以内的近距离还比较准确。

　　人耳对频率在800Hz以下的声源前后的判断，如果不考虑视觉的作用，则有30%～40%的情况会分辨不清。

　　人耳对声源在上下方向的方位感，主要是由人的耳壳对不同高度声音反射到外耳道时，相位干涉情况不同，以及地面等反射声作用进行综合判断决定的。这种判断的准确性也是较差的。

　　人耳对正前方附近500～1000Hz的声源能分辨出1°的方位差。当声源由正面横向移动到60°时，能分辨出2°～3°，再增大角度则分辨力急剧下降，在80°附近时，约为10°。上述现象随频率而不同，在2000Hz时明显变坏，在3～6kHz附近又恢复到与500～1000Hz相近，频率高过 6kHz 时，分辨力又变坏。

3.3　德波埃实验及双声道立体声正弦定理

3.3.1　德波埃实验

德波埃（K.de Boer）实验也可称为双扬声器听声实验，它为现行的双声道立体声系统的实现奠定了基础。

实验的布置如下：将两个扬声器 Y_L 和 Y_R 左右对称地置于听声人的面前，两者之间的距离与听声人距两扬声器连线中点的距离相等，为 3.5m，如图 3-5 所示。图中 θ 为扬声器对听声人正前方的半张角，约等于 27°。

实验结果如下。

（1）两扬声器所发声音到达听声人处既无声级差又无时间差（即 $\Delta L = 0$，$\Delta t = 0$）

如果馈给两扬声器相同频率的纯音，并使两扬声器所发声音声级相等，到达听声人处无时间差，即 ΔL 及 Δt 都等于零，则听声人会感到在两扬声器连线的中点处有一虚声源存在，即有一声像，而并不感到两扬声器在发声。

（2）两扬声器所发声音到达听声人处只有声级差而无时间差（即 $\Delta L \neq 0$，$\Delta t = 0$）

如果使两扬声器中的一个增大发声的声级，则听声人会感到声像由两扬声器连线的中点向声级较大的扬声器一方偏移，偏移量与两扬声器声级差 ΔL 的关系如图 3-6 所示。当声级差超过 15dB 时，声像将固定于声级较大的扬声器处。

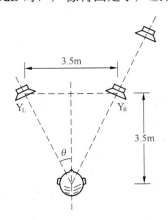

图 3-5　德波埃实验的布置图

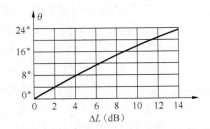

图 3-6　两扬声器声级差与声像方位角间的关系

在声级差小于 15dB 的情况下，如果增大或减小半张角 θ，声像的偏移量也将相应地增大或减小。增大半张角的方法，可以是听声人向前移动而保持两扬声器的距离不变，也可以是听声人不动，而将两扬声器的距离拉大。

（3）两扬声器所发声音到达听声人处只有时间差而无声级差（即 $\Delta L = 0$，$\Delta t \neq 0$）

设这时右扬声器所发声音比左扬声器所发声音滞后，则可将右扬声器向后移动到延长线所示位置，如图 3-5 所示，并调整右扬声器所发声音的声级，使在听声人处的声级与左扬声器的相等，达到在听声人处左右两扬声器所发声音只有时间差而无声级差。这时，听声人会感到声像向未延时的左扬声器一方偏移，偏移量与右扬声器滞后的时间长短，即两扬声器的时间差大小有关。当时间差小于3ms时，声像将位于左扬声器与两扬声器中点之间的一个位置上，其时间差与方位角的关系如图3-7所示。当时间差大于3ms而小于30ms时，声像将固定在左扬声器处，而感觉不到右扬声器在发声。

当时间差小于3ms时，如果增大或减小半张角θ，声像的偏移量也会相应地增大或减小，这称为哈斯（Hass）效应。哈斯还指出，当时间差大于30ms而小于50ms时，听声人会感到延时扬声器的存在，但仍感到声音来自未延时扬声器。当时间差大于50ms时，听声人会在听到未延时扬声器发出的声音后又听到延时扬声器发出的同样声音，即回声效应。另外，在时间差大于3ms而小于50ms时，延时声的作用只是加强了未延时扬声器所发声音的强度，使听声人感到声音更丰满。

（4）两扬声器所发声音到达听声人处既有声级差又有时间差（即$\Delta L \neq 0$，$\Delta t \neq 0$）

这种情况下，声级差与时间差的综合作用，会使声像的偏移更加增大或减小。适当地选取声级差和时间差的大小可使两者的作用彼此抵消。图3-8为产生相同声像位置时，声级差与时间差之间的关系。可以看出，当ΔL在15dB以下，Δt在3ms以下，两者之间成线性关系，即ΔL的5dB相当于Δt的1ms。

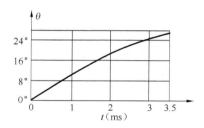

图3-7　两扬声器时间差与声像方位角间的关系

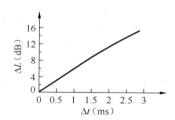

图3-8　产生相同声像位置时，ΔL与Δt间的关系

3.3.2　双声道立体声正弦定理

双声道立体声的放音，是通过听声人前方左右的两个扬声器发出不同声强的声音而使听声人获得声源方位感的。两个扬声器所发出的声强与听声人感到的声像方位角之间的关系，可由双声道立体声正弦定理来表示。

如图3-9所示，两个扬声器所发的声音都要传给听声人的左右耳。图中I_L、I_R分别为左右扬声器所发声强。θ_I为声像I与听声人正前方的夹角，θ为半张角，E_L及E_R分别为听声人左右耳处由左右两扬声器传来的声音总和，两耳间距离为l。

根据推导，可得双声道立体声正弦定理

$$\sin \theta_I \approx \frac{I_L - I_R}{I_L + I_R} \sin \theta \qquad (3-3)$$

当频率大于700Hz时，由于人头的遮蔽作用，需在式（3-3）中增加一修正系数$K = \sqrt{2}$，成为

图3-9　推导双声道立体声正弦定理用图

$$\sin\theta_1 \approx K\frac{I_L - I_R}{I_L + I_R}\sin\theta = \sqrt{2}\frac{I_L - I_R}{I_L + I_R}\sin\theta$$

双声道立体声正弦定理，对在不同的立体声拾音方式条件下求声像方位时非常有用。

双声道立体声定理与德波埃实验的结果并不矛盾。从式（3-3）可以看出，声像方位（即 θ_1）有如下规律。

① 改变 I_L 及 I_R，声像将在两扬声器之间有规律地定位。

当 $I_L = I_R$ 时，$I_L - I_R = 0$，$\theta_1 = 0$，声像位于两扬声器中点；

当 $I_L \gg I_R$ 时，$(I_L - I_R)/(I_L + I_R) \to +1$，$\theta_1 \approx \theta$，声像位于左扬声器处；

当 $I_L \ll I_R$ 时，$(I_L - I_R)/(I_L + I_R) \to -1$，$\theta_1 \approx -\theta$，声像位于右扬声器处；

θ_1 与 $(I_L - I_R)/(I_L + I_R)$ 成正弦关系，θ_1 的变化范围是 $-\theta \leqslant \theta_1 \leqslant \theta$。

② $(I_L - I_R)/(I_L + I_R)$ 为常数时，高频声（700Hz 以上）的 θ_1 要大于低频声（700Hz 以下）的 θ_1。这对于由许多频率合成的实际声音信号来说，将使其中的高、低声频分量有不同的声像定位，从而使原来的一个声源的声像定位在几个分散的点上，造成声像模糊，需从电路上设法解决。

③ 扬声器半张角 θ 增大时，θ_1 也会增大。θ 越大，θ_1 也越大，声像的位置变化也会越大。

3.4　立体声的拾音

在双声道立体声系统中用传声器拾取声音（拾音）的方式大致可分为仿真头方式、AB 方式、声级差方式（包括 XY 方式和 MS 方式）、分路方式以及多声道方式等。

3.4.1　仿真头方式

仿真头也称假人头，它是用塑料或木头仿造人头的大小和形状做成的拾音工具。在仿真头的两耳内部做成耳道，在左、右耳道的末端各装有一只无指向性电容传声器，将它们的输出分别作为左、右声道信号。

由于仿真头的左、右传声器所拾得的信号与人耳左、右鼓膜所听到的声音信号非常接近，因而也有声级差和时间差。如果将仿真头所拾取的左、右声道信号分别经放大器放大后，送给听声人所戴立体声耳机的左右单元中，听声人就可听到立体声，就好像听声人处在放置仿真头的位置上听声一样。

仿真头拾音的立体声，临场感、真实感是非常好的，用立体声耳机来听仿真头立体声时，声像可定位在头外，而不会像用立体声耳机听非仿真头方式立体声时出现头中效应（即听声人感到声像出现在头中两耳的连线上或在头顶上）。如用扬声器来重放仿真头拾得的立体声信号，就会增加另外的时间差和声级差，效果就会差得多。

3.4.2　AB 方式

AB 方式也可称为成对传声器方式。它是用两只特性完全相同的心形指向性传声器，视声源宽度彼此相距 1.5～2m 或相距 15～60cm，置于声源前方，分别拾取信号作为左右声道信号。

用 AB 拾音方式，当声源不处于两传声器连线的垂直平分线上时，声源到达两传声器的路程将不同，因而每个传声器所拾得的信号既有声级差又有时间差（即相位差），但相位差是随声源频率而变化的，这就会使将左右声道信号混合作为单声道重放时，产生相位干涉现象。例如，声源距两传声器的距离差为 34cm 时，声源到达两传声器的时间差为 1ms。对 1000Hz 声音来说，因它的波长刚好等于 34cm，所以到达两传声器的声波相位相同，两者混合后，声音加强；对于 500Hz 声波来说，因波长为 68cm，距离差 34cm 对应于半波长，因而到达两传声器的声波相位相反，两者混合后，彼此抵消，其结果是使输出信号的幅频特性成为梳状滤波器特性的形状，如图 3-10 所示，声音听来不悦耳。因此在立体声广播中，为了使单声道接收机听声效果不降低，大多不用 AB 方式拾音。

AB 方式拾音时，如果两传声器相距较远，则位于中间的声源距两传声器的距离都较远，重放时所形成的声像强度会较弱或向左右扬声器靠拢，而使中间声像向后移动或出现空洞，破坏了声音的立体感。

对中央空洞所造成的声像畸变，可以用增加一只中间传声器的方法来校正，即将中间传声器所拾得的信号的一部分分别加到左右声道中去，如图 3-11（a）所示。也可在重放时增加一个中间扬声器，将左右声道的一部分信号合成加给中间扬声器，如图 3-11（b）所示。

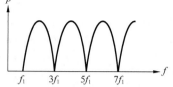

图 3-10　梳状滤波器幅频特性

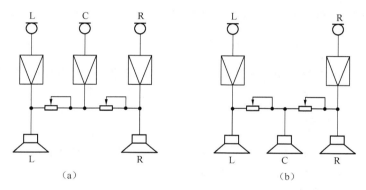

（a）　　　　　　　　　　　（b）

图 3-11　中间空洞声像畸变的校正

AB 方式的一种变形方式是 ORTF 方式，它是由法国广播电台提出并推广使用的。它由两只间距 17cm、主轴向前张开 110° 的心形传声器组成。由于两只传声器的间距近似等于人头的直径，而两只传声器的主轴张角近似等于人的两耳耳壳的张角，所以它与仿真头方式近似，但可用扬声器重放。如果在两传声器之间加一个 20cm×30cm 的隔板（厚 1cm），可以有助于提高立体声分离度。

AB 方式的另一个变形方式是 OSS 方式，它的原意是最佳立体声信号，是由瑞士广播电台最先采用的。它由两个相距 16cm、固定在一个支架上的全指向性压强传声器组成。两个传声器被一个直径 30cm 的特殊声阻尼圆形隔板隔开。它也是模仿人头结构，既能拾取声级差也能拾取时间差。

3.4.3　声级差方式

声级差方式又可分为 XY 方式和 MS 方式，它们都是将两个传声器一个在上、一个在下放在一起组成的。这样，由一个声源到达两个传声器就没有时间差，而只有因两个传声器主轴朝向和指向特性不同而产生的声级差，因此称为声级差方式。

在讲述声级差拾音方式以前，先来看一下几种传声器的指向性和它们的表达式，以便于理解声级差拾音方式的特点。

设在传声器轴向的输出信号电压为 E_0，则各种指向性传声器的输出信号电压 E 与主轴和声源夹角 θ_S 间的关系分别如下。

① 无指向性（或全指向性）传声器为

$$E = E_0$$

② 心形指向性（或单指向性）传声器为

$$E = \frac{1}{2} E_0 \left(1 + \cos \theta_S \right)$$

③ 8 字形指向性（或双指向性）传声器为

$$E = E_0 \cos \theta_S$$

图 3-12 所示为上述三种指向性传声器的指向性图形。

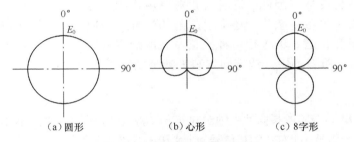

图 3-12　传声器的指向性图形

1. XY 方式

XY 方式立体声拾音时，使用两个同类型、特性一致的传声器，例如两个心形传声器或两个 8 字形传声器。如图 3-13（a）所示，当两个传声器主轴与正前方分别成 +45° 角和 −45° 角时，将主轴偏向左方的传声器的输出作为左声道信号，将主轴偏向右方的传声器的输出作为右声道信号。

XY 方式也可用两个心形传声器的主轴分别朝向左方和右方来拾音，如图 3-13（b）所示。

采用 XY 方式如听音时 $\theta = 60°$，声源方位角 θ_S 小于 35°，声像方位角 θ_I 对应得较好，即声像畸变较小；但当 $\theta_S > 35°$ 时，θ_I 将大于 θ_S，声像将向两扬声器方向靠近，声像畸变较大。

当 $\theta = 30°$ 时（即标准听音情况），与 $\theta = 60°$ 时相比，声像比声源更靠近中分线，与 AB 拾音方式刚好相反，这是 XY 拾音方式的一个特点。XY 拾音方式 θ_I 与 θ_S 的关系如图 3-14 所示。

在用立体声正弦定理决定声像方位角 θ_I 时，由于高低频（以 700Hz 为界）K 值取得不同，将使 θ_I 也不同，其高低频声像发生分离，这可以从电路上予以校正。

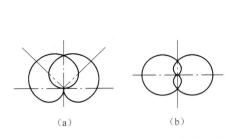

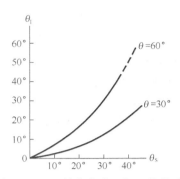

图 3-13　两个心形传声器的 XY 拾音方式　　　图 3-14　XY 拾音方式 θ_l 与 θ_s 的关系图

如图 3-15 所示，将左（L）和右（R）信号先进行加减运算，得出（L+R）及（L−R）两个信号。然后将差信号（L−R）经过一个以 700Hz 为转折频率的"阶梯频响电路"，使高于 700Hz 的信号产生一个下降 3dB 的阶梯，而将和信号（L+R）通过一个平直响应的电路后，再与差信号进行加减，得到新的左右信号 L′ 和 R′，这样可将高声频声像方位增大的差别预先校正过来。但是，经校正之后的 L′ 和 R′ 之和（L′+R′）作为单声道的信号时，会由于高频分量减小而使音色变坏，因此，这种校正对单声道的兼容不利。另外，校正过程中增加了和差变换，不仅使设备复杂化，还会引起附加失真、降低动态范围等影响音质的因素。所以，通常在记录和传送时不进行这种校正，而留给重放端去进行。例如将左右扬声器箱中的高频扬声器偏向听音的中分线方向安装来减小高频声的声像角。

2．MS 方式

MS 方式是将 M 传声器的指向性主轴对向前方，将 S 传声器指向性主轴对向左方，使 M 传声器拾取前方总声音信号，即左右的和信号，使 S 传声器拾取两侧的声音信号，即左右的差信号。M 传声器可以用各种指向性传声器，S 传声器则必须使用 8 字形指向性传声器，如图 3-16 所示。

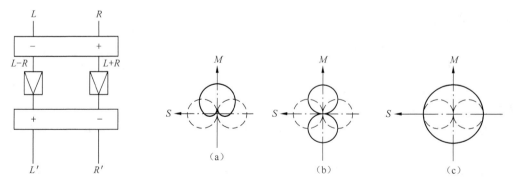

图 3-15　高频声像预校正的原理方框图　　　图 3-16　MS 拾音的传声器组合

M、S 两个传声器拾取的 M、S 信号，必须经过一个和差变换器才能成为 L、R 信号，由左、右声道输出。和差变换电路可由变压器电路组成，或由电阻网络组合，分别如图 3-17（a）、（b）所示。也可将 M、S 信号分别送入调音台，将 S 信号分为两路，其中一路倒相，形成 M、S、−S 3 路信号，将 M 与 S 相加输出 L 信号，将 M 与−S 相加输出 R 信号。

实际上，两个 8 字形传声器组成 XY 方式和 MS 方式时，两者的差别只是方位相差 45°角，因而两者的规律十分相似。

3. MS 方式的最大包容角与相对指向角

（1）M 传声器为心形指向性的 MS 拾音方式

如图 3-18 所示，$M+S$ 信号为和信号与差信号之和，将 M 与 S 曲线逐点相加后，可得出一个主轴朝向左边的锐心形指向性传声器的指向性图形，即 L 信号的指向性图形。$M-S$ 为和信号与差信号之差，将 M 与 S 曲线逐点相减后，可得出一个主轴向右边的锐心形指向性传声器的指向性图形，即 R 信号的指向性图形。因此，这种 MS 方式，对于正前方来说，可看成是由左右形成 2δ 角度的两个假想的锐心形传声器给出的立体声信号，即两个锐心形传声器形成的 XY 拾音方式。

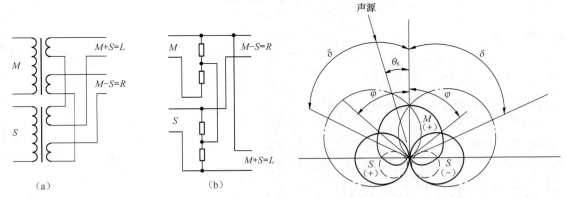

图 3-17　M、S 转换为 L、R 信号的变换电路　　图 3-18　MS 方式的最大包容角 2φ 和相对指向角 2δ

这两个假想的锐心形所夹的 2δ 角称为 MS 方式的相对指向角。如果使 S 传声器的灵敏度（即在一定声压下输出的电压）相对于 M 传声器的灵敏度有所减小，如图 3-19 所示，则相对指向角 2δ 也将减小。

在图 3-18 中，声源方位角为 θ_S，则左边假想锐心形指向性传声器，即 MS 的和分量 G_1 应为

$$G_1 = E_M \left(\frac{1 + \cos \theta_S}{2} \right) + E_S \sin \theta_S$$

式中，E_M 为 M 传声器的灵敏度；E_S 为 S 传声器的灵敏度。

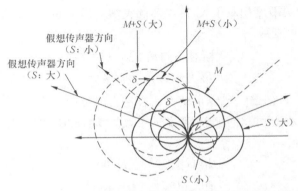

图 3-19　S 传声器灵敏度改变时，δ 的改变（R 方向的假想传声器省略）

右边假想锐心形指向性传声器，即 MS 的差分量 G_2 应为

$$G_2 = E_M \left(\frac{1 + \cos\theta_S}{2} \right) - E_S \sin\theta_S$$

由上式可知，差分量 G_2 只在

$$\frac{1 + \cos\theta_S}{2} > \frac{E_S}{E_M} \sin\theta_S$$

时才为正值；而在

$$\frac{1 + \cos\theta_S}{2} = \frac{E_S}{E_M} \sin\theta_S \qquad (3\text{-}4)$$

时为零；在

$$\frac{1 + \cos\theta_S}{2} < \frac{E_S}{E_M} \sin\theta_S$$

时为负值，但和分量却总是正值。

因此，如图 3-18 所示，以角 φ 为界，角度比它小的声源的和分量与差分量同相，比它大的声源的和分量与差分量反相，使音质变坏，这是不希望的，故将 2φ 称为最大包容角。

图 3-20 所示为 E_S/E_M 与 2δ 之间的关系。由图可以看出，在 MS 方式中，相对于 M 传声器的灵敏度来改变 S 传声器的灵敏度时，假想传声器的最大包容角 2φ 和相对指向角 2δ 都要变化。因此，在对分布较宽的声源拾音时，应注意不要使声源处于最大包容角 2φ 之外。

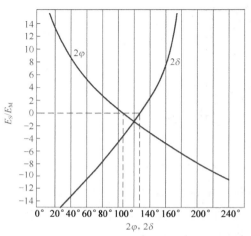

图 3-20　M 传声器为心形指向性时 MS 拾音方式的 E_S/E_M 与 2δ、2φ 的关系图

① 当 M 传声器与 S 传声器灵敏度相等时，如图 3-21（a）所示，由图 3-20 可查得：

相对指向角 $2\delta = 127°$

最大包容角 $2\varphi = 106°$

② 当 S 传声器的灵敏度相对于 M 传声器的灵敏度增大 6dB（即增大一倍）时，如图 3-21（b）所示，由图 3-20 可查得：

相对指向角 $2\delta = 152°$

最大包容角 $2\varphi = 66°$

这时，相对指向角增大，但最大包容角减小，容易出现反相成分。

③ 当 S 传声器的灵敏度相对于 M 传声器的灵敏度减小 6dB（即减为一半）时，如图 3-21（c）所示，由图 3-20 可查得：

相对指向角 $2\delta = 90°$

最大包容角 $2\varphi = 180°$

这时，相对指向角变小，但最大包容角增大，不容易出现反相成分。

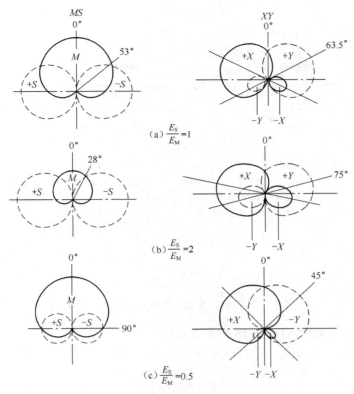

图 3-21　M 传声器为心形指向性时，MS 拾音方式与 XY 拾音方式的转换关系图

④ 由式（3-4），设 $\varphi = \theta_S$，可解得最大包容角的一半 φ 为

$$\varphi = 2\mathrm{arccot}\frac{2E_S}{E_M}$$

（2）M 传声器为 8 字形指向性的 MS 拾音方式

这时，如果 $E_M\cos\theta_S = E_S\sin\theta_S$，则差分量为零。若设 $\varphi = \theta_S$，则最大包容角的一半 φ 为

$$\varphi = \mathrm{arccot}\frac{E_S}{E_M}$$

MS 方式与 XY 方式的转换关系如图 3-22 所示。

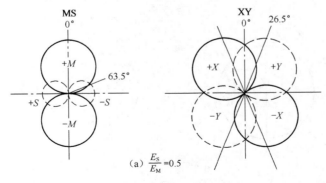

图 3-22　M 传声器为 8 字形指向性的 MS 拾音方式与 XY 方式的转换关系图

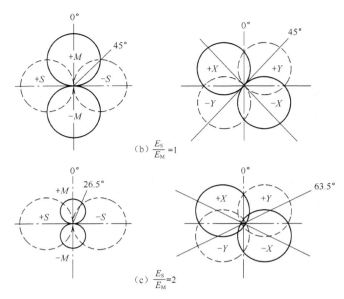

(b) $\dfrac{E_S}{E_M}=1$

(c) $\dfrac{E_S}{E_M}=2$

图 3-22　M 传声器为 8 字形指向性的 MS 拾音方式与 XY 方式的转换关系图（续）

（3）M 传声器为无指向性的 MS 拾音方式

这时，如果 $E_M=E_S\sin\theta_S$，则差信号为零。设 $\varphi=\theta_S$，其最大包容角的一半 φ 为

$$\varphi=\mathrm{arccsc}\dfrac{E_S}{E_M}$$

MS 拾音方式与 XY 方式的转换关系如图 3-23 所示。

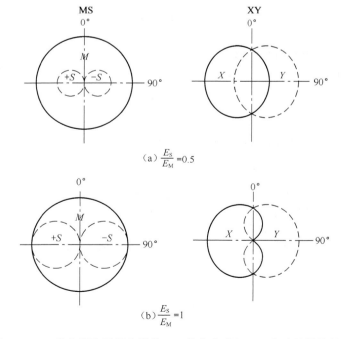

(a) $\dfrac{E_S}{E_M}=0.5$

(b) $\dfrac{E_S}{E_M}=1$

图 3-23　M 传声器为无指向性的 MS 拾音方式与 XY 方式的转换关系图

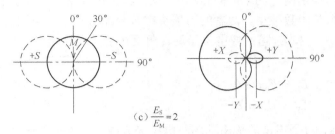

$$(c)\frac{E_S}{E_M}=2$$

图 3-23　M 传声器为无指向性的 MS 拾音方式与 XY 方式的转换关系图（续）

（4）超心形或心形指向性的 XY 拾音方式

这种方式与 MS 方式的转换关系如图 3-24 所示，其中图 3-24（a）为超心形 90°正交；图 3-24（b）为超心形 120°交角；图 3-24（c）为心形 90°交角；图 3-24（d）为心形 135°交角；图 3-24（e）为心形 180°交角。

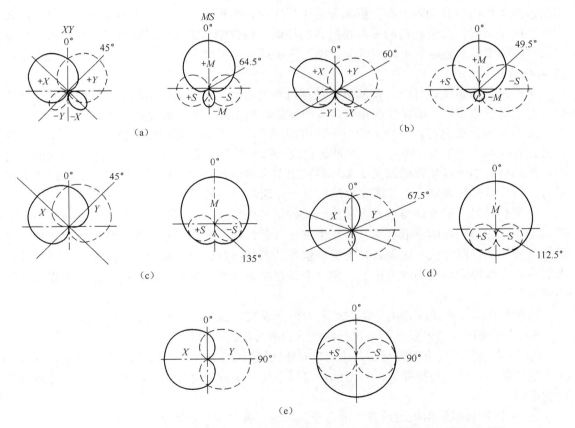

图 3-24　超心形或心形指向性传声器的 XY 拾音方式与 MS 拾音方式的转换关系图

3.4.4　分路方式

以一个传声器拾得信号后经调音台上的声像电位器按不同比例分配到左右声道中，将信号人为地定位在某一方位上的拾音方式称为分路方式。

声像电位器可看成是两个同轴反向转动的电位器，它们中的一个阻值按正弦函数增加时，另一个的阻值则按余弦函数减小。两者的阻值决定了分配给左、右声道的电压 E_L 和 E_R 的比例，如图 3-25 所示。E_L 和 E_R 随声像电位器旋转角度 θ 变化的关系可表示为

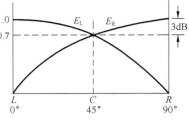

$$E_L = E_0 \cos\theta$$
$$E_R = E_0 \sin\theta$$

式中，E_0 为输入电压。每个声道的输出功率与电压平方成正比。由于 $\sin^2\theta + \cos^2\theta = 1$，所以无论 θ 为何值，左右声道输出的功率之和为一恒定值。

图 3-25　声像电位器的特性曲线

3.4.5　多声道拾音方式

现代歌曲和舞蹈音乐等的立体声节目录音大多采用多声道拾音方式。这种录音大多是在混响时间很短的录音室中进行的。通常，将录音室用隔声屏或隔声小室分隔成若干小区，将乐队按照乐器类型分为若干组，例如分为小提琴组、大提琴组、打击乐器组等，使每一组在一个小区中演奏，并由各自的传声器拾音后经调音台控制并放大，送往多声道录音机，分别记录在宽磁带的一条磁迹上。通常的模拟多声道录音机可以在宽磁带上记录 16 条、24 条或 32 条磁迹。

录音时，演员头戴耳机，使演员通过耳机不仅能听到自己演奏的声音，同时也能听到其他乐器组演奏的声音，即整体的声音，以便使演奏能步调一致，融合成一体。

多声道录音机也可以单独记录一个声道的声音，或在录音时同时重放一个或几个声道的声音。所以对一个乐曲，既可以一次录制完成（同期多声道录音），也可以先录下乐曲的节奏声，然后再分别使各乐器的演员头戴耳机按照节奏声或已录的乐器声来演奏。这样经过多次录音，然后再经后期制作，作成完整的节目（分期多声道录音）。

后期制作时，录音师可以对各磁迹已录的信号分别进行必要的延时加工，也可以用人工混响器加以适当的混响，或者对某些频率进行补偿。在最后合成双声道立体声时，将每一声道的信号按照分路方式，由调音台上的声像电位器按不同比例分配给左右声道，这样将各乐器的声音人为地定位到不同方位上，使整个乐器在重放时能得到层次分明、立体感强的立体声效果。

这种将许多单声道录音用分路方式人为地合成双声道立体声的方法有很多优点。

① 各乐器组声音可以互不干扰，使录下的声音层次分明。

② 所有演员可以不同时演奏，使录音安排比较灵活。例如一位歌唱演员要出差，可以先录下他的歌声，然后再配伴奏，甚至演员可以不在一个城市进行演奏，即可以不受时间和空间的限制。

③ 可以对每组乐器组的录音处理得更加细致，使效果更加理想。

④ 如果某一乐器组在演奏中有失误的地方，或乐谱中对某一乐器有小的修改时，可以只重录这一乐器组的声音。

⑤ 可以做到由一位乐手演奏几种乐器或由一位歌唱演员演唱几重唱，这在舞台演出时是不可能做到的。

对于古典音乐等要求融合度高的演奏，大多不采用多声道录音。

3.4.6 多声道及立体声的串音衰减量和分离度

在多声道录音的传输过程，以及立体声左右声道的录音和传输过程中，各声道之间会由于各种原因而产生彼此之间的串音，影响各声道信号间的分离程度。而分离程度通常用两个声道之间的串音衰减量或分离度来表示。

串音衰减量是指只给 A 声道输入信号时，在 A 声道产生的输出电压$(V_A)_A$与在 B 声道上出现的串音输出电压$(V_B)_A$之比，并以分贝表示，如图 3-26（a）所示，即 A 声道对 B 声道的串音衰减量 C_A 为

$$C_A = 20\lg\frac{(V_A)_A}{(V_B)_A}$$

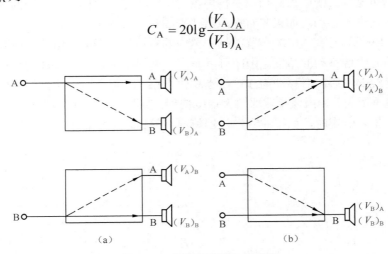

图 3-26 串音衰减量与分离度

B 声道对 A 声道的串音衰减量 C_B 为

$$C_B = 20\lg\frac{(V_B)_B}{(V_A)_B}$$

式中，括弧外的脚注表示信号输入的声道，而 V_A、V_B 则表示在 A、B 声道输出端上的电压。

分离度是指只给 A 声道输入信号时，在 A 声道输出的电压$(V_A)_A$与只给 B 声道输入信号时，在 A 声道引起的输出电压$(A_A)_B$之比，并以分贝表示，如图 3-26（b）所示，即 A 声道分离度为

$$S_A = 20\lg\frac{(V_A)_A}{(V_A)_B}$$

B 声道分离度为

$$S_B = 20\lg\frac{(V_B)_B}{(V_B)_A}$$

只有当 A、B 两声道完全平衡，即$(V_A)_A = (V_B)_B$时，A 声道的分离度才等于 B 声道的串音衰减量；B 声道的分离度才等于 A 声道的串音衰减量。

分离度与串音衰减量之间的关系是：分离度越高，A、B 声道之间的串音衰减量也越大，即串音越小。通常要求立体声系统的分离度要大于 30dB。

3.5 立体声的重放

3.5.1 立体声最佳听声位置

双声道立体声重放时的最佳听声位置，是在以左右扬声器连线为底边的等边三角形顶点 A 处，如图 3-27 所示。在顶点 A 处听声，当左右扬声器发出没有时间差和声级差的声音时，声像可以定位在两扬声器连线的中点。当左右扬声器发出没有时间差但有声级差的声音时，声像将向声级高的扬声器方向移动。如果左右扬声器传来的声音有相位差时，即使声级相同，声像也会移动。图 3-28 所示为按图 3-27 布置的扬声器中的右边扬声器的声级变高或右边扬声器发出的声音相位超前时声像移动的角度。由图可以看出，当同相时，如有 8dB 的声级差，则声像将由左右扬声器连线的中心向右移动约 15°。当相位差在 60° 以下时，移动的角度几乎与同相时相同。当相位差再增大时，声像位置即将大幅度偏移，甚至会定位到左右扬声器的外边。所以，即使在最佳听声位置听声时，如果左右扬声器特性有差异，则声像也不会定位在正确位置。

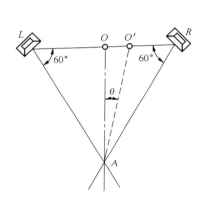

图 3-27　双声道立体声的最佳听声位置

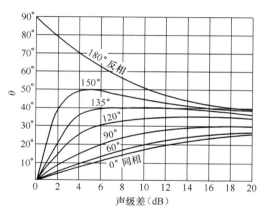

图 3-28　左右扬声器声级差、相位差与声像方位的关系

如果左右声级相同且无时间差，在听声位置（三角形顶点 A 处）横向偏移时，声像位置将如图 3-29 所示。这时，声像移动方向为靠近听声位置的扬声器方向。图 3-30（a）所示为一个乐队的乐器 a、b、c、d、e 的位置。如果不在 A 点听声而在 B 点听声，则声像位置将如图 3-30（b）所示，使重放声音听起来不自然。

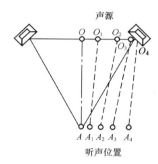

图 3-29　听声位置横向偏移时，单一声像的移动情况

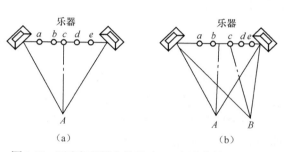

图 3-30　听声位置横向偏移时，一组声像的移动情况

当听声点与左右两扬声器有距离差时，则左右两扬声器所发声音到达听声点将有相位差，这个相位差将随频率而不同。图 3-31（a）所示为左右扬声器距离差为 34cm 时，各种频率产生的相位差。由于各频率的相位差不同，听声的声像方位也会随频率而改变，如图 3-31（b）所示，这样声像将会模糊。但是相位差在±60°的范围以内时，可以认为与没有相位差时的声像方位一致。

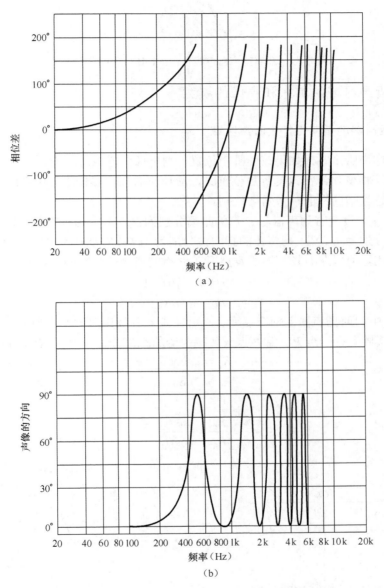

图 3-31　听声点与左右扬声器距离差为 34cm 时，产生的相位差随频率的变化以及声像方位与频率的关系

根据上面所述，立体声的听声位置在左右扬声器声级差小的范围内是良好的，当使用无指向性扬声器时，声级差小于±1dB 的范围如图 3-32 中斜线所示，可以看出，它是不够宽的。

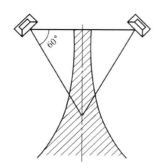

图 3-32　左右扬声器声级差在±1dB 以内的分布范围

3.5.2　听声区域的扩大和声像的展宽

1．利用扬声器的指向性扩大听声区域

双声道立体声听声时，如果改变听声位置，则声像位置也将改变。

为了减小这种变化，在改变听声位置时，应使左右扬声器传来的声音的声级差很小。这可以使用具有适当指向性的扬声器来达到。

在图 3-33 中，设左右扬声器与 P 点的距离分别为 R_L、R_R，由扬声器主轴方向测得的与 P 点方向的夹角分别为 θ_L、θ_R，扬声器的指向性分别为 $D(\theta_L)$ 及 $D(\theta_R)$。由于声压与距离成反比，与指向性成正比，所以左右扬声器所发声音在 P 点的声级差为零的条件应为

$$\frac{D(\theta_L)}{R_L}=\frac{D(\theta_R)}{R_R}$$

在图 3-34 中，两扬声器主轴交点为 A，由 A 点到各扬声器的距离为 r，设以 A 为中心，以 r 为半径的圆周上有一点 P，由 P 点到各扬声器的距离分别为 R_L 及 R_R，则

$$R_L=2r\cos\theta_L$$
$$R_R=2r\cos\theta_R$$

因此

$$\frac{R_L}{R_R}=\frac{\cos\theta_L}{\cos\theta_R} \tag{3-5}$$

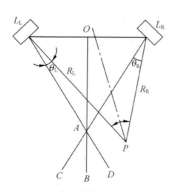

图 3-33　左右扬声器所发声音在 P 点的
声级差为零的条件说明图

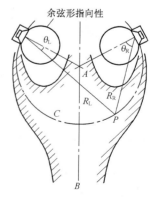

图 3-34　左右扬声器均为余弦形指向性扬声器时，
声级差在 1dB 以内的分布范围

根据式（3-5），为了实现余弦形指向性，低声频段由于不需要太强的方向感，可以使用一般的无指向性扬声器；中声频段以上可以用口径为 16～20cm 的扬声器加一小障板，使成双指向性。但是，通常高声频段有比余弦形还要尖锐的指向性，所以能够满足式（3-5）条件的频率范围是有限的。

2．利用反射板改变听声范围

图 3-35 所示为利用反射板使扬声器的有效间隔增大的方法。图 3-36 所示为扬声器间隔过大时，利用与扬声器纸盆侧面相平行的反射板，使反射声集中在比较近的地方，在这个范围内获得良好立体声的方法。

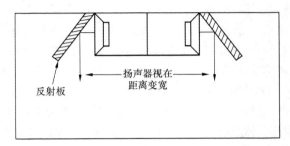

图 3-35　利用反射板扩大听声范围

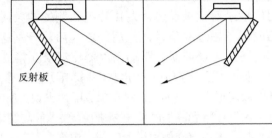

图 3-36　利用反射板缩小听声范围

3．用电路来展宽声像

由双声道立体声正弦定理可知

$$\sin\theta_{11} \approx K\frac{L_1-R_1}{L_1+R_1}\sin\theta_1$$

如果在重放声音时，在左右两声道间互相引入另一声道的一部分反相信号，就可使声像得到展宽。设引入的信号与原信号的比例系数为 $p(0<p<1)$，引入后，左右声道信号分别为 L_2、R_2，于是

$$L_2 = L_1 - pR_1$$
$$R_2 = R_1 - pL_1$$

设声像位置由 θ_{11} 移至 θ_{12}，并设 $\theta_1 = \theta_2$，则

$$\sin\theta_{12} \approx K\frac{L_2-R_2}{L_2+R_2}\sin\theta_1 = K\frac{(1+p)(L_1-R_1)}{(1-p)(L_1+R_1)}\sin\theta_1$$

由于 $\dfrac{1+p}{1-p}>1$，所以 $\theta_{12}>\theta_{11}$，即声像得到展宽。

3.5.3　立体声听声房间

立体声听声的房间混响时间不应太长，以 0.5s 为宜，也不应有过多的反射声音，以免干扰声像的正确形成。消除反射声可以用安装窗帘或布幕来达到，尤其在靠近扬声器箱的区域更应注意。在扬声器对面的墙上也要挂上布幕来减小反射。

扬声器箱可以依墙安放，但不要放在地面上或墙角处，以免由于反射而使低音过重，以及高音的传播由于声箱过低而受到损失。通常高音扬声器的高度应该与听声人的耳朵在同一水平面上，否则，高音会受到减弱。

通常，听音房间应不小于 12m²，两扬声器箱可相距 1～2m，听声人可以在两扬声器连线的垂直平分线上，距连线 1～2m 处听声。

3.6 多声道立体声和环绕声

多声道立体声最初是 20 世纪 50 年代初期，在西尼玛斯柯普宽银幕立体声电影中实现的。由于宽银幕立体声电影的宽高比为 2.55:1（普通电影的宽高比为 1.38:1），为了能使银幕上不同方位的声源所发声音准确地定位，它共有四个独立的声道：左、中、右和环绕声道，分别用磁性录音记录在影片两排片孔两侧的四条磁迹上。放映电影时，放映机中的四个磁头分别拾取四条磁迹的信号，然后经放大后，分别送往位于宽银幕后面的左、中、右以及观众厅周围的环绕声扬声器，驱动扬声器使观众获得立体感的声音。

但是这种多声道立体声在广播、唱片及磁带录音机中实现是较困难的。因此，在这些领域一直是以双声道立体声为主。对于家庭听声来说，房间一般较小，双声道立体声也能满足一般要求。但对于大型厅堂和高清晰度电视来说，要求能与宽银幕立体声电影一样具有多声道，尤其"家庭影院"的兴起，多声道立体声进入广播、电视、磁带、唱片等与家庭放声关系密切的领域更为必要。

多声道立体声除上述的四声道以外，还有三声道及五声道等多种方式。其表示方法通常是将放音时前方扬声器的声道数写在一短横的前面，将后方或侧方扬声器的声道数写在这一短横的后面。例如上述的宽银幕立体声电影的立体声方式可写为 3-1 方式。图 3-37 给出了几种四声道立体声方式及其表示法。

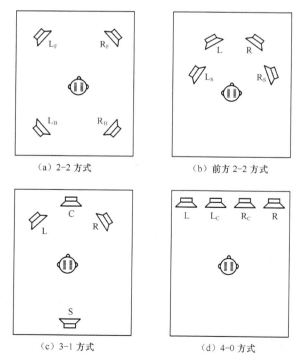

图 3-37　几种立体声方式及其表示法

在广播、电视、唱片及磁带等领域实现多声道立体声，可利用频分复用技术，将四声道信号经过处理后进行记录，放音时，再进行反处理后得到四声道立体声，如 CD-4 方式的四声道唱片。也可用矩阵电路将四个声道编码为两个通道进行记录或传输，重放时，再经解码得到四声道立体声。对于数字化的多声道信号，则可采用压缩编码技术进行记录或传送。例如日本高清晰度电视的数字声 A 模式就是利用 15/8bit 准瞬时压扩差分 PCM 方式（DANCE 方式）传输 3-1 方式四声道立体声的。

3.6.1 杜比立体声和杜比环绕声

20 世纪 80 年代初，美国杜比（Dolby）实验室发明了杜比立体声。它是将 3-1 方式立体声经编码，将四声道信号变为两条光学声带记录在电影片上，重放时，经解码还原成四声道后由左、中、右及环绕声扬声器放音，获得多声道立体声。随后，杜比实验室将这种技术用于消费类产品中，称为杜比环绕声。

杜比立体声和杜比环绕声的编码器原理如图 3-38 所示。左（L）、右（R）声道与中央（C）声道和环绕声（S）声道相加，进行如下处理：

$$L_T = L + 0.7C - 0.7jS$$
$$R_T = R + 0.7C + 0.7jS$$

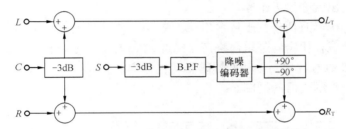

图 3-38 杜比立体声和杜比环绕声的编码器概念图

式中，j 表示 90° 相移。也就是说，L、R 信号可直达输出端 L_T 和 R_T，而 C 信号被平分到 L、R 信号中，都降低了 3dB，S 信号经过处理后也被平分到 L, R 中，也都降低了 3dB，并且彼此反相。

杜比立体声和杜比环绕声的解码器简图如图 3-39 所示。它进行如下处理：

$$L' = L_T = L + 0.707(C + jS)$$
$$C' = 0.707(L_T + R_T) = C + 0.707(L + R)$$
$$R' = R_T = R + 0.707(C - jS)$$
$$S' = 0.707(L_T - R_T) = jS + 0.707(L - R)$$

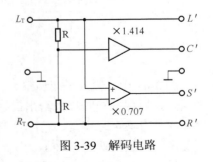

图 3-39 解码电路

由上述公式可看出：解得的 L'、C'、R'、S' 都不是原来的 L、C、R、S，即除这四个原来信号外，都附加有各自的串音部分，并且原来信号与串音信号的幅度比都为 1:0.707，即串音为原来信号的 0.707 倍，这不符合要求。

去除串音可用合成相消法。它的工作原理是：利用压控放大器，使受到 L'、C'、R'、S' 相对大小控制的输入信号分别得到不同的实时输出，然后将它们以特定的比例和相位与 L_T、R_T 相加减合成，得到所需的 L、C、R、S 四路环绕声信号。处理电路的框图如图 3-40

所示。

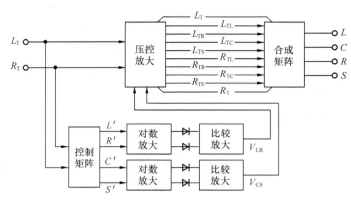

图 3-40　合成相消法电路的框图

图 3-40 中 L_{TL}、L_{TR}、L_{TC}、L_{TS} 分别代表 L_T 受到 L'、R'、C'、S' 所对应的压控信号控制后的输出，R_{TL}、R_{TR}、R_{TC}、R_{TS} 分别代表 R_T 受到 L'、R'、C'、S' 所对应的压控信号控制后的输出。这样，以上八个输出信号分别只受所对应的压控信号控制，不受其他压控信号的影响。压控信号越强，压控放大器的放大倍数就越小。如某声道的控制信号足够强时，所对应的压控放大器的输出就会接近于零。

杜比环绕声解码器有两种，上述输出 L、R、C、S 信号的称为主动型解码器，也称为杜比专业逻辑环绕声或杜比定向逻辑环绕声（Dolby Pro-Logic Surround），是其中的一种，另一种只输出 L、R、S 信号，称为被动型解码器，也称为杜比环绕声（Dolby Surround）。图 3-41 为主动型杜比环绕声解码器的框图。

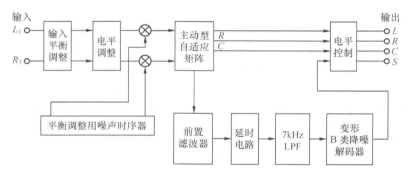

图 3-41　主动型杜比环绕声解码器框图

图 3-41 中，输入平衡调整大多采用自动平衡调整，它是用来调整左右两声道间的输入电平误差，以保证矩阵级能给出最好的效果。为了在系统工作之前能自动平衡四个声道的输出电平，设有噪声时序器。它产生一个中频噪声信号，并且周期性地按照 L、C、R、S 顺序循环变换，变换周期为 1～2s。

根据双声道立体声的德波埃实验，利用优先效应或哈斯效应，可以使声像偏移到未延时的扬声器一边。杜比环绕声解码器就是将环绕声信号加以延时，使得前面声像的声音定位更加明确。

主动型杜比环绕声解码器中，有一如同电影院声音重放装置中的能检出重放信号优先度和强调方向性的主动型自适应矩阵电路。这种电路由能检测出前后左右方向中声音较强方向的不平衡检出电路和强调声音方向性的压控放大器（VCA）电路组成。

3.6.2　杜比数字立体声与AC-3编码器

杜比数字立体声是应用数字声频技术将 5.1 个声道左（L）、右（R）、中（C）、环绕声左（L_S）、环绕声右（R_S）和 120Hz 以下的超低音信号（0.1）经 AC-3 编码器编成 L_T 和 R_T 两个通道，进行数字记录或传输。重放时，经 AC-3 解码器解得 5.1 声道或四声道（左、中、右、环绕）或双声道（左、右）或单声道信号。

杜比数字立体声的 L、C、R、L_S、R_S 声道都是以 20Hz～20kHz 记录的，120Hz 以下的超低音声道 SW 是辅助声道，算作 0.1 声道。重放时，超低音扬声器是置于 L 和 C 声道扬声器之间的，如图 3-42 所示。

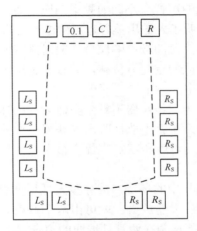

图 3-42　杜比 AC-3 的扬声器布置

AC-3 编码器在 1993 年 10 月起被正式定为美国高清晰度电视的声频标准。AC-3 还可用于有线电视和卫星直播系统中。它的具体细节已属于数字声频技术的范畴。

3.6.3　家用 THX 技术

THX（Tomlison-Holman eXperiment，汤姆利森-霍尔曼实验方式）家用系统是杜比定向逻辑的后处理系统。它是对杜比定向逻辑解码之后，进行再均衡、去相关、音色匹配等，使声音更加优美动听的系统。另外，它将单路环绕声在中高频段分解成两个反相信号，产生一种声音宽阔的左右两路环绕声，并在前方增加超低音声道（SW）。

表 3-1 给出了 3 种环绕声的比较。

表 3-1　　　　　　　　　　　　　　　　3 种环绕声的比较

种　类	杜比定向逻辑	家用 THX	杜比 AC-3
原始声道数	2	2	5.1
解码后声道数	4	4.1	5.1
解码后声道	L、C、R、S	L、C、R、S、SW	L、C、R、L_S、R_S、SW
环绕声频响	100Hz～7kHz	100Hz～7kHz	3Hz～20kHz

3.6.4　由双声道经处理后形成的环绕声

将双声道立体声经过声效处理后形成的 3D（三维）环绕声的技术，目前主要有 SRS、Spatializer、QSound 等多种，它们大多是以 HRTF（Head-Related Transfer Function，头部关系传递函数）进行处理的。我们只介绍效果最好、应用最广泛的 SRS。

SRS（Sound Retrieval System，声音恢复系统）技术是根据对人们听觉系统的生理和心理研究的新成果研制的一种新型 3D 环绕声系统。它可由双声道立体声的两只音箱营造出完美真实的 3D 全空间的环绕声场。

人们对声源方向的判断机理不仅与声波传播的物理过程有关，它还涉及人耳的生理及人们的心理因素。美国加州大学的研究人员对人们听声时声源方向定位的生理声学和心理声学的研究表明：人们听觉系统的频率响应是声源空间方位角的函数。这说明，人们听声时，耳壳（耳郭）可对不同方位传来的声音有不同的频率响应，而人的大脑则根据声音的频谱来确定声音的方位。这个结论也说明了人们用单耳也可判断声音方位的原因。

利用耳壳对某一空间方向声源的频率响应特性来对声音的频谱进行修改，那么，在听声时就会感到与该频率响应相对应的空间方位感，并且无论这时发声的环绕声和听声人位于何处，也无论发声的扬声器有几个。

通常，用传声器拾音时，由于传声器不具备类似人耳的耳壳所具有的对声源方位的频率响应，因而双声道录音的重放系统就不能使听声人获得声源的空间分布和方向性，并且声源中能反映 3D 环绕声场的各种反射声和混响声都会被主要声所掩蔽，因此 3D 环绕声的效果很难被听声人感受到。

SRS 先对双声道立体声信号中的环绕声成分按人耳耳壳的频率响应特性进行处理，然后再经普通双声道立体声的功率放大器放大，就可由两个音箱重现出逼真的 3D 环绕声。SRS 在心理和主观感觉上恢复了实际声源在两耳处造成的声音状态（直达声、反射声、混响声），重现了实际声场中各声源的方位和空间分布，即重现了 3D 环绕声。

如果在录音时，对传声器输出的声频信号先进行 SRS 处理，然后再记录到磁带或光盘上，则在重放时，只需使用普通的双声道放声设备，就可重现 3D 环绕声场。

■■■■■■ **第 4 章**
传声器的原理与使用

传声器（microphone）俗称话筒，也有按译音称为麦克风的。它是将声信号转换成相应电信号的电声换能器。其转换的过程是：以声波形式表现的声信号被传声器接收后，使换能机构产生机械振动，由换能机构输出电信号。根据传声器声波接收方式以及换能方式的不同，它可以有各种类型。传声器的图形符号如图 4-1 所示，其中左边的直线代表接收声波的装置，右边的圆形代表换能机构。

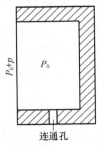

图 4-1　传声器的图形符号

传声器是声频系统中的第一个环节，它的质量优劣和使用是否得当会直接影响到声音的质量。

按换能方式来分类，传声器可分为电动式（振速式）和电容式（位移式）两大类。目前应用最多的是电动式中的动圈传声器和电容式中的电容传声器（包括驻极体传声器、压力区域传声器和无线传声器）。电动式中的铝带传声器也有应用。

这里需要说明的是，应该根据不同声源和不同场合选用不同的传声器。如果在任何声源和任何场合都使用最高质量的传声器，并不一定都能得到良好的效果。

4.1　声波的接收方式

传声器接收声波的方式通常可分为压强式、压差式和复合式三种。

4.1.1　压强式声波接收方式

压强式声波接收方式如图 4-2 所示。其结构是在薄的振膜上加有一外壳，外壳上有一使外部与内部气压相平衡的连通孔。对声音这样快速的气压变化，连通孔呈现出相当高的阻力，而对于缓慢变化的大气压力，连通孔不呈现阻力，因而可以认为外壳内部和外部的大气压强总是相等的。这样，振膜外表面被置于声压 p 和大气压强 P_0 之中，但振膜内表面则只被置于外壳内的大气压强 P_0 中，即声波只作用到振膜的一面。

设振膜半径为 a，波数为 $k(k = \omega/c = 2\pi/\lambda)$，在 $ka \ll 1$，即 $a \ll \lambda$ 的频率范围内，声波的衍射效应可以忽略。设振膜面

图 4-2　压强式声波接收方式

积为 S，并设作用到振膜上各点的声压相同，于是，作用到振膜外表面的力为 $F_1 = S(p+P_0)$，作用到振膜内表面的力为 $F_2 = SP_0$。这样，作用到振膜的力为

$$F = F_1 - F_2 = S(p+P_0) - SP_0 = Sp \qquad (4\text{-}1)$$

所以，振膜可以得到与声压成正比，与声波频率无关的作用力。式（4-1）还表明，振膜上的作用力与声波的入射方向无关。这种接收方式是无指向性（nondirectional）的，也称为全指向性（omni-directional）的，即指向性图形为一圆形。如果声波的频率较高或振膜的尺寸较大时，将呈现指向性。

4.1.2　压差式声波接收方式

压差式声波接收方式也称为压力梯度式声波接收方式，它的特点是振膜的前后两个表面都接收声波。由于声波到达振膜两表面的途径不同，即存在声压差，所以到达两表面的时间也不同，因而有相位差。压差式声波接收方式示意图如图 4-3 所示。

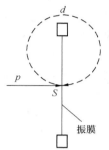

图 4-3　压差式声波接收方式示意图

1.　声波入射角 θ = 0° 时

设声波到达振膜前后两表面的声程差为 d，d 通常为 $1\sim3\text{cm}$，振膜前后两表面声波的相位差形成两表面的声压差（压力梯度），使振膜振动。设振膜长度的一半为 a，则当 $a \ll \lambda$ 时，衍射效应可忽略。并设入射声波为平面声波，或声波接收器距球面声波声源较远。

可以用图 4-4 来说明按正弦变化的声压在振膜前后两表面的声压差随 d/λ 的变化。求某一时刻的声压差时，可以在声波传播方向的横轴上，按声程差来截取其中一段，找出两端的声压的差值来求得。图 4-4 是按声压差最大的瞬间截取的，即将声程差的中点对应声波由正到负经过的零点。如果沿横轴移动截取区间，就可以看出声压差也是按正弦规律变化的。

图 4-4（a）中，p_1 和 p_2 之和即为声压差。改变声波频率，当声波频率提高一倍时，如图 4-4（b）所示，可以看出这时的声压差也增大。当频率再升高，如图 4-4（c）所示，$d/\lambda = 1/2$ 时，作用在振膜前后两表面的声压都使振膜向同一个方向振动，这时声压差最大，振膜的振动速度最大。频率再高，声压差将下降。当 $d/\lambda = 1$ 时，作用在振膜前后两表面的声压，彼此使振膜向相反方向振动，声压差为零，振膜不动。如果再提高频率，声压差又将增大，当 $d/\lambda = 1\frac{1}{2}$ 时，声压差又变为最大；$d/\lambda = 2$ 时，声压差又为零。为了容易看清，图 4-4 中（d）、（e）和（f）图的横轴被放大了。

某一频率声波在距离 d 内的弧度数即为 $kd = 2\pi d/\lambda$。由于图 4-4 中 p_1 与 p_2 的绝对值相等，所以，声压差 p 可表示为

$$p = |p_1| + |p_2| = 2P_\text{m}\sin\frac{kd}{2} = 2P_\text{m}\sin\frac{\pi d}{\lambda} \qquad (4\text{-}2)$$

当 $d/\lambda = 1/2$ 时，$p = 2P_\text{m}$；当 $d/\lambda = 1$ 时，$p = 0$，与上述一致；当 kd 很小，即频率很低时，可认为 $\sin(kd/2)$ 近似等于 $kd/2$，于是式（4-2）成为

$$p = 2P_m \frac{\pi d}{\lambda} \qquad (4-3)$$

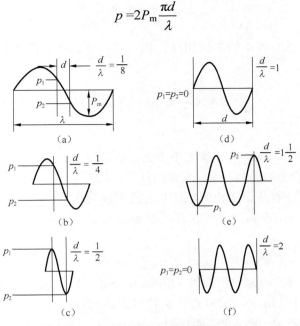

图 4-4 按正弦变化的声压在振膜前后两表面的声压差随 d/λ 的变化

设 $d/\lambda = 1/2$ 时作用到振膜上的声压差为 0dB，则 d/λ 与声压差之间的关系如图 4-5 所示，即 p 在 $d/\lambda < 1/2$ 范围内随频率成正比增大。而压差式声波接收方式所能利用的也就是这一范围。因而声程差 d 与最高工作频率 f 具有 $f = c/(2d)$（c 为声速）的关系。设 $d = 1\text{cm}$，则 f 为 17000Hz。

2. 声波入射角 $\theta \neq 0°$ 时

如将图 4-3 的声程差 d 展开为一直线，以 d 为直径作一圆，则振膜两面相当于分别位于圆的直径两端点。声波以 θ 角入射，声程差将减小为 $d\cos\theta$，如图 4-6 所示。

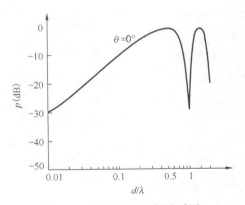

图 4-5 d/λ 与声压差的关系图

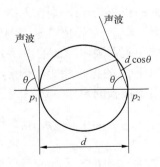

图 4-6 声波入射角为 θ 时，声程差的变化

声波以 θ 角入射时，声压差 p 可表示为

$$p = 2P_\mathrm{m}\sin\frac{kd\cos\theta}{2} \tag{4-4}$$

设作用在振膜表面上各点的声压相同，则在 $d \ll \lambda$ 的频率范围，加于振膜的力可近似等于

$$F = 2P_\mathrm{m}S\frac{kd}{2}\cos\theta = 2P_\mathrm{m}S\frac{\pi f}{c}d\cos\theta \tag{4-5}$$

式中，S 为振膜面积。

当 $\theta = 90°$、$270°$ 时，$\cos\theta = 0$，振膜不受力，这是由于声波到达振膜前后两表面的距离相等，没有声程差，也就没有声压差的缘故。通常，换能器输出的电压是与振膜所受作用力成正比的，所以，压差式声波接收方式的输出电压 E 与 θ 之间的关系为

$$E \propto \cos\theta \tag{4-6}$$

其指向性图形为 8 字形，称为双指向性（bidirectional）或 8 字形指向性，如图 4-7 所示。图中的正负符号表示这种接收方式对正面方向（$\theta = 0°$）来的声波与反面方向（$\theta = 180°$）来的声波输出信号相位相反。

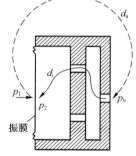

图 4-7　压差式声波接收方式的指向性图形

4.1.3　复合式声波接收方式

复合式声波接收方式也可称为相移式声波接收方式。这种方式作用到振膜内表面的声压要经过传声器后面声入口后，再经传声器内部的一段路径，它的结构截面示意图如图 4-8 所示。可以看出，作用到振膜内外表面的声压的声程差 d 可以分为传声器壳外的声程差 d_a 和传声器壳内的声程差 d_i 两部分。设振膜半径为 a，当 $ka \ll 1$，即 $a \ll \lambda$ 时，声波的衍射效应可忽略。

1.　声波入射角 $\theta = 0°$ 时

设入射到振膜外表面的声压为 p_1，在传声器后面的声波入口处的声压为 p_b，则当入射声波为平面波时，p_b 将滞后 p_1 相位 kd_a，p_b 经传声器内到达振膜内表面时又将滞后 kd_i。设作用到振膜内表面的声压 p_2 的振幅与作用到振膜外表面的声压 p_1 的振幅相等，但 p_2 滞后 p_1 相位 $k(d_\mathrm{a}+d_\mathrm{i})$。于是，作用于振膜的声压 p 可写为

$$p = p_1 - p_2 = 2P_\mathrm{m}\sin\frac{k(d_\mathrm{a}+d_\mathrm{i})}{2} \tag{4-7}$$

图 4-8　复合式声波接收方式的结构截面示意图

当声程差 $d = d_\mathrm{a}+d_\mathrm{i} \ll \lambda$ 时，与声压差接收方式类似，p 可以写为

$$p = 2P_\mathrm{m}\frac{k(d_\mathrm{a}+d_\mathrm{i})}{2} \tag{4-8}$$

设振膜面积为 S，并设作用到振膜表面各点的声压相同，则作用于振膜的力近似等于

$$F = 2P_\text{m}S\frac{\pi f}{c}(d_\text{a}+d_\text{i}) \tag{4-9}$$

2. 声波入射角 $\theta \neq 0°$ 时

设声波入射角为 θ，则 d_a 应改为 $d_\text{a}\cos\theta$，而 d_i 与 θ 无关。于是，声波作用于振膜的力 F_θ 为

$$F_\theta = 2P_\text{m}S\frac{\pi f}{c}(d_\text{i}+d_\text{a}\cos\theta) \tag{4-10}$$

通常 d_a 与 d_i 都可看做常量。将式（4-10）中 d_a 移至括号外面，并设 $2P_\text{m}S\pi fd_\text{a}/c = \alpha$，$d_\text{i}/d_\text{a} = \beta$，则 F_θ 可以写为

$$F_\theta = \alpha(\beta+\cos\theta) \tag{4-11}$$

如果设 $\beta = 1$，即 $d_\text{i} = d_\text{a}$，则

$$F_\theta = \alpha(1+\cos\theta) \tag{4-12}$$

为心形（cardioid）指向性，即单指向性（unidirectional）。

β 取不同数值时的指向性图形如图 4-9 所示。当 $\beta > 1$ 时，$d_\text{i} > d_\text{a}$，指向性图形接近于无指向性；当 $\beta < 1$ 时，$d_\text{a} > d_\text{i}$，指向性图形在 180°方向出现尾瓣，$\beta = 0.6$ 时成为超心形（super-cardioid）指向性；$\beta = 0.3$ 时成为锐心形（hyper-cardioid）指向性；当 $\beta = 0$ 时，即 $d_\text{i} = 0$ 时，为压差式声波接收方式。

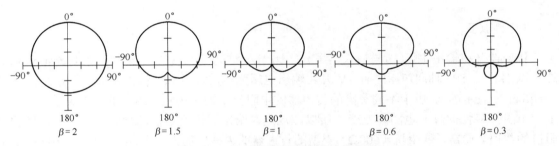

图 4-9 β 取不同数值时的指向性图形

由于心形指向性图形可由一无指向性图形与一高度相同的 8 字形指向性图形相加得到，如图 4-10 所示，所以这种声波接收方式称为复合式。

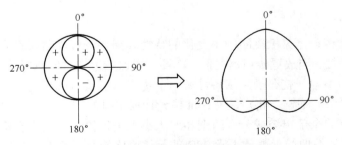

图 4-10 心形指向性图形的合成

4.1.4　接收球面波声场时的声压差

当传声器与小尺寸声源距离较近时，作用到振膜上的声波为球面波。对采用压差式或复合式声波接收方式的传声器，对于低频声，由于波长较长，作用在振膜前后两面的声压差较小，但由于距声源较近，比距声源较远处声压幅度要大，因而低频声的声压差将增加，使低频输出增大。

可以看出，球面波与平面波相比，在低声频时声压差将变大。所以，将采用压差式或复合式声波接收方式的传声器靠近点声源时，低声频成分将加重。这种效应称为近讲效应，如图4-11所示。歌唱演员为了提高低频声的比重以求得歌声的温暖感，常将传声器靠近嘴部。相反，为了提高讲话的清晰度，避免低音过重，也可利用有些传声器上的低频切除开关，衰减由近讲效应产生的低频声。

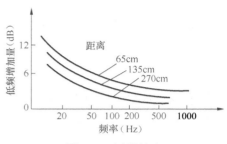

图4-11　近讲效应

4.2　传声器的特性及使用时的要求

4.2.1　传声器的特性

1. 灵敏度

传声器开路输出电压 E_0 与输入声压 p 之比 E_0/p 称为传声器的电压灵敏度（sensitivity）。通常以 1kHz、1Pa 轴向声压时有 1V 开路输出电压为基准，以 dB 来表示（也有用 V/μbar 或 mV/μbar 来表示的）。由于不同类型的传声器的电阻抗不同，实际使用时的视在灵敏度（见本节中电阻抗特性部分）也随之改变。所以，规定在给出灵敏度数值的同时，应该给出输出电阻抗的数值。通常，低阻抗（600Ω）类型的传声器的灵敏度约为-70dB；高阻抗（10～50kΩ）类型的传声器的灵敏度约为-50dB（以 1kHz、1V/μbar 为基准）。

虽然灵敏度高的传声器可以对较低声压的声波拾得的信噪比要好，但由于后接的传声器放大器的输入等效噪声电平、增益、动态范围等因素，也不是灵敏度越高越好。在输入高声压时如果两传声器失真相同，自然还是灵敏度高的传声器好。

2. 频率响应

频率响应是指传声器灵敏度随频率变化的特性。当加于传声器振膜的声压一定时所测得的特性称为声压特性；当放置传声器之前，声场声压保持恒定时所测得的特性称为声场特性。这两个特性之间的不同，就在于声场特性有由于传声器形状所引起的，与衍射效应相应的高声频特性呈上翘趋势。通常，将声场特性曲线设计成平直的。

将声源所具有的全部声波成分不改变相对大小地进行拾音，是优质拾音的必要条件。最近研究证明，频率特性曲线上整体大于 2dB 的起伏要比能看到的 1dB 左右的微小凹凸更容易对听觉产生影响。所以，通常希望拾音的带宽要在 30Hz～16kHz，至少也应在 50Hz～10kHz

具有平直的特性。最近将 20Hz～20kHz 的频率由一个传声器中的两个振膜来分担拾取,从而使这种传声器频率特性极为平直。但也有人认为,在电视广播等情况下,大多是在较远距离拾音,以及使用佩戴在衣服上拾音的小型传声器,高音会有衰减,如果使它们在 2kHz 以上的频率灵敏度上升 3～4dB,则可使清晰度得到提高。

3．指向性

传声器的灵敏度与声波入射角之间的关系称为指向性（directivity）。如果灵敏度与声波入射角无关时,称为无指向性或全指向性;如果灵敏度随声波入射角而改变时,称为有指向性。

通常,表示传声器指向性的方法与扬声器相同,即利用极坐标画出几个固定频率的指向性图形的方法,以及定出正面方向、90°（横）方向、180°（背面）方向等几个方向后,画出输出电压频率特性的方法。通常,为了了解由于声波入射方向不同所引起的音色变化,以后一种方法为好。

使用指向性传声器的目的是为了使从不希望方向来的声波比从希望方向来的声波的灵敏度有所降低。因此,应根据拾音对象的声源种类、性质以及声源所在房间的声学特性,并根据所希望拾取的音质来选择所用传声器的指向性。

4．传声器的输出阻抗

传声器的输出阻抗又称为传声器的源阻抗,它是传声器对 1kHz 信号的交流内阻。源阻抗在 150～600Ω 的传声器是低阻抗型的,在 1000～4000Ω 的传声器是中等阻抗型的,高于 25kΩ 的传声器是高阻抗型的。广播用传声器通常是低阻抗型的,以免用长电缆来连接时,成为混入交流声或造成高频损失的原因。传声器的负载阻抗,即调音台或录音机的输入阻抗应不小于传声器输出阻抗的 5 倍,以进行电压匹配。例如,传声器输出阻抗为 200Ω 时,所接负载的输入阻抗应等于 1kΩ,目前,这一数值是大部分调音台的输入阻抗数值。

5．电阻抗特性

电阻抗特性是指传声器的输出阻抗频率特性,即由传声器输出端量得的电阻抗的频率特性。这一电阻抗是在传声器电系统的阻抗中附加了由振膜振动所产生的动生阻抗部分。通常力系数越大的传声器（灵敏度高的传声器）动生阻抗也越大。

这一电阻抗值与传声器前置放大器的输入阻抗之比,决定了传声器的视在灵敏度。即设传声器输出阻抗为 Z_o,前置放大器的输入阻抗为 Z_i,输出开路时的传声器灵敏度为 S_{mo} 时,则视在灵敏度 S_m 可表示为

$$S_m = \left| \frac{Z_i}{Z_i + Z_o} \right| S_{mo} \tag{4-13}$$

因此,通常使 $|Z_i|$ 比 $|Z_o|$ 大很多,以减小视在灵敏度的降低和对 Z_o 的频率特性的影响。

6．噪声

传声器的噪声有些是由传声器内部产生的,有些是由前置放大器前级电路与传声器电信号输出部分相接处所产生的,还有一些是当传声器被置于磁场和气流中使用时,因震动所产生的外部噪声。噪声限制了传声器所能拾取声波的最小声级,所以噪声是越小越好。

7．失真特性

传声器的失真特性是以谐波失真系数来表示的。一些传声器厂家将听觉最大容许失真系数定为1%，用达到这一数值的输出电平与换算为加于传声器的输入声压级来表示失真特性。这时大多使用听觉校正的C计权曲线。

8．瞬态响应特性

传声器的瞬态响应特性是指传声器的输出电压跟随输入声压级急剧变化能力的特性，目前还没有固定的测量方法。通常认为输出电压频率特性在较宽频带内平直，不含有尖锐的峰谷是瞬态特性良好的条件。

4.2.2　传声器使用时的要求

1．频率范围

传送声音信号的必要带宽（即频率范围）随使用目的而不同，但通常应有一适当的数值。例如，重放高保真度声音信号所需的最高频率可以为15kHz、18kHz、20kHz等数值。对于广播，以传送语声信息为主时，100Hz～8kHz带宽就已足够；以传送音乐为主时，最低限度也应为40Hz～15kHz。如果考虑今后的脉冲编码调制（PCM）录音，以及将来的PCM广播，那就可能需要20Hz～20kHz。

传声器频率特性的平直范围通常与传声器的灵敏度密切相关。灵敏度是规定拾音时所必需的声压级范围的指标，应该考虑它们之间的关系。

另外，由于传声器本身的固有噪声、放大器产生的噪声以及风和震动等环境引起的外来噪声大多数低频成分较多，为了降低噪声电平，大多使低频下降一些，所以噪声成为限制低频的主要原因。关于高频特性，在近距离拾音时通常不会成为问题，但在远距离拾音时，由于声音的室内反射，会使高频分量下降。用集音器拾音时，声音要经过几十米的空间，空气对高频声的吸收也会使高频下降。另外，指向性传声器的频率特性会随声波入射角度变化，在使用时也应注意。

2．拾音的声压级范围

通常，拾音的声压级范围上限是由拾音系统（传声器与前置放大器）的失真容许值决定的，下限是由拾音系统的噪声电平决定。目前，生产的一些传声器可在120～130dB声压级时得到1%以下的失真系数。同时，在前置放大器输入端插入衰减器，就可调整到使在传声器最大输出电平时，放大器的失真系数达到容许值。另外，传声器的输出噪声电平也有低到15～20dB的。通常认为，在录音室中，对节目的拾音下限声压级由室内本身的噪声级决定。也就是说，录音室的本底噪声级（室内空调噪声、其他设备噪声和由震动导致的噪声等之和）是按NC20～25曲线设计后，再加上演员、播音员等产生的噪声源的情况确定的。

因气流和风使传声器产生的噪声可以认为是由于传声器接收声波部分所承受的气流导致的压力变动所引起的。传声器指向性和形状以及气流方向和速度不同，噪声的各频率等效声压也不同。气流速度在10m/s以内时，噪声的等效声压级将按2～3次方成正比增加。减小这种风噪声的有效办法是用防风罩来减弱气流。防风罩的防风效果是由所用材料的流阻形成的。当在金属网外面包上布时，布的声阻密度越大，防风罩的容积越大，效果越好。

使用防风罩后会使指向性传声器的频响和指向性受到影响。例如，单指向性传声器在低声频段的轴向频响有所降低，指向性有近于无指向性的趋向；高声频段的频响也会发生一些变化，在 90°方向则频响几乎没有变化。指向性传声器受防风罩影响的原因是由于罩内声场受声波干涉，使声压梯度比自由声场有所降低而造成的。所以罩子的尺寸越小，所用材料的声阻密度越大，影响也会越大。

因此，为了可靠起见，应尽可能使用较大的防风罩。风噪声的等效声压级容许值，无指向性传声器为 45～50dB、单指向性和双指向性传声器为 55～65dB。

震动噪声的产生是由于当传声器受到震动时，振膜也受到震动，但两者质量不同，惯性也不同所致。为了减小震动噪声，可增加防振机构来缓冲外部所加的震动。从实质上来看，重要的是应减小振膜的有效面密度。关于震动噪声的容许值和测量方法还没有规定。

磁场感应噪声随漏磁场的性质不同而有所不同。通常，由于感应噪声的产生机构大多具有微分特性，容易突出漏磁场中的高次谐波。感应噪声的大小会随传声器的磁场方向等因素而变化。感应噪声的容许值为等效声压级不大于 5dB。

4.3　传声器的工作原理

4.3.1　动圈传声器

1. 无指向性动圈传声器

无指向性动圈传声器的典型结构如图 4-12 所示，它属于电动传声器的一种，其结构与球顶形扬声器相似，球顶形振膜是声波接收器。当声波传到振膜时，振膜相应产生振动，带动音圈切割磁力线，根据右手定则，在音圈中产生相应的感应电动势。设作用到传声器振膜上的声波是简谐波，音圈导线等效总长为 l，磁隙缝中等效磁感应强度为 B，音圈振速为 v，则产生的感应电动势为

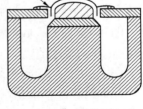

图 4-12　无指向性动圈传声器的典型构造

$$e = Blv$$

这种动圈传声器的下限频率约为300Hz，上限频率约为5kHz，带宽较窄。为了展宽频带，可采取以下措施。

（1）加低频补偿管展宽低频

可在上导磁板上开一个进声孔，连接一声管通向后腔，由于这一补偿管对高频声波的阻抗较大，所以只有低频声波进入，与前方到达振膜的声波相位差很小。当补偿管的声质量与后腔声顺产生共振时，可以展宽低声频下限频率。

（2）加高频补偿器展宽高频

可将传声器振膜前置一带孔的盖，由于盖孔与振膜前形成的气室产生共振，从而展宽了高声频上限频率。

为了消除音圈受杂散磁场感应的交流声信号，有的传声器内设置了交流声补偿绕组。这

个绕组与音圈的大小、圈数完全一样，但不放在磁系统中，也不受声波推动，它与音圈反相串联，从而将两者感应的交流声信号互相抵消掉。

为了抗击传声器受强冲击时产生的噪声，有的传声器内设置了另一个相同的磁系统。该磁系统内安置了一个与音圈大小、圈数完全相同的抗冲击声线圈。这个线圈不连接振膜，不受声波推动。当传声器受到机械冲击时，音圈和抗冲击绕组同时产生感应电动势，将两个绕组反相串联，两个感应电动势就会互相抵消掉，从而没有噪声输出。

2．单指向性动圈传声器

单指向性动圈传声器的构造如图 4-13 所示，它在传声器外壳的侧面开了声入口，声波进入传声器，经音圈和磁隙缝的间隙到达振膜的内表面，并经制动阻尼与后气室相通。它的相移是由隙缝与后气室和制动阻尼形成的。适当地控制它们的数值，就可形成单指向性。

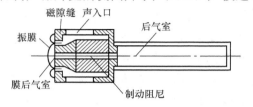

图 4-13　单指向性动圈传声器的构造

单指向性动圈传声器中有一种称为噪声抑制型动圈传声器（也称为消噪声传声器）。它是将传声器振膜机械地绷紧，使它在平面波声场中拾音时，在 1kHz 以下的频率，灵敏度有 6dB/oct 的衰减，因而可以减弱对低频段中非常突出的杂散噪声的拾取。但当距这种传声器很近（2～4cm）讲话时，由于压差式传声器的近讲效应，低声频按 6dB/oct 提升，因而可以获得平直的低声频响应，同时抑制了噪声的拾取。这种传声器在人声嘈杂的环境中使用，可以获得较清晰的讲话声。

3．多声入口单指向性动圈传声器

多声入口单指向性动圈传声器的构造如图 4-14 所示。在这种传声器后部靠近外壳处有一长圆管，沿管的长度方向在靠近外壳处开有一条较宽的槽。槽上覆盖着阻尼材料，形成连续分布的声阻尼，管末端填充有丝棉状阻尼材料以抑制空气柱的共振。在传声器外壳上沿管槽均匀地开有许多与管槽长度方向相垂直的窄缝，作为一连串的声波入口。声波经管子进入磁系统中间孔洞到达振膜内表面，它的声压相量图如图 4-15 所示。

图 4-15（a）为低声频时的情况。这时，管中声质量所形成的声抗小，所以管中通过的声波衰减小。为了简明起见，设传声器外壳上有 5 个声入口，由最后至前方依次编号为 1、2、3、4、5。由声入口 1 入射的声波到达振膜内表面的声压相量 $\dot{p}_1$ 与由声入口 5 入射的声波到达振膜内表面的声压相量 $\dot{p}_5$ 幅度相差不多。由各声入口作用到振膜内表面的声压相量之和 $\dot{p}_r$ 与作用到振膜外表面的声压相量 $\dot{p}_0$ 之差 $\dot{p}$ 就是作用于振膜的净声压。图 4-15（b）为高声频时的情况。由于高声频时，管中声抗大，所以声压相量 $\dot{p}_1$ 会受到相当大的衰减。因此，高声频时，声入口 5 入射的声波到达振膜内表面的声压相量的幅度要大于 $\dot{p}_1$ 的幅度，结果相量和 $\dot{p}_r$ 与作用到振膜外表面声压相量 $\dot{p}_0$ 之差 $\dot{p}$ 的大小与低声频时几乎相同。因此，它无近讲效应，频率响应较为平直。

4．锐指向性动圈传声器

锐指向性动圈传声器也称枪式传声器（gun microphone），它在无指向性或单指向性动圈传声器的振膜前面置有一个长管，长管的侧面均等间隔地开有与管前端开口面积相等的许多开缝。为了便于说明，我们以 4 个开缝为例。设管长为 D，在每相距 $D/5 = d$ 处开缝，如

图 4-16 所示。当声波沿管轴方向入射时，与由缝 2、3、4、5 入射的声波同相到达振膜，使振膜受到各缝声压 5 倍的声压作用，如图 4-17（a）所示。

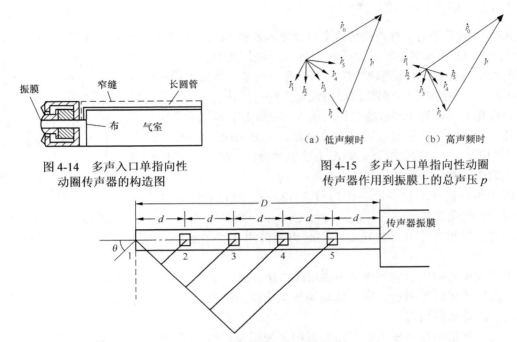

图 4-14　多声入口单指向性
动圈传声器的构造图

（a）低声频时　　　（b）高声频时

图 4-15　多声入口单指向性动圈
传声器作用到振膜上的总声压 p

图 4-16　锐指向性传声器示意图

当声波与管轴成 θ 角方向入射时，声波由管前端开口入射到达振膜的距离要长于由各开缝入射的声波到达振膜的距离，越靠近振膜的开缝，入射声波到达振膜的距离越短，可以如下表示：

管前端开口　　　$5d = D$；

第 2 开缝　　　$d\cos\theta + 4d = D - d(1-\cos\theta)$；

第 3 开缝　　　$2d\cos\theta + 3d = D - 2d(1-\cos\theta)$；

第 4 开缝　　　$3d\cos\theta + 2d = D - 3d(1-\cos\theta)$；

第 5 开缝　　　$4d\cos\theta + d = D - 4d(1-\cos\theta)$。

因此，与远离振膜的开缝入射的声波相比，靠近振膜的开缝入射的声波到达振膜时，相位要超前。将五处入射的声压相加，可得图 4-17（b）所示的总声压，它小于图 4-17（a）所示的总声压。这种现象随 θ 的增大而越发显著，如图 4-17（c）所示，因而可以获得锐指向性。

当声波频率变高，声波入射角不变时，各缝入射声波到达振膜的相位差会增大，振膜处总声

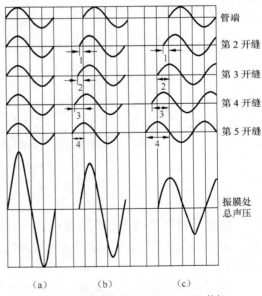

管端

第 2 开缝

第 3 开缝

第 4 开缝

第 5 开缝

振膜处
总声压

（a）　　　（b）　　　（c）

1. $d(1-\cos\theta)$ 的相位差　2. $2d(1-\cos\theta)$ 的相位差　3. $3d(1-\cos\theta)$ 的相位差　4. $4d(1-\cos\theta)$ 的相位差

图 4-17　锐指向性传声器振膜处总声压与
声波入射角 θ 的关系图

压将减小得更多，指向性会更尖锐。

另外，将传声器置于一抛物面的焦点位置也可形成锐指向性传声器。

4.3.2　铝带传声器

铝带传声器是另一种电动传声器。压差式双指向性铝带传声器的构造如图 4-18 所示，其

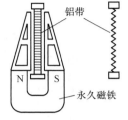

下端是一块 U 形永久磁铁，上端左右各有一块开孔的软铁，两块软铁之间形成均匀磁场，在两块软铁之间悬有一条带有均匀皱折的铝带作为振膜。当声波作用于铝带前后两表面上时形成声压差，铝带随声波作相应振动，切割均匀磁场的磁力线，在铝带上下两端间产生感应电动势。铝带既是声波接收器又是换能器。设 B 为磁场磁感应强度，l 为铝带长度，v 为铝带振速，则产生的电动势 $e = Blv$，与动圈传声器产生的电动势表示式相同。

图 4-18　铝带传声器的构造

铝带传声器两块软铁的间距为 1.5～2mm，铝带宽度稍窄于软铁的间距，铝带厚度为 1～2μm，长为 2～3cm，质量为 0.2mg。由于铝带传声器输出电压较低，因此，需接一个升压变压器，同时将铝带的 0.2～0.4Ω的电阻抗变高。变压器安装在磁铁下方。

压差式铝带传声器的铝带两面都接收声压，具有 8 字形指向性，即双指向性。它的共振频率在低频下限频率附近，所以振动系统是由质量控制的。铝带传声器的音质比较温暖、柔和，有些人喜欢使用它。

如果只将铝带传声器的铝带后面封闭，使铝带背面不能接收声波，就形成无指向性压强式铝带传声器，振动系统是力阻控制的，阻尼由后面所连接的充满吸声材料的声管形成，声管约长 1m，盘成十几折，如图 4-19 所示。

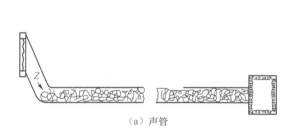

（a）声管　　　　　　　　　　　　　（b）实际构造图

图 4-19　无指向性铝带传声器示意图

如果只将铝带的一部分连接声管，而其余部分仍保留压差式，则形成心形单指向性铝带传声器，如图 4-20 所示。如果在无指向性铝带传声器的声管上开有孔洞，也可形成单指向性铝带传声器。

可变指向性铝带传声器是在声管部分开一进声闸，根据进声闸的开启和闭合的程度，形成无指向性、单指向性和双指向性，如图 4-21 所示。

铝带传声器怕风吹，应罩上保护罩，不要用于室外，以免铝带吹弯不能复原。使用铝带传声器时，绝对不能对它吹气。另外，使用压差式铝带传声器时，应注意近讲效应。

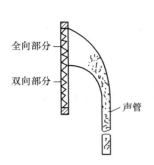

图 4-20　单指向性铝带传声器构造

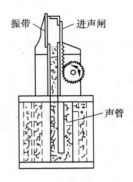

图 4-21　可变指向性铝带传声器的构造

4.3.3　电容传声器

　　电容传声器是目前技术量指标最高的一种传声器，它被广泛用于广播电台和电视台，其构造如图 4-22 所示。

　　电容传声器是将接收声波的薄金属膜片（几微米到几十微米厚）作为电容器的一个极板，将对着膜片的一个有圆沟的固定厚金属板作为传声器的另一个极板，两极板相距 20～50μm，电容量为 50～200pF。当声波作用到金属膜片上时，膜片产生相应振动，改变了与固定极板间的距离，使电容量发生变化。电容传声器的两个极板间通过一个大电阻（30～1000MΩ），加有直流极化电压 E_0（为 40～200V）。当电容量发生变化时，由于回路中有大电阻存在，因此，电容器两端的电荷几乎不变，而两极板之间的电压将发生相应变化，使电阻两端电压也作相应变化，这就是输出的电信号。电容传声器的交流等效电路图如图 4-23 所示。

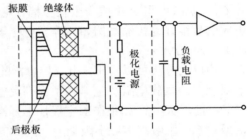

图 4-22　电容传声器的构造示意图

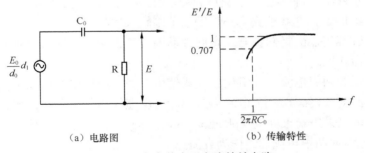

（a）电路图　　　　　　　　　（b）传输特性

图 4-23　电容传声器交流等效电路

1．无指向性电容传声器

　　当电容传声器振膜只由一面接收声压时，就形成无指向性电容传声器。

　　设无声波作用时，电容器的电容量为 C_0，电极板的面积为 S，电极间的距离为 d_0，空气的介电系数为 ε_0，则

$$C_0 = \frac{\varepsilon_0 S}{d_0} \tag{4-14}$$

由于声波作用，振膜有了位移 d_1，使电极间距离改变，电容量变为

$$C = \frac{\varepsilon_0 S}{d_0 - d_1} \tag{4-15}$$

要使灵敏度与频率无关，必须使机械谐振角频率甚高，电阻值要很大，即

$$\omega_0 \gg \omega \tag{4-16}$$

$$R \gg \frac{1}{\omega C_0} \tag{4-17}$$

第一个条件，即式（4-16）的物理意义是，必须将电容传声器的机械系统谐振角频率做得很高，所以振膜要很薄、很轻，要张得很紧，振膜后面空腔的弹性要很大。但总弹性过大会降低传声器的灵敏度，因此机械谐振频率控制在声频上限就可以了。

第二个条件，即式（4-17）的物理意义可由图 4-23 来说明，即电容传声器极板之间的电容 C_0 与负载电阻 R 组成一个阻容耦合电路。由于 C_0 值很小，必须使 R 值足够大，才能使低声频信号很好地传输。例如，静态电容量 C_0 为 100pF 时，要求在 20Hz 下降 3dB，则可求得 R 值应为 80MΩ。

由以上分析可以看出，电容传声器的频率特性，上限频率受它的机械谐振频率的 f_0 限制，下限频率由负载电阻决定。为了提高灵敏度，应该加大振膜后面空腔的容积，以增大力顺，但又不能增大 d_0。如果在固定极板上开沟，可以增大空腔容积，又不增大 d_0，但这又会降低谐振频率，影响高声频上限频率，因此需全面考虑才行。

由图 4-23（a）可以看出，从负载电阻两端直接传送信号是不行的。因为，第一，这时传输线的分布电容将并联到大电阻 R 两端，使信号高频损失很大；第二，高阻抗传输容易受外界电磁场干扰。因此，通常将一个放大器放在传声器壳内，将传声器输出经放大器变低阻抗后再传输出去。

电容传声器频率特性可以很平直，有的高频上限可达 100～200kHz，并具有灵敏度高（为 0.5～1mV/μbar，600Ω），非线性失真小，动态范围较大的特点。

无指向性电容传声器的指向性与无指向性动圈传声器相同，即低声频时为无指向性，中高声频时有一定指向性。

电容传声器需要两组电源，一组供放大器使用，另一组供电容极头极化电压用。电容传声器的交直流电源变换器装在一个电源小盒中，用电缆线与传声器相连接。为了减少电缆线中线对的数目，可以采用幻象供电（phantom powering），即利用声频信号传输电缆同时传送电源。可以利用电缆内两根声频芯线作为直流电源的一根芯线，利用电缆线的屏蔽层作为直流电源的另一根芯线，并且不影响传声器声频信号的正常传输。图 4-24 所示为一种幻象供电电路。它是利用调音台的输入变压器一次绕组中心抽头馈入幻象直流电源，要求变压器一次绕组中心

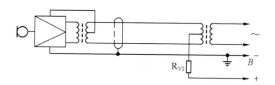

图 4-24 一种幻象供电电路

抽头位置必须十分准确，图中串接电阻 R_{V2} 的阻值与供电电压有关。

2．单指向性电容传声器

单指向性电容传声器是利用振膜后面也接收声波来实现的。因此，要求在固定极板上开洞，使后声入口的声波能够到达振膜后面。

单指向性电容传声器是力阻控制的。力阻由振膜与后极板间的薄流体层的黏滞阻力形成。这一黏滞阻力远远大于振膜的质量抗和力顺的弹性抗。

3．可变指向性电容传声器

在无指向电容传声器的固定极板的另一侧再加一膜片，并在固定极板上开出两膜片相连通的孔，如图 4-25（a）所示，就形成了可变指向性电容传声器。

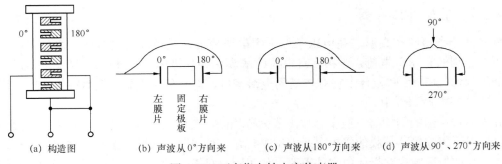

图 4-25　可变指向性电容传声器

可变指向性电容传声器改变指向性的原理如下。

（1）左膜片与固定极板间加有电压，而右膜片与固定极板相连

① 声波从左方（0°）传来，左膜片（加电膜片）将相应产生振动，振动通过固定极板孔道传到右膜片（不加电膜片）的左边，这时图 4-25（a）的横截面如图 4-25（b）所示。声波还会从传声器外面衍射到传声器右面，作用到右膜片的右边。如果传声器设计得适当，会使作用到右膜片两边的声波延时相等，右膜片两边所受的力将互相抵消，右膜片就不振动。这时，左膜片与固定极板间有电压输出。

② 声波从右方（180°）传来，这时图 4-25（a）的横截面如图 4-25（c）所示，左膜片不振动，右膜片振动，但由于右膜片上没加电压，所以这时传声器无输出。

③ 声波从 90° 或 270° 方向传来，这时图 4-25（a）的横截面如图 4-25（d）所示，左右两个膜片同时受到声波作用而振动，右边膜片的振动经孔道传到左膜片的右边的延时短于上面①所述情形的一半，左膜片与固定极板间有电压输出，电压大小约为上面①所述情形的一半。

综合上述情况可知，双膜片单极化的电容传声器具有心形指向性。设主轴方向（0°）的输出电压为 E_0，则 θ 角时输出电压的表示式为

$$E = \frac{E_0}{2}(1 + \cos\theta) \tag{4-18}$$

（2）两膜片对固定极板加有数值相等、极性相同的电压

这时，两膜片对固定极板都有电压输出，输出应为两者之和，即

$$E = E_{左} + E_{右} = \frac{E_0}{2}(1 + \cos\theta) + \frac{E_0}{2}[1 + \cos(\theta + 180°)] = E_0 \qquad (4-19)$$

这时传声器输出电压与声波入射方向 θ 无关，为一固定值，呈无指向性。

（3）两膜片对固定极板加有数值相等、极性相反的电压

这时，两膜片对固定极板都有电压输出，总输出为两者之差，即

$$E = E_{左} - E_{右} = \frac{E_0}{2}(1 + \cos\theta) - \frac{E_0}{2}[1 + \cos(180° + \theta)] = E_0 \cos\theta \qquad (4-20)$$

这时传声器输出电压与声波方向 θ 呈 8 字形指向性，即双指向性。

在（2）、（3）两种情形中，如两膜片所加电压数值不等，则可分别形成扁圆形、锐心形指向性。上述膜片极化电压的改变，可通过按动传声器上相应的按钮来实现。

4.3.4　驻极体传声器

有些高分子薄膜在高温、高电压条件下用电子轰击，或经针状电极放电等处理后，能在两表面上分别储有正负电荷，这种储有电荷的薄膜称为驻极体（electret）。目前用得最多的是聚全氟乙丙烯（FEP）驻极体，它有较高的电荷密度，而且稳定性好，能耐高温，广泛用于传声器、耳机等电声器件中。

驻极体传声器的结构与一般电容传声器大致相同，工作原理也一样，只是它不需要极化电压，而是由所用驻极体薄膜的极板表面电位来代替。如果可动振膜由蒸镀金属层的驻极体薄膜来代替，则称为振膜式驻极体电容传声器；如果固定极板上贴有驻极体薄膜，则称为背极式驻极体传声器。它们也都需要在极头后面紧接阻抗变换放大器（通常是由一个场效应管组成）。

驻极体电容传声器不需要极化电压，和一般电容传声器相比，简化了电路，但场效应管所需电压则仍需由外部供给。另外，驻极体上的电荷会随时间的增长而逐渐衰减。目前驻极体的寿命可达几十年。

4.3.5　压力区域传声器

压力区域传声器（PZM）简称为压区传声器。它是将一小型电容传声器的振膜朝下安装在一块声反射板上，使振膜处于"压力区域"内的传声器。"压力区域"是指反射板附近直达声和经反射板反射的反射声相位几乎相同的区域。

当将一个传声器单独靠近一个反射面放置时，从附近声源传到传声器振膜的声波有直达声和经附近反射面反射的反射声，如图 4-26 所示。对于不同频率的声波，反射声滞后直达声的相位也不同。例如，在 1ms 的滞后时间内，1000Hz 声波有 360° 相位差，直达声与反射声同相，使声压加倍，即提高 6dB；500Hz 声波有 180° 相位差，直达声与反射声反相，两者彼此抵消。因此，振膜的声压频率特性曲线将出现峰谷相间的梳齿形状，即梳状滤波器效应，如图 4-27 所示。因此，反射声滞后直达声的时间应尽可能地短，才能消除梳状滤波器效应。

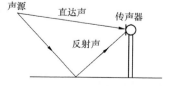

图 4-26　到达传声器的直达声和反射声

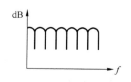

图 4-27　梳状滤波器效应

压力区域传声器的振膜与反射板平行放置，两者非常靠近，使直达声和经反射板反射的反射声几乎同时到达振膜，使相位抵消的频率移到可听频段之外，从而得到平直频响。图 4-28 示出了压力区域传声器的拾音情况和频响。

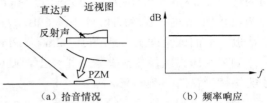

图 4-28　压力区域传声器的拾音情况和频响

　　振膜距反射板越近，高频响应越能延伸。例如，要求在 20kHz 时频响最大下降 6dB，则传声器振膜与反射板间的距离，也就是压力区域的厚度为 0.28cm，这一距离约等于 20kHz 声波波长的 1/6；如果要求在 20kHz 时，频响最大下跌 3dB，则传声器的压力区域的厚度为 0.21cm，等于 20kHz 声波波长的 1/8。应该注意，压力区域的厚度是随频率不同而不同的。

　　压力区域传声器与普通传声器相比，具有以下特点。

　　① 频响宽而直——由于它不存在直达声与反射声之间的相位干涉。

　　② 灵敏度提高 6dB——直达声与反射声同相相加。

　　③ 信噪比高——它具有高的灵敏度和低的本底噪声。

　　④ 声源移动时，音质不受影响——直达声和反射声的路程相等，所以音质与声源的方向及高度无关。

　　⑤ 无非轴向声染色——普通传声器的尺寸较大，当尺寸与轴向入射声波的波长可以相比拟时，作用在振膜上的声压将上升。但压力区域传声器的尺寸很小，所以不会产生声压上升现象。另外，由于从各方向进入传声器的声波都是经过一个小的径向对称细缝，所以没有非轴向声染色。

　　⑥ 具有半球形指向性图形——压力区域传声器对从反射板上各方向来的声波具有相同的灵敏度。

　　通常，压力区域传声器可以置于地板上或墙面上，这时的地板、墙面即成为传声器的一部分，当传声器置于墙角时，三面墙都成为传声器的一部分，使传声器的输出增大 12dB。拾取立体声时，可将两个压力区域传声器分别置于 5cm × 5cm（或 10cm × 10cm）的木板两边，如图 4-29 所示。如果将两个压力区域传声器分别置于距两块木板一端 15cm 处，并使两木板形成 70° 夹角，就可组成 ORTF 立体声拾音方式，如图 4-30 所示。

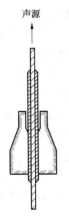

图 4-29　立体声拾音的压力区域传声器

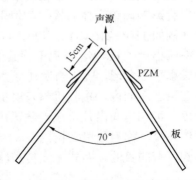

图 4-30　ORTF 立体声拾音方式的压力区域传声器

压力区域传声器的低频响应与被放置的木板尺寸有关。木板越大，低频响应越可延伸。当一个压力区域传声器放置在一块木板上，低频响应电平下降到中频响应电平 6dB 时的波长约为边界长的 6 倍。例如，边界面为 60cm×60cm 时，在 94Hz 处下降 6dB；边界面为 12.7cm×15cm 时，在 367Hz 处下降 6dB。为使最低频率得到平直响应，压力区域传声器应置于地板、墙面或桌面上，或置于 1.2m×1.2m 的木板上。

如果将压力区域传声器置于地毯上，则应放在一块尺寸至少为 30cm×30cm 的木板上，才能保持平直的高频响应。

最近又出现一种指向性界面传声器（directional boundary microphone），它是由一个超小型、超心形指向性的驻极体传声器做成的。它与压力区域传声器的工作原理一样，也可消除梳状滤波器效应。它的振膜不像压力区域传声器那样与界面平行，而是与界面垂直的，又称为相位相关心形（PCC）传声器。由于它使用了超心形指向性传声器芯子，因而对后方及侧方的声音可以得到很好的抑制，使拾得的声音非常清晰。又由于它体积很小而且采用黑色涂覆，所以使用时不易被看到，适合于电视台使用。将它用于扩声系统中时，可以提高声反馈前的增益，并且可减小噪声。

4.3.6　无线传声器

无线传声器（radio microphone）是将换能后的声频电信号调制一个载波后，由天线辐射给附近接收机的传声器。

由于无线传声器很小巧，不需导线与放大器等设备相连接，所以使用者可将它佩戴在身上自由走动而不受限制。它广泛地用于讲课、音乐会、话剧演出和播音等场合。另外，由于它很小，便于隐藏，所以特别适合在拍摄电视、电影时使用。

无线传声都使用米波和分米波波段，采用调频制，具有抗干扰性强、频率特性宽、失真度和噪声小、发射机效率高等优点。无线传声器调频有两种方式，一种是由电容传声器直接调频，另一种是将电容传声器转换的电信号对一个载波调频。前一种方式是将电容传声器可动膜片受声波振动后，电容量发生变化，将这个变化的电容量直接并接在射频振荡器槽路中，使振荡频率产生相应变化，从而形成调频。这种方式电路简单、元器件少，有利于缩小体积、减轻质量，后一种方式则电路复杂一些。

无线传声器有使用甚高频（VHF）频段中较低的频段（30～50MHz）的，它会受到民用通信的干扰。也有使用与调频广播相同频段的（87～108MHz），这样虽然接收机可以使用调频接收机，但会影响调频广播的接收。使用甚高频频段的中间频段和特高频（UHF）频段中的较低频段（例如 150～216MHz、400～470MHz、900～950MHz）效果较好，但价格略高。通常发射功率应小于 100mW，以免干扰其他通信。无线传声器接收范围约在几百米以内。通常发射机做成扁平小盒形，质量约为几百克，可放在使用者上衣口袋内，天线可以藏在身上。接收机可放在拾音房间内，接收机与发射机之间应没有物体阻挡，以免信号失落。为了改善信号失落现象，可在房间内几个地点装置接收机来接收，然后将接收状态最佳的信号自动选择后送入工作系统，称为分集接收。

为了达到保密的目的，新式无线传声器使用红外线作为载波，而红外线是不会辐射到房间外面的。

4.4 传声器的使用及其特性选择

4.4.1 传声器使用中的几个问题

1. 传声器的定相

当同时使用几只传声器时，应使它们的相位一致，即在同一时间各传声器的振膜振动方向应一致，以免输出信号彼此抵消。进行定相时，可先将一个传声器接入放大器，对一固定大小、频率较低的正弦信号声源拾音，记录输出的大小。保持这一传声器的接入状态，再将这一放大器接入与前一个传声器靠近的另一个传声器，观察输出是增大还是减小，如果输出减小，则后接的传声器与前一个传声器反相。这时可以将后接传声器的两根输入线互换连接，使它们同相，其余再接入的传声器也同样进行（放大器的几个传声器输入端应是同相的，放大器中的传声器变压器的引线也应是同相的，否则会造成误判断）。现在调音后的传声器输入端大多有相位变换开关。

2. 传声器的连接

为了防止外界电磁场对传声器所拾得信号的干扰，传声器的输出线应使用有屏蔽层的双芯平衡隔离线。由于隔离线中每根芯线的一端，信号对连接的调音台或录音机等机壳的地端呈现幅度相等、极性相反的状态，两根芯线对地具有相同的阻抗。当隔离线受到干扰时，两根芯线感应的干扰信号在传声器负载上可以彼此抵消，而拾取的声频信号则由于在两根芯线中极性相反，形成一个回路，在负载上形成电压输出。需注意隔离线屏蔽层的一端应与传声器外壳相连接，另一端则应与连接的调音台或录音机等的机壳相连接。

传声器输出与隔离线，以及隔离线与调音台或录音机等的连接大多应用卡侬（Cannon）XLR-3 型（三芯）或 XLR-5（五芯、立体声用）插头。通常 XLR-3 型插头的 1 脚接地，2 脚及 3 脚分别连接两根芯线。也可使用 6.35mm 大三芯或大两芯插头。

3. 传声器的负载阻抗

传声器的负载阻抗即传声器所连接设备的输入阻抗。通常传声器的使用说明书中有规定数值，但也可按传声器的输出阻抗（源阻抗）的 5 倍来选定所连接设备的输入阻抗。

4. 传声器的防震、防风和防潮

传声器在使用过程中，不应使它受到剧烈震动。对动圈传声器来说，剧烈震动会使其中的磁体去磁、音圈松散或音圈与磁系统相碰，从而使灵敏度降低，出现噪声，甚至完全不能工作。对电容传声器来说，剧烈震动会使振膜与固定极板间距离减小，从而导致极化电压击穿振膜。因此，使用传声器时，不应用手敲击来判断它是否处于正常工作状态，也不应吹气来进行判断。这点对铝带传声器尤为重要，因为铝带一旦吹弯后不能复原，灵敏度要受到很大损失，甚至失效。在室外使用传声器时，应加防风罩，以免过大的风力引起传声器过载，损坏振膜。在较小风力下，加防风罩后也可避免产生较强的噪声。

传声器支架最好能防震，支架应牢固，连线应固定在较重物体上，以免连线被人踢挂，

使传声器跌落摔坏。可变指向性电容传声器大多有弹簧架支撑传声器，应支撑牢固。当移动电容传声器时，应先断掉极化电源。

对电容传声器要特别注意防潮，因为电容传声器极头受潮后容易引起振膜与固定极板间的击穿，或灵敏度降低、噪声加大等现象。电容传声器不使用时，应存放在有干燥剂的玻璃罩内。

5. 拾音时梳状滤波器效应的消除

当将传声器架于桌上使用时，直达声和经桌面的反射声会产生梳状滤波器效应，因此桌面上应铺上绒布，以减少反射声。另外，主传声器和备用传声器共同使用时，应尽量将两传声器靠近，或将两传声器置于与声源相等距离的位置。在多声源、多传声器情况下，应使两传声器之间的距离至少等于各声源到各自传声器距离的 3 倍，以使各声源到达邻近传声器的信号小于到达最近传声器的强度，减少互相干涉。

6. 传声器指向性的利用

无指向性传声器在频率较低时，对各方向的声源都有相同的灵敏度，所以对某特定声源拾音时，应靠近声源，以加大直达声成分、减小混响声，提高清晰度。无指向性传声器适于拾取各方向来的声音（例如背景声和混响声），可在需要减小手持噪声，无近讲效应影响，对喷口声不灵敏或需扩展低频响应（电容传声器）的情况时使用。心形指向性传声器对后方来的声音有较大抑制能力，因此，适合于舞台拾音，以抑制台下观众的声音。锐心形指向性传声器对正前方的灵敏度最高，所以能从混响声中或环境噪声中很好地拾取正前方声源的声音。锐心形和超心形指向性传声器对抑制两侧方向（90°和270°方向）的能力优于心形传声器。总的来说，心形、锐心形、超心形传声器都适合有选择地拾音，减小房间的混响声、背景声和乐器间的串音，需要近讲效应以及扩声中要求在产生声回授前有较大放大增益时使用。8字形指向性传声器，由于正前方和正后方的灵敏度相同，所以适合在固定位置的拾音，例如拾取播音室内两位相向坐着的播音员的声音。

7. 喷口效应的防止

歌唱演员用传声器，当靠近演员口部，对"p"、"b"和"t"着重发音时，由于从口中喷发出强气流，容易产生砰砰声和类似爆炸的声音。为了减小这种"喷口效应"，通常加有防风罩或用泡沫塑料做成的滤除器。也可将传声器偏离演员口部的方向，或采用全指向性传声器来减小。这两种方法对减小齿音较重的人讲话时所发出的过多的咝咝声和呼吸噪声也适用。

8. 传声器的近讲效应

压差式传声器在距声源较近时，低频声会加重，这种近讲效应在前面已叙述过。它在多声道录音时，对某一乐器近距离拾音或在演员歌唱的情况下都会产生。这种效应有时是演员为了提高声音的温暖、柔和、亲切感而有意形成的，但有的情况下则需避免。有的传声器上设有低频衰减开关，可用来消除近讲效应。还可以利用近讲效应制作出具有特殊功能的传声器，例如消噪声传声器。

4.4.2 对传声器特性的选择

使用传声器时应根据要求来选择它的特性。不应在任何场合都用同样的传声器，要根据声源的动态范围、频率范围来选用相应的传声器，以免过载和增加高、低频噪声。表 4-1 为传声器特性选择的举例。

表 4-1 传声器特性选择的举例

要　　求	选择传声器的特性
自然柔和的音质	平的频响
明亮的音质	高频响应提高
扩展低频声	全指向性电容传声器或带有扩展低频响应的传声器
扩展高频声、音色细腻	电容传声器
提升低频	心形传声器
平的低频响应	全指向性传声器、多声入口心形传声器或具有低频滚降的心形指向性传声器
减小拾取串音、反馈声和房间声	单指向性传声器或能在近区拾音的全指向性传声器
加强房间声	全指向性传声器或远离声源的单指向性传声器
靠近一个表面，能覆盖运动的声源或大的声源	压力区域传声器或小型传声器
减小手持噪声	全指向性传声器（或有防震装置的单指向性传声器）
减小呼吸噪声	全指向性传声器（或有砰声滤除器的单指向性传声器）
无失真地拾取较静的声音	有高的最大声压级特性的电容传声器
无噪声地拾取较静的声音	低噪声、高灵敏度传声器

4.5　拾音方式

拾音方式有一点拾音方式、多传声器方式以及一点拾音加辅助传声器拾音方式等。古典音乐重视全体的混响、谐和以及声音的深度，通常以一点拾音方式为主，可得到好的效果，但考虑厅堂或演播室的条件，也可选择另外适当的拾音方法。

4.5.1　一点拾音方式

一点拾音方式是在某一点处放置传声器的拾音方法。这种方式的特点是不存在由传声器干涉所引起的声音浑浊，可以很好拾得厅堂或演播室的混响，是适合于古典音乐的拾音方式。

一点拾音方式的传声器位置，决定了音色、平衡和声像的定位，是非常重要的，应在事先进行充分地排练，对传声器位置反复考虑。对厅堂、演播室的混响取得某种程度的平衡是良好拾音的前提。

在对西洋古典音乐拾音时，是采用成对传声器好，还是采用 MS 传声器好，不能一概而论。像协奏曲之类有独奏乐器，要想拾得清晰的声像定位时，以及重视与单声道兼容时，可选用 MS 传声器；像合唱或弦乐合奏之类想得到柔和宽度感时，可选用成对传声器来拾音。

4.5.2　多传声器方式

在狭窄的演播室对大型管弦乐拾音，或在声学条件不好的会场等情况下，只采用一点拾音传声器，则在声音混响和广度感方面通常不能满足拾音要求。另外，对歌剧、芭蕾舞等需在乐池中演奏时，除较狭窄外，也不能将一点拾音的传声器布置在舞台正中的台口处，否则会影响观众的视线，因此，需将传声器靠近乐器来拾音，这就形成了多传声器拾音方式。

将传声器置于各乐器处以及必要的位置来进行拾音，其平衡是由传声器的位置和调音处理来决定的。传声器数量较多，打击乐器和铜管乐器的声音可以串到弦乐器传声器中，但会使低音乐器的声音不清晰。因此，在非公开的演播室录音时，只要不妨碍演奏，可以改变乐器的位置，也可使用隔声屏来减小串音。

调音的要点，是只求电平的平衡，注意不要形成乐器横列的平面声音。一点拾音方式应能表现出混响、宽广感和深度感。

4.5.3　一点拾音加辅助传声器方式

一点拾音方式虽然可以拾得较为满意的声音，但如要对某一乐器加以少许增强时，或有独奏乐器、歌声时，或相对木管乐器、低音大提琴声音加强时，就需对必要的乐器配置辅助传声器。这时，相对于辅助传声器来说，在一点拾音位置上的传声器就可称为主传声器。

另外，为了弥补一点拾音时厅堂混响的不足，通常在主传声器的更远的位置上设有一个称为"混响传声器"的传声器。

在厅堂和大演播室内对古典音乐拾音时，通常都设有主传声器、辅助传声器和混响传声器。这种情况虽然也可看成是多传声器拾音，但多传声器时，所有设置的传声器都被同等地受到调音处理，而这种情况仍是以主传声器为主来进行调音的。

在音乐厅，排练时听众席的空座位与演出时的满座位，会使声音不同。只用主传声器拾音，这两种情况下的混响会有差异。因此，可用辅助传声器或混响传声器来对音色、平衡、厅堂音质进行校正。另外，混响传声器在音乐会现场转播时，也作为听众传声器来使用。

辅助传声器是放置在比较靠近乐器处，应该不使它妨碍演奏和指挥，并且要注意在演奏中不要使椅子、弦乐器的琴弓等碰到传声器，以免产生噪声。

混响传声器应置于相对主传声器声音延迟50ms（十几米）以内的位置。由于它距声源较远，应注意空调噪声的干扰。

调音的要点，仍应以主传声器的音色及平衡为主。因此，主传声器的位置应仔细推敲确定。在本身取得某种音乐平衡的基础上，要对辅助传声器声音进行加强和校正，并要对混响传声器的宽度感进行增强。

对辅助传声器可进行混响处理，随情况进行延时处理和进行均衡等，应时刻注意，不要使它形成不自然的声音。

4.6　通俗音乐的拾音

4.6.1　鼓组的拾音

鼓组通常由响弦鼓、通通鼓、低音鼓、踩钹、顶钹、吊钹组成，如图4-31所示。

1. 低音鼓的拾音

低音鼓可用动圈传声器拾音，在前面鼓膜的膜面未被开孔的情形下，可将传声器置于距膜面 10cm 左右稍偏离中心的位置；当前面鼓膜的膜面已被开孔的情形下，可将传声器稍伸入前膜面处放置，也可将动圈传声器伸入孔中一定位置处放置，而将电容传声器稍离前面放置，使两传声器取得适当平衡后进行录音。在使用两个以上传声器时，各传声器如果布置得使相位差不一致，则将得到相反的效果，见图 4-32（a）。

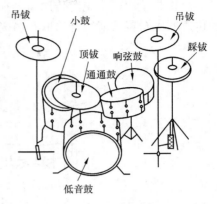

图 4-31　鼓组的组成

2. 响弦鼓的拾音

响弦鼓的正面（打击面）和底面（有响弦的一面）各用一个传声器。正面可用动圈传声器，应与鼓面成 30° 左右夹角，指向稍稍偏离中心。传声器的设置应不使演奏过程碰到它，这是很重要的。要想较多拾取响弦鼓的鼓体声，传声器与打击面的角度应较大，使用电容传声器时，离鼓面的距离应比动圈传声器时稍大些。另外，应注意不要产生由于传声器部分伸入造成的削波失真。底面的传声器也可不要，但对响弦线中心作为拾音目标时，为了得到好的效果，底面用传声器与正面用传声器在调音台中是反相使用的，见图 4-32（b）。

为了拾得清晰的声音而使用电容传声器时，由于电容传声器的串音较多，而动圈传声器的串音较少，可用另外一个动圈传声器置于比电容传声器更靠近声源处，在电容传声器输出端插入一个门电路，将动圈传声器的输出作为门电路的键控信号，使门电路对声尾的串音进行切除，从而得到电容传声器的清晰音色。

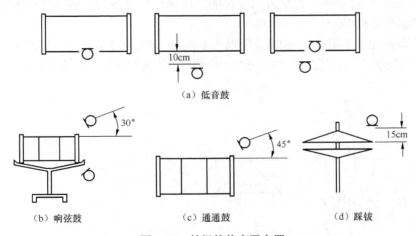

（a）低音鼓

（b）响弦鼓　　　　　（c）通通鼓　　　　　（d）踩钹

图 4-32　鼓组的传声器布置

3. 通通鼓的拾音

通通鼓可使用动圈传声器，设置得比较靠近打击面，打击面与传声器之间的角度以 45° 为宜。如果要拾取鼓体声，打击面与传声器之间的角度应加大，见图 4-32（c）。

4. 踩钹、吊钹的拾音

踩钹可使用电容传声器，在距踩钹 15cm 处拾音，应注意传声器的吹气噪声，见图 4-32（d）。

吊钹是使用两个电容传声器分别置于左右相距几十厘米处拾音。图 4-33（a）中朝向左侧的传声器应布置得能很好拾取左吊钹的声音，右侧传声器则应很好拾取右吊钹的声音。

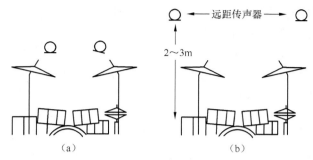

图 4-33　吊钹的传声器布置

目前，除以上使用的近距传声器外，还大多使用在相距 2～3m 处放置全指向性电容传声器来拾音，见图 4-33（b），通常称为远距传声器。也有时插入门电路，将低音鼓或响弦鼓的输出用作键控输入。近年来人们有以沉寂拾音比对强调活跃感的声音更为喜好的倾向。另外，也可不用远距传声器，而在顶部以全指向性传声器对声源的拾音来代替。

4.6.2　弦乐器的拾音

1. 电贝司（低音提琴）的拾音

电贝司的输出大多只由 DI（Direct Injection）直接输入口取得。DI 有用变压器的无源型和用运算放大器的有源型等。要想得到贝司的声压感，贝司放大器的声音可用电容传声器来拾音再与 DI 的声音相混。

低音提琴最近也大多附有 DI 输出，所以大多将 DI 与传声器并用，传声器使用电容传声器，位置应朝向 f 孔及弦的中间附近。另外，可将一个传声器用海绵包起置于琴码中部，见图 4-34（a）。

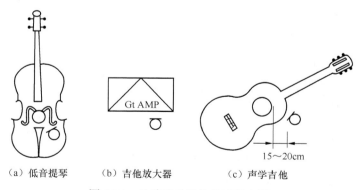

（a）低音提琴　　　（b）吉他放大器　　　（c）声学吉他

图 4-34　几种弦乐器的传声器布置

2. 吉他的拾音

将电吉他放大器输出以动圈传声器来拾音，传声器靠近放大器，置于传声器中心稍向外的地方，也有同时拾取 DI 输出的，也有只拾取 DI 的时候。最近，乐器本身有使用效果器输出立体声的，所以传声器、DI 也应按立体声拾取才好，见图 4-34（b）。

声学吉他使用电容传声器拾音，应置于手指弹弦处稍向外的平面、相距 15～20cm 处，见图 4-34（c）。

3．提琴组的拾音

为了拾取提琴组全体的声音，可使用两个电容传声器形成成对传声器（也称为传声器对），作为主传声器，见图 4-35（a）。两传声器相距 40cm 左右，稍向外形成角度，高度以距地面 2.5～3m 为适当。可在第一小提琴、第二小提琴、中提琴、大提琴各部分设辅助传声器，置于距最前面演奏者 60～70cm 处。但大提琴不应是上面拾音，而要从稍下方来拾音，见图 4-35（b），将各部分的传声器与主传声器相混合拾音。

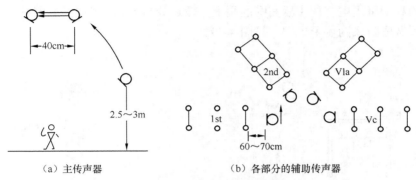

（a）主传声器　　　　　（b）各部分的辅助传声器

图 4-35　提琴组的传声器布置

4.6.3　钢琴的拾音

钢琴在拾音时，一般使用两个电容传声器作低音和高音拾音。钢琴与传声器的距离由音乐的类型和其他乐器的相对关系来决定，通常置于相距 20～40cm 处。另外，如朝向琴锤附近，则声音会发硬，如朝向弦码则声音会柔软。也有用两个成对传声器作近距或远距拾音的，见图 4-36。

4.6.4　铜管乐器的拾音

铜管乐器拾音时可使用电容传声器。可对小号、长号乐器一个个地放置传声器，也可使用一个成对传声器。乐器与传声器相距以 30cm 左右为宜，见图 4-37（a）。

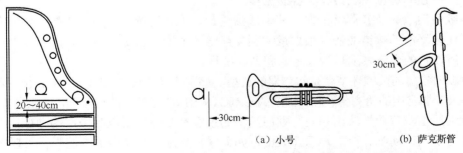

图 4-36　钢琴的传声器布置　　　　图 4-37　铜管乐器的传声器布置

萨克斯管的拾音可使用电容传声器或动圈传声器。每个萨克斯管都放置一个传声器，距喇叭口约 30cm 处。使用动圈传声器时，如与铜管乐器一起演奏，为了避免铜管乐器的串音，应近距放置，如图 4-37（b）所示。

4.6.5　打击乐器的拾音

对钢管琴等键盘打击乐器，可用电容传声器置于上方约 50cm 处拾音，见图 4-38（a）。

拉丁打击乐器，可用电容传声器在相距 30cm 左右处拾音。另外，对康加鼓可用动圈传声器在较近距离处拾音，见图 4-38（b）。

4.6.6　歌声的传声器布置

歌唱中的独唱可用电容传声器在嘴的稍上方较近处拾音。电容传声器容易出现吹气噪声，可用丝织物等做成防风网置于中间，见图 4-39。

（a）钢管琴　　（b）康加鼓	
图 4-38　打击乐器的传声器布置	图 4-39　歌声的传声器布置

合唱时，如人数较少仍可按独唱来布置传声器；人数多时，可用两个电容传声器形成成对传声器，以间距 30～40cm 进行立体声拾音，在距离最前面人 50cm～1m 处，由高位朝向后面若干人拾音。

4.6.7　对美声进行拾音

美声歌曲有一种优秀的声乐演唱风格，它用意大利美声发音的技法，通过披裂肌肉和甲环软骨控制声带绷紧、闭合、松弛，运用气息产生振动发声，使声音产生丰富的泛音，再经过系统的、科学的发生训练，通过喉腔、咽后壁、头腔、鼻腔的共鸣，使音色洪亮、强劲、雄壮，具有极强的音色表现力和丰富的色彩。

美声歌曲演唱的泛音非常丰富，其中低频泛音、中频泛音、高频泛音都比较丰富，所以就构成了比较平滑的频谱曲线。根据意大利美声学的理论，它是与最佳美声线最为接近的音色结构，所以它的音色表现最为稳定、和谐、悦耳。

美声歌曲拾音的关键环节就是传声器的选型。德国挪曼公司的 U-87 型电容传声器，是专业演出和录音棚常用的拾音传声器。国产的 CRI-3、CRI-69 等型号的传声器，性能也非常良好。

专业性演出、营业性演出和美声歌曲演唱的录音都必须选用电容传声器进行拾音，音色才会优美、悦耳、动听。至于娱乐性演出，如歌厅、舞厅、夜总会美声演唱，可以选用频响很宽的动圈传声器。

4.6.8　对通俗音乐拾音传声器的要求

通俗歌曲演唱的风格是以感情为重，音乐感情的表现要突出深情、真切，声音要有亲切感，使听者感觉演唱者就在眼前，所以要尽量缩短传声器与演唱者的距离。适合这种近距离拾音的传声器就是平时近讲低灵敏度的动圈传声器。因为传声器与口形很近，那么这种传声器的灵敏度就不能太高，否则当演唱强音的时候就会产生大信号的削波失真，音色质量会变得很差，非常刺耳难听，而且对音响系统也会造成损害，所以通俗歌曲演唱选用手持近讲低灵敏度传声器为最佳，一般灵敏度都在 1.5mV/mbar 以下。例如，SENNHISER：e608、e835、e855；SHURE：MS-58、Beta-58；AKG：D-95、D-310；铁三角：AT-818；EV：N/D-257、D/N-357。由于传声器与口形太近，传声器拾取的全部都是直达音，声色很干涩，所以通俗歌曲的演唱就必须使用混响效果处理器对歌声进行混响和延时的处理，才能使音色变得浑厚。通常使用的混响效果处理器有日本的 YAMAHA 和美国的爱丽斯和莱斯特等品牌。

对通俗音乐拾音传声器的具体要求有以下几方面。

（1）良好的防振装置

① 橡胶减振支架；

② 橡胶传声器夹子；

③ 橡胶传声器夹子垫；

④ 弹簧传声器夹子。

（2）防风、除尘、防潮

① 露天、室外演出要避免风吹金属网的呼啸声。

② 空气中的灰尘进入传声器，影响磁隙的清洁度，会造成失真，因此要注意防尘。

③ 近讲传声器因口形与传声器很近，口中的湿气会损害传声器的膜片。所以要使用防风、防尘、防潮罩。它是用泡沫塑料特制而成，气孔之间是相通的，与普通泡沫塑料不同，因此制作很困难，相对造价也很高。

（3）抗干扰性能要好

声场中不可避免地存在着某种磁场、电场，如电风扇、空调、某些电源线和自由电磁场，以及人体的静电感应等，因此，作为传声器的拾音单元如果产生很小的杂声干扰，经过调音台和功率放大器放大后，送入扬声器就会形成很强的杂音，会损害声音的质量。所以要求传声器结构、外壳要有良好的屏蔽作用；要求全金属，有一定的厚度，防磁性能良好，要用良好的屏蔽传声器导线。

（4）传声器的插接件要牢固可靠

卡侬或大二芯插头、插座和传声器线焊接要规范，不允许有假焊、虚焊、脱焊、接触不良等现象存在。

除了对一般传声器的要求外，专业传声器对技术参数还有严格的要求。

① 高保真（Hi-Fi）、小失真，传声器的失真度要小于 0.03%。

② 宽带率响应范围，保证音色的泛音能够良好地通过。

③ 良好的信噪比性能。

4.6.9　对大合唱演出的拾音

大合唱是比较完美的声乐演唱艺术形式，分为 4 个声部：女高音声部、女低音声部、男高音声部、男低音声部。女声歌手在合唱台的下面 3 排，男声歌手在合唱台的上面 3 排。合唱台第三排中间为领唱队员留 4 个位置，要加装两只传声器，女高音和女低音使用一只，男高音和男低音使用一只。

对于大合唱，要选用优质的电容传声器进行拾音，而不采用动圈传声器。因为动圈传声器频率响应范围不够宽，影响音色的表现，其灵敏度很低，需要传声器与音源的距离很近，如果传声器与口形距离远了，声音就拾取不进来。如果采用动圈传声器拾音，就需要每一个歌手拿一只传声器，那么一个合唱就需要四五十只传声器拾音，这很不实际。而使用电容传声器进行拾音，它的灵敏度高，一只传声器可以将传声器拾取空间范围扩大，把十几名歌手的歌声拾取进来，只需选用 3～5 只高灵敏度的电容传声器进行拾音，就可以将一个四五十人的大合唱演员的歌声完美地拾取进来。

大合唱拾音的传声器可选用 CRI-3、CRI-5、CRI-73、CR998、CR616、CR598、CR722。大合唱的传声器拾音有一定的要求，安装的方法有两种。

① 传声器安装在高传声器架子上，要拾取 6 排合唱队员的歌声，所以其高度要在 1.8～2.2m，传声器之间的距离在 1.2～1.6m 为最佳。

② 可以吊装电容传声器为大合唱进行拾音。由于电容传声器安装在高架上，很麻烦又不安全，架子容易被碰倒而摔坏电容传声器，所以也可以用吊装传声器的方式进行拾音。

对于大合唱传声器的调音，在调音台输入通道中的 EQ 上要对 HF 进行 3dB 的提升，使音色的表现力得以加强，在传声器中提升 3～6dB，增强音色的明亮度和清晰度，在 LF 中基音以下的频率要进行适当的衰减，使音色更加纯净。

大合唱的基音是一个群声，所以其音色有很好的浑厚度和丰满度，这样就不需要对音色进行混响的加工处理。

大合唱的演员距离传声器的距离都比较远，泛音中的低频泛音比高频泛音能量大、强度大，所以进入传声器的比率大。而高频泛音的能量小，进入传声器的比率小、损耗大，为了完善音色的高频表现力，可以使用激励器对高频声音进行补升处理，以增加音色的表现力和丰富其个性色彩。

4.7　歌剧、戏曲、小品、相声等的拾音

4.7.1　对歌剧、话剧、戏曲舞台台口拾音

舞台艺术形式多种多样，对不同形式的艺术演出，也要采取不同种类的传声器进行拾音。一般的歌剧、话剧、戏曲文艺形式的演出，主要演员都佩戴领夹式无线传声器进行拾音，但是次要演员和群众演员不能每一个演员都佩戴无线传声器，如果每人都配置无线传声器，几十只传声器也不够使用，而且也没有必要。为了使次要演员和群众演员的声音也能被传声器拾取进来，一般在舞台的台口装 3 只强指向性传声器——1 号、2 号和 3 号传声器，舞台的表演区如图 4-40 所示。

① 强声音区域 2：2 号传声器可以拾取的区域，1 号传声器、3 号传声器也可以部分拾取

的区域。

② 次强声区域 1：1 号传声器可以拾取的区域，2 号传声器也可以部分拾取的区域。

③ 次强声区域 3：3 号传声器可以拾取的区域，2 号传声器也可以部分拾取的区域。

④ 弱声音区域 5：2 号、1 号、3 号传声器可以部分拾取的区域。

⑤ 最弱声区域 4：1 号、2 号传声器可以部分拾取的区域。

⑥ 最弱声区域 6：3 号、2 号传声器可以部分拾取的区域。

如果采用普通传声器进行拾音，拾取声音的范围扩展不到 4、5、6 表演区，为了增大拾音区的面积，就要加大传声器的传声增益。这样一来，就会使舞台口两侧的音箱中的声音也传入传声器中而产生声回馈，造成啸叫。那么既要使舞台表演区的后区域声音被传声器拾取，又不要产生声回馈现象，最好的办法就是采用台口强指向性传声器进行歌剧、话剧、戏剧的拾音，如图 4-41 所示。

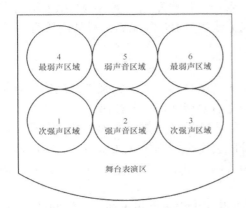

图 4-40　舞台的表演区域示意图

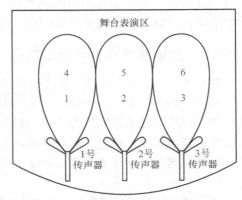

图 4-41　强指向性传声器拾音的区域

为什么强指向性传声器适用于歌剧、话剧、戏剧舞台台口的拾音？看一下它的结构就清楚了。图 4-42 是强指向性传声器的结构图，强指向性传声器是采用驻极体或电容传声器做极头，配合一个放大电路，装在一个长形的管腔（称为声波干涉管，也叫射枪）内。

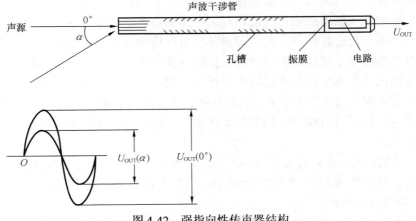

图 4-42　强指向性传声器结构

它是利用声波相位干涉的原理，将与传声器管腔成 0° 方向的声音送入传声器的振膜上。

此时从管侧面槽孔进入腔管的声音同时到达传声器的振膜上，两者相位相同，所以传声器的输出电平最大。如果音源与传声器成一定角度，则声波到达传声器振膜所经过的路程长短不一。从各孔槽进入的声波存在着相位差，在振膜处形成相位干涉，使声波衰减，从而输出电压减小。这样，就使音源与传声器成 0°角时拾取的信号最强，而与传声器角度越大，则被拾取的信号就越小，直至不拾取。

4.7.2　对歌剧、话剧、戏曲舞台主要演员拾音

无论歌剧、话剧、戏曲的舞台表演形式如何，其中主要演员的唱腔最多，道白也最多，表演的区域也最为广泛。因为剧情有起伏变化，并且受布景、道具、场面环境的限制，主要演员往往要在不同的声区进行演唱。如果仅仅靠台口的传声器进行拾音是远远达不到最佳要求的。比如当演员背向观众的唱腔和道白，演员在后景区的高台上的演唱，还有在侧幕中的演唱等。此外，再加上主要演员内心活动的表白，台口的传声器无法将这些细腻的语音完美地拾取进来，所以，对于主要演员来说采用领夹式无线传声器进行拾音是最佳的拾音手段。

4.7.3　对歌舞晚会舞台台口拾音

在歌舞晚会中，特别是在一些中小型舞台演出时，舞台台口的三只强指向性传声器距离大幕比较近。当大幕开启和关闭时，尤其是在舞台上有热或者冷的气流时，容易刮倒强指向性传声器，或者刮偏强指向性传声器的拾音方向，这样就无法将舞台上的声音拾取进来，破坏了演出的音响效果。所以，有一些歌舞团在歌舞晚会中选用强指向性压力区域传声器，也称反射型传声器。它的优点是可以避免大幕开启和关闭时被刮倒、刮偏，其音质也有独特的优点，就是消除了声染色。

压力区域传声器可以放在舞台台口使用，也可以贴在大提琴面板上或钢琴立起的盖板上。

4.7.4　对戏剧、小品演出拾音

戏剧、小品演出中，对演员的拾音有很高的技术上的要求。首先是要使用领夹式无线传声器来对演员进行拾音，因为小品的演员人物表演区域很宽，纵深也很大，所以使用台口的传声器，不能将演员语音很均匀地拾取进来。可以将无线传声器极头夹在衣领上，或者夹在衣服的里边，通过夹在腰上的发射机进行发射。然后再用一台双接收式接收机将演员的语音载波接收后送入调音台进行扩声。通常对小品演员使用的都是双接收式的无线传声器，使用时，将接收机的两根天线摆成羊角形，两台接收机同时接收一个无线传声器的载波，两个接收的载波信号在比较电路中自动进行切换，哪一个信号强，电路就送出哪一个载波信号，这个电子切换人耳辨别不出来，不影响语音的接收，并且在接收机的显示灯上有明显的显示。

这种模式的接收可以消除载波频率的漂移和声音的断续，保证了演员在不同位置发出的语音的正常接收。

对小品演员的拾音，在调音台输入通道中的均衡器在 HF 上要提升 3dB，以提高语音的表现力和语言的个性。在 MID 上要提升 3～6dB，增加语音的清晰度、明亮度。在 LF 上要衰减3dB，减少语音的低频噪声。

在选择无线传声器的极头的具体型号时，最好选用驻极体的传声器极头，因为驻极体传声器对拾音的频率特性曲线在高频端有一个明显的突出升高部分，如图 4-43 所示。

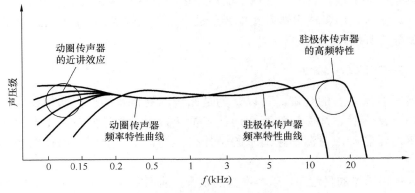

图 4-43　驻极体传声器的频率特性曲线

驻极体传声器对于语言的拾音有良好的效果，清晰度和明亮度都有良好的表现，所以最适合像小品、话剧、诗歌朗诵等语言表演的艺术形式选用。

4.7.5　对相声演出拾音

相声是一种语言艺术，演员是靠说、学、逗、唱的口才来叙述故事的情节和表现艺术才华的，所以要求语言音色质量要有很高的水平。还有就是相声演员不像戏剧演员那样要穿人物服装、使用道具、进行人物形象的化妆，相声演员全靠语言和手势来表演，那么就不能使用动圈式手持传声器进行拾音，否则就束缚了手的表演。相声表演要使用电容传声器进行拾音，传声器上高架的高度要低于人的口形；传声器与演员的距离在 30～60cm 范围内为适合距离。因为电容传声器灵敏度高，可以进行远距离的拾音，在演员和传声器之间留有表演的空间。电容传声器失真度小，频率响应范围也比较宽，使语音的音色会有良好的泛音表现，使音色的个性得到充分的发挥。

相声演出使用的传声器具体型号有 CRI-3、CRI-5、CRI-73、CRI-63 等。

对相声演出，传声器通过调音台输入通道中的均衡器进行调节，HF 频段可以进行 3dB 的提升，这样就可以提高音色的表现力，使语音的个性充分地表现出来。在传声器频段可以进行 3～6dB 的提升，这样可以增加语音的清晰度、明亮度，增加语言的可懂度，使人们在聆听时间较长时，也不产生听觉疲劳感。LF 频段进行衰减 3dB 的处理，使语言基音以下的频率进行衰减，使音色更加纯净和减少低频的干扰声，从而提高语音的中高音频的表现，语音会更加亮丽。

4.8　西洋古典音乐的拾音

演播室内古典音乐的演奏形态有钢琴独奏、小提琴奏鸣曲等小型作品，以至交响乐、歌剧等大型作品多种形态。对于这些不同的演奏形态，应采用各自适合的拾音方法。但对古典音乐的基本拾音方法正如前面所述，是以一点拾音方式为主的。当演播室体积较小时，以及声学处理较难时，将不能得到自然的音色和丰富的混响，这时，多传声器方式会比一点拾音方式效果要好。

例如交响乐在演奏最强音时，演播室的声音空间将达到饱和状态，声音的混响变坏，成为堵塞的声音。这时，用多传声器方式拾音，进行人工混响等，会产生适当的混响感和宽度感，可获得良好的听感。

4.8.1　钢琴独奏的拾音

钢琴拾音是音乐录音的基础，可以认为是比较容易拾音的，但即使在同一地点、同一乐器，也会由于演奏者、演奏方法不同而使音量和音质有微妙的变化，要比想象的困难。因此，在排练时录音师应对演奏家追求的是什么样的音乐，要创造出什么音色和混响等方面心中有数。

古典音乐是将乐器的直达声、乐器本身的余音、演播室或厅堂反射的混响声汇合在一起，形成令人喜欢的厅堂声。但钢琴音乐在一些方面却有些不同，它要将墙面反射等形成的混响加以抑制，而对乐器本身的余音进行清晰的拾音。如存在过多的混响，则会成为弹键声变钝、音色浑浊、无力度的演奏。

传声器的布置，通常是以 MS 传声器的一点拾音方式为主，也有使用成对传声器拾音的。图 4-44 所示为钢琴拾音的一个例子。传声器的指向应朝向钢琴的响板和反射板（琴盖），以拾取声学空间的余音，获得丰满的音色。

调音时的声像定位应在声音舞台的 2/3 左右，超过时也要使声像宽度不过大，而能获得自然的余音和宽广感。

4.8.2　小提琴、钢琴二重奏的拾音

小提琴、钢琴二重奏大多按图 4-45 所示进行乐器安排。

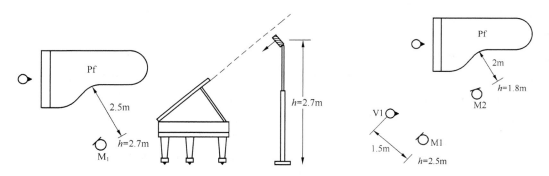

图 4-44　钢琴独奏的传声器布置举例　　　　图 4-45　小提琴、钢琴二重奏的传声器布置举例

拾音虽然也可用一点拾音方式，但从调音时容易取得平衡来考虑，以采用多传声器方式为好。对小提琴的拾音，除特殊情况外，不使用过于靠近的传声器布置。将传声器置于 2～3m 处，可充分拾得间接声，能得到丰满光泽的声音，但钢琴的串音会增大，以致失去平衡，因此，大多采用 1～1.5m 的距离。

4.8.3　钢琴伴奏声乐的拾音

钢琴伴奏的独唱，通常位于图 4-46 中的 A 位置，即演奏会形式的歌唱位置。独唱用传声器应尽量离开些，以便拾取歌剧咏叹调等丰富的余音，但要受到钢琴大的串音影响，这时可

将钢琴盖由全部打开改为半开。对钢琴音质的变闷，可采用均衡器来校正音色。

录音时，独唱者的位置如在图 4-46 的 B 点，钢琴的串音会减小，调音拾音较容易，但独唱者对钢琴的伴奏声将难以听清会使歌唱困难。这时，如果独唱者十分熟练，不受演奏情况的影响，就可使用这种方法。

4.8.4 弦乐四重奏的拾音

室内乐中有代表性的组成就是弦乐四重奏，它由第一小提琴、第二小提琴、中提琴和大提琴组成，声音容易取得融合，可得到优美协和的音色。

拾音时，应拾得各乐器融合的声音和丰富的余音。传声器的布置，可使用 MS 方式传声器一点拾音，但采用两个全指向性传声器（单指向性也可以）组成的成对传声器方式，更可获得自然的声场。

当只用成对传声器不能得到弦乐合奏的丰富的宽度感时，可如图 4-47 所示增设一混响传声器（M3、M4）。

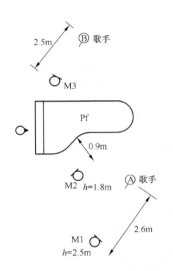

图 4-46 钢琴伴奏独唱的传声器布置

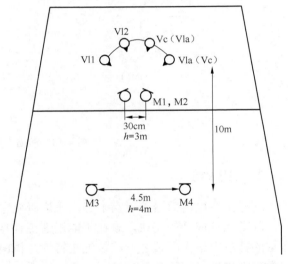

图 4-47 弦乐四重奏拾音举例（M1、M2 为成对传声器；M3、M4 为成对传声器作混响用）

4.8.5 交响乐的拾音

1. 演播室拾音

交响乐的拾音如前所述，是适用一点拾音方式的，但在演奏室录音与在音乐厅不同，考虑到房间体积的影响，也就是声音空间要窄小些，所以用多传声器方式对调音的平衡更为有利。

乐器的布置如图 4-48 所示。除特殊情况以外，可用与通常音乐会相同形式来拾音，但为了避免铜管乐器和打击乐器的串音，也可使用隔声屏。

多传声器方式不易拾得丰富的混响和宽度感，因此，可使用混响成对传声器（M19、M20），但演播室不能期待具有音乐厅那样的自然宽广感和混响声。这个成对传声器如使用得过分，会使声音浑浊，造成坏的影响。这时，可使用数字混响器或混响室，以得到适度的混响和宽度感。

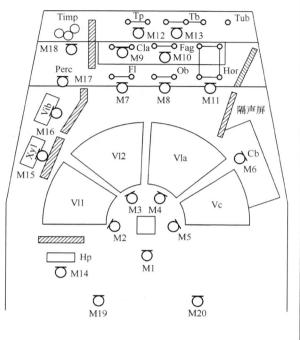

	用途
M1	主传声器
M2	Vl1（第一小提琴）
M3	Vl2（第二小提琴）
M4	Vla（中提琴）
M5	Vc（大提琴）
M6	Cb（低音提琴）
M7	Fl（笛子）
M8	Ob（双簧管）
M9	Cla（单簧管）
M10	Fag（大管）
M11	Hor（圆号）
M12	Tp（小号）
M13	Tb（大号）
M14	Hp（竖琴）
M15	Xy1（木琴）
M16	Vib（颤音琴）
M17	Perc（打击乐器）
M18	Timp（定音鼓）
M19	混响用
M20	

图 4-48　演播室交响乐的拾音

2．现场拾音

这里主要以传声器布置为中心，一边研究它们的任务，一边进行说明。

现场录音成功的秘诀，就在于能迅速抓住厅堂的特点，进行与之相适应的传声器布置。厅堂的特点中最大因素之一就是混响特性。混响多的厅堂可称为活跃厅堂；具有相反特性的厅堂，则称为沉寂厅堂。

为了心情良好地欣赏管弦乐，可以认为，具有 2～2.4s 混响时间的厅堂最佳。录音也恰好符合这种情况，具有丰富混响的厅堂容易取得优良效果。在沉寂厅堂中有时也能很好地完成拾音任务，但这是例外的情况。

活跃厅堂和沉寂厅堂两者的传声器布置是大不相同的。原则是，活跃厅堂中传声器可靠近声源，而沉寂厅堂则相反，但声源的音量与音色不同，最佳的传声器位置也会不同，应在排练时听声音来决定。

另外，现场拾音时，对耳朵没能注意到的地下铁或汽车的行进声，以及空调噪声等预期不到的噪声会通过传声器而被注意到，这就需要一定时间进行处理，因此在制定进度表时应留有余地。

（1）主传声器

图 4-49 所示为音乐厅的传声器布置举例。其中 M1 为决定全体声像定位的主传声器。它被置于指挥正后方 2～3m，高 4.5～5m 处，为不妨碍听众席上听众视线，应吊装在舞台上方。

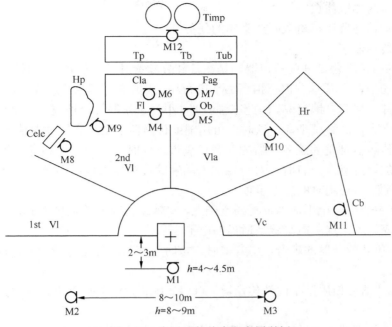

图 4-49 音乐厅的传声器布置举例

西洋古典音乐如前所述，是重视声学混响和协和的，因此对每个乐器的声音都要求清晰，采用一点拾音作为主体，把握全体的声音，可容易地得到好的结果。

主传声器的位置，应在排练时一边听声一边对高度、角度等进行修正后决定。这个传声器所在点的好坏，是左右全体效果的。最好的位置应满足直达声和间接声平衡良好、乐器间的声音清晰、音量音色平衡最佳、强音时不呈现饱和状态等条件。

虽然我们在这里只用了几行文字就叙述了处理方法，但它却是在现场中最难的也是最花费时间的，是表现录音师技巧的关键之处。

使用的传声器通常是 MS 传声器或成对传声器，最近也有使用全指向性成对传声器的。全指向性传声器使用成功时，可做成充满临场感、音阶感的作品。如下所述，如不要混响传声器，可减少传声器数，相应地可减小浑浊程度，使声音清晰。

（2）混响传声器

图 4-49 中 M2、M3 为混响传声器，或称为包围感传声器。它被置于主传声器后方、高 8～9m 处，两传声器间隔为 8～10m，主要用来拾取管弦乐的余音和由周围地面及墙面反射来的混响声，即厅堂的混响声，所以称为混响传声器。

由于它要拾取从厅堂各方向来的声音，因此，应使用全指向性传声器。这个传声器还要起到增强主传声器不足之点的作用。

主传声器毕竟是为拾取直达声的，它在决定定位和声像宽度方面起主要作用，具有清晰度，但有硬调尖锐的感觉。它定位正确，但缺少宽度感和深度感，这是它的缺点。

对主传声器缺点进行弥补的是混响传声器。将混响传声器声音加进来进行调音，主传声器的缺点就会被消除，从而可得到有光彩的、柔和的混响声，形成左右前后具有适当宽度感和距离感的自然和有力度的声音舞台。

混响传声器的质量应不劣于主传声器。如音量调得过大则会使定位和声像模糊，成为缺少力度的声音，需加以注意。

此外，混响传声器还有拾取听众掌声的任务。

（3）辅助传声器

M4 以后的传声器都是辅助传声器，是在各部分独奏时或对小音量乐器等加强时使用的。

在自然声场中，人耳具有识别相当细小声音和只集中注意需要的声音的能力，但传声器则对所有声音都一视同仁地拾取。因此在强音时，小音量乐器等会被埋没在全体声音之中（掩蔽效应）而听不到，破坏了平衡。这时，可用辅助传声器来增强它们并调整听觉上的平衡。

由于辅助传声器都是靠近各乐器的，音量调得过大时，会使音质和音量的变化增大，并失去平衡，应加以注意。录音时，对特意加入的辅助传声器如使用不当，常会使录音失败，因此，下面列举三点使用时的注意事项。

① 在设定主传声器电平适当位置的基础上，将辅助传声器的电平稍加大，使该乐器的音色刚能感到有变化时，这一电平就是适当的电平。

② 尽量避免其他乐器的串音。串音多时，按时间差和相位差等影响设定的定位会变乱，增加了失真感。

③ 辅助传声器应使用单指向性传声器，以避免串音，对不必要的低音进行切除，可得到清晰的声音。

最近，对主传声器与辅助传声器因距离差而产生的不一致感已开始注意，大多使用延时设备使两者在时间上一致，从而得到自然的声场。

3．对小型乐队拾音

（1）选用传声器

CD 类传声器（动圈），灵敏度为 0.15～0.45mV/bar。

阻抗：低阻为 200～600Ω，中阻为 600Ω～10kΩ（不常选用），高阻为 10～20kΩ（易产生干扰）。

电容传声器灵敏度较高，在 2mV/bar 以上，适合弦乐器使用。

传声器与传声器之间的距离要尽量远一些，以避免产生串音现象而造成调音困难，以及产生高频率泛音的损失，影响整体音色的质量。

①鼓的拾音：传声器方向指向鼓边，距离为 2～20cm；传声器型号可选用 MD441、D202、D190、MS57 等。

② 镲的拾音：可选用电容传声器用于录音；选用驻极体传声器用于歌厅、舞厅；也可选用双回路 CD 和 D224 传声器。

传声器方向指向镲边缘。这样可使泛音丰满，距离为 10～20cm。

③ 立镲的拾音：传声器应指向两片镲的上方边缘。因为两片镲合拢时空气受扇动，产生气流团，容易使传声器产生"噗噗"声。

④ 架子鼓的拾音：传声器架子要牢固，因为鼓的振动很大，要防止产生机械振动，影响拾音效果。

⑤ 提琴的拾音：有些轻音乐乐队中有提琴乐器，应选用电容传声器，例如 U87、CR1-3 等。传声器方向指向 f 孔，距离为 10～20cm（CD）或 20～30cm（CR）。

⑥ 吉他的拾音：选用 MD441、D224 传声器，传声器方向指向音孔的边缘，距离为 10～20cm。

⑦ 萨克斯管的拾音：选用优质 CD 传声器，如 SM57、AT818，传声器方向指向喇叭口成 30°～45°，距离为 10～20cm。

⑧ 小号（长号）的拾音：录音选用电容传声器，歌厅、舞厅选用 CD 传声器。CD 传声器可选用 RE20、MD421、D1200 型。传声器方向指向喇叭口，与轴线成 30°～45°，距离为 10～20cm。

⑨ 合成器电子琴的拾音：可自带功放和监听箱，亦可用信号线送入调音台的 LINE 路中，混合进入 L、R 总体母线中，把声音送入声场，但乐手需要监听箱（返送音箱）。

⑩ 吉他、贝司（电声）的拾音：使用中需自带功放和音箱。

a. 用传声器对准音箱，送入 Master，距离为 20～30cm。

b. 用信号线（屏蔽线）送入 Master，进入 LINE 路中，混入总体母线，送入 L、R 路中，把声音送入声场，则效果更佳。

（2）编组（G）

编组是将几路同类传声器或线路编在一组。因为如果想同时调整 V1、V2、V 中、V 大、V 贝的传声器，对每路推子都操作就顾不过来了，所以可以将它们编在一个编组（G）内。例如，将铜管乐器（小号、长号、圆号、大号）编在第一组，易控制，而长笛、欧巴、巴松、黑管等木管乐器可编在第二组中。编组（G）可送给其他功放，带动第二组系统音箱。

（3）辅助（AUX）

① 可送出进行 REV 加工和返回 RET。

② 可用 AUX 两路进行 L、R 录音。

③ 用 AUX 路给乐手做监听的返送信号。

调音师应以剧场观众席的声音为标准进行调音，这样才能保证声音最为准确、真实。因为调音台的位置在侧幕或在音响室，调音师听到的不是观众席的真实声音，所以要进行试听，在演出前调整设备的 EQ 或效果声，要以在观众席感觉合适为准。在音响室和侧幕需要有良好的监听系统配合才能完成这一过程。

5.1 影响声音质量的有关因素

声音是客观物体的振动（即声源），通过介质传播（声场）作用人耳产生的主观感觉（即听觉）。因此，声音的质量好坏与声源、声场和听觉这三方面关系密切。作为一个合格的音响师，必须深入了解这三方面的含义及其对声音质量的影响，正确把握这三方面的量度关系，才能获得高质量的音质效果。

5.1.1 声音三要素对声音质量的影响

正常人耳对于声音的感觉主要有三个方面，即声音的响度、音调和音色，我们通常称之为声音的三要素。声音的三要素同声音的振幅、频率和谐波密切相关。因此，了解声音的三要素及其对调音的影响对于调音者而言是十分重要的。

1. 等响度曲线是重要的调音依据

由于响度是人耳对声音强弱的一种主观感受，因此，当听到其他任何频率的纯音同声压级为 40dB 的 1kHz 的纯音一样响时，虽然其他频率的声压级不是 40dB，但也定义为 40 方（phon）。这种利用与基准音比较的实验方法，测得一组一般人对不同频率的纯音感觉一样响的响度级与频率及声压级之间的关系曲线，称为等响度曲线（参见图 1-7）。该曲线是对大量具有正常听力的青年人进行测量的统计结果，反映了人类对响度感觉的基本规律。

2. 响度对调音的影响

认真地分析等响度曲线，会发现其具有如下性质。

① 两个声音的响度级相同，但强度不一定相同，它们与频率有关。例如，100Hz、50dB的音是 40 方，而 1kHz、40dB 的音也是 40 方，但声音强度却相差 10dB。

② 声压级越高，等响度曲线越趋于平坦；声压级越低，等响度曲线差异越大，特别是在低频段。

③ 人耳对 3～4kHz 范围内的声音响度感觉最灵敏。

通过对等响度曲线的分析，在调音的时候有如下问题需要注意。

① 在音量较大（声压级较大）的情况下，不适合对调音台的均衡进行大幅度的提升或衰

减。因为在音量较大的情况下，等响度曲线已趋于平坦，大幅度的提升或衰减会破坏声音的整体效果，除非在房间的传输特性曲线有重大缺陷却无房间均衡器来进行补偿时才能这样处理。

② 在音量较小（声压级较小）的情况下，应对调音台均衡的低频和高频进行适量的提升。因为在音量较小的情况下，低频和高频要想获得和中频同样的响度，就需要相对较大的声压级。

③ 在调音的过程中，尤其要关注 3～4kHz 这一频段，特别是在对人声传声器进行调音时。因为对于传声器而言，3～4kHz 的音是人声的泛音，其声强较弱，但这一频段的音是人耳最为敏感的声音。同时，这一频段的声音对增强临场感极为重要。提升这一频段，不但可增强声音的明亮度，也能增强声音的临场感。

④ 各频段的提升量应以等响度曲线为依据。

3．音调对调音的影响

音调又称音高，是指人耳对声音频率高低的主观感受。音调主要取决于声音的基波频率，基频越高，音调越高，同时它还与声音的强度有关。音调的单位是"美"。频率为 1kHz、声压级为 40dB 的纯音所产生的音调就定义为 1000 美。

音调大体上与频率的对数成正比，目前世界上通用的十二平分律等程音阶就是按照基波频率的对数值取等分而确定的。声音的基频每增加一个倍频程，音乐上就称为提高一个"八度音"。例如，C 调 1 为 261Hz，高音 1 就为 522Hz。当声压级很大，引起耳膜振动过大，出现谐波分量时，也会使人们感觉到音调产生了一定的变化。

音调对调音的影响，主要表现在调音过程中对音调的处理，即主要集中在对音源（如 CD 机、VCD 机）的"变调"功能上。在调音工作中，调音者应根据演唱者个人的情况为其确定合适的音调。比如，一位男中音在演唱一首男高音的歌曲时，常常唱不上去，当其低八度继续演唱时又唱不出气势时，调音者就应根据这个人的情况即时进行适当的降调（按 b 键，按一次，降一个调），以符合此人的声音条件。当然，在进行降调或升调的过程中，最好先征求演唱者本人的意见。

4．音色对调音的影响

音色是指人耳对声音特色的主观感觉，主要取决于声音的频谱结构与特性，还与声音的响度、持续时间、建立过程及衰变过程等因素有关。

我们知道，声音的频谱结构是用基频、谐频数目、谐频分布情况、幅度大小以及相位关系来描述的。不同的频谱结构，就有不同的音色。即使基频和音调相同，如果谐波结构不同，音色也不相同。例如，钢琴和黑管演奏同一音符时，其音色是不同的，因为它们的谐频结构不同，如图 5-1 所示。

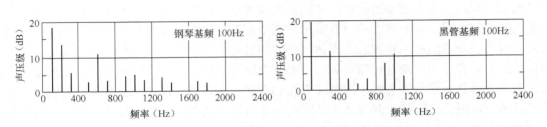

图 5-1　钢琴和黑管各奏出以 100Hz 为基频的乐音频谱图

正因为人类具有区分音色的能力，所以才能闻其声，知其人，也才能从交响乐团众多乐器中辨别出其中的任何一种乐器来。

调音工作的任何一项操作都会对音色产生影响。音色本身并无好坏之分，只因人类有一个大众化的欣赏习惯而出现了音色的好坏问题。调音的本质就是要调出符合大众口味的"音效"。因此，对调音者而言，应当加强对音乐素养的提高，知道什么是好的音色，而且应当熟知各种设备如何对音色产生影响。这是调好声音的基础。

5.1.2　室内声场对声音的影响

在室内扩声产生的声场中，我们听到的声音的组成是十分复杂的，主要由直达声、近次反射声及混响声组成。

直达声是指由声源直接传播到听者的声音（听音点的声音强度与声源距离的平方成反比衰减，声音频率越高，衰减越快）。直达声是最主要的声音信息。声音从舞台传到听众耳朵需要一定的时间，这个时间的长短取决于听众离舞台的远近。

由于声波具有反射现象，因此我们听到的声音还包括由舞台前周围及音乐厅墙壁或任何其他障碍物反射到我们耳中的声音。仔细听一下室内反射声会发现，其中那些先到人耳的反射声多是房间墙壁或室内其他物品的第一次反射声，它们的反射方向较明显，彼此时间间隔比较大。由于人耳听觉的延迟效应，如果反射体较近，则那些紧跟在直达声后面来的反射声，人耳是不能将它们与直达声分开的。我们将这部分反射声称为"近次反射声"。在室内声学中，一般将延时不超过 50ms 的反射声当作近次反射声。后到的反射声则多是经过墙壁或室内物品多次反射来到听者处的，它们彼此时间间隔很小，以致使人感到这些反射声混在了一起。由于后到的反射声的延时较长，人们可以将它们与直达声区分开来，我们称这部分反射声为"混响声"。室内声的组成如图 5-2 所示。

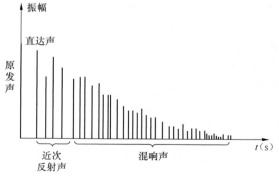

图 5-2　室内声的组成

直达声、反射声和混响声对听觉的影响是不同的。

1. 直达声对调音的影响

直达声决定着声音的方向感、清晰度、临场感及亲切感。因此，一般对于各种会议或新闻播报等主要用于语言方面的扩声，在调音的过程中，应不用或少用混响，以增强听众与发言者之间的临近感，使发言者的声音听起来清晰和亲切。如果这时加入了太多的混响，就会使发言者与听众之间产生较强的距离感，会破坏发言者与听众之间沟通时的亲和力。而对于迪斯科或摇滚音乐会的调音，则对直达声的注重度会稍低一些，这时听众并不太要求声音有多么清晰，而是要求有较强的声压级和强烈的节奏，有被音乐厚重地包裹其中的感觉，有一种热烈的大场面感。因此，调音者这时应将声音的音量开得大一些（90dB 以上），并将混响也调得大一些。

2. 近次反射声对调音的影响

近次反射声会影响到声音的力度感和空间感。由于它是紧跟直达声后传入人耳的声音，因此，它对直达声有加重加厚的作用，能使声音变得更加饱满，更加淳厚，更加动听。对调音者来说，由于室内声学环境已固定，他唯一能做的，就是通过效果器对近次（早期）反射声的大小进行控制，以得到较好的音效。在具有一定吸声量的情况下，近次反射声的幅度总是小于或近似等于直达声幅度。因此，在对效果器进行调整的时候，最好不要使近次反射声的幅度高于直达声的幅度。那么，究竟直达声与近次反射声的幅度比例关系为多少才是合理的呢？这要视实际情况而定，因为近次反射声主要还受扩声环境的影响，环境不同，比例关系就会有差异，要耳听为主，自己凭感觉决定，调得好与不好，听力最关键。另外，也可通过效果器来控制直达声和近次反射声之间的时间间隔，从而产生不同的效果。

3. 混响声对调音的影响

混响声决定着声音的丰满感和浑厚感，能使声音更加丰满，更加圆润，更有层次感，更具感染力，并能展宽环境声场。对调音者而言，在扩声环境固定的情况下，可以通过对混响器或效果器以及与之相连的调音台的相关旋钮对混响进行控制。混响时间过长，声音会"发浑"、"发闷"，并且会感到声音嘈杂混乱；混响时间过短，声音发"干"，不丰满，缺乏生气。对混响的调整主要有两个方面：一是混响声量的大小，二是混响时间的长短。对混响的调整，应因人、因环境，特别是因节目内容的不同而异。要想调好它，应理论联系实际，在实践中反复摸索。

5.1.3 室内声波传输特性对调音的影响

1. 室内吸声材料的影响

扩声房间可以看作是有一定频率特性的传声空间。声音在房间内传播时，一方面由于共振使得其中的某些频率（等于房间的简正频率）的声音变得较大；另一方面，由于室内各种不同的吸声体对不同频率的声音有不同的吸声量，因此声音在室内传输时频响并不均匀，如图 5-3 所示。这种声音信号的频响，在扩声或放音过程中是受到厅堂（室内环境）电声特性影响后的频率响应，称为室内传输响应。为了保证声音在室内传输的均匀性，在音响系统中，我们经常使用房间均衡器对其进行校正。

另外，房间内物体反射和吸收声音的情况与物质本身的结构和特性有关。常采用吸声系数 α 反映物体吸声状况。当 $\alpha = 0$ 时，表示全反射声音；当 $\alpha = 1$ 时，表示全吸收声音。实际物体的吸声系数均在 $0 \sim 1$。吸声量 $A = S\alpha$，其含义是该物体吸声系数与其表面面积之乘积。因此我们应该知道，吸声量不仅影响室内传输响应，而且影响了混响时间。从

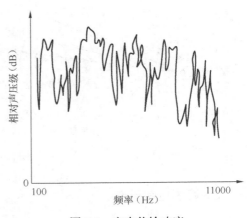

图 5-3 室内传输响应

中我们也就知道了传声环境在进行装修的过程中，选材和合理的设计是多么的重要。

目前，市场上出售的吸声材料品种很多，结构也很多。从其吸声机理上区分，吸声物质大致可分为以下几类。

① 多孔性吸声材料：这种材料内部有大量相互沟通的小孔隙，形成多孔性。声波入射在其表面，沿着小孔进入材料内部，通过空气分子振动，与材料分子摩擦，使声能被消耗，形成材料内能。这种材料有玻璃棉、矿棉、泡沫海绵、毛毡等。

② 纺织物吸声材料：纺织物是由大量物质纤维、棉絮等交织在一起形成的。这些纤维中间留有孔隙，在声波作用下，声能转换成其间的摩擦热能。纺织物主要对中高频声音的吸声较好，若加大加厚布料，其吸声频率可延伸到低频段。这种吸声材料很普遍，棉布、绒布等布料都属于此类。

③ 弹性吸声材料：弹性物质在声波的声压作用下做弹性运动，使声能转换成弹性势能，势能又转换成动能，最后由于摩擦作用，形成物体的热能。这种减弱声能方式与多孔材料不同。弹性吸声材料有橡胶垫、海绵垫等。

④ 成形吸声板：成形吸声板是利用多孔吸声材料制成的胶合板式结构。这种吸声材料多用于天花板、墙面。其吸声原理与非成形多孔吸声材料类似，主要有矿棉板、纤维板、复合板等。

2. 声聚焦与声散射对声音的影响

室内声源发声后，声波碰到墙壁、天花板、地板等障碍物均会产生反射，声反射遵从入射角等于反射角的反射定律。若入射声波碰到的反射体是凹形表面，反射声则会集中在一起，形成声聚焦，这与光聚焦类似。声聚焦现象使声场分布不均匀，尤其在舞台上出现聚焦时会使扩声系统容易产生严重的啸叫，降低传声增益，使扩声设备容易损坏。声聚焦现象如图5-4（a）所示。

为了增加厅堂里声扩散的均匀度，消除声聚焦现象，对于凹形墙面，必须加装柱形或球面结构体，使反射声散射，破坏其会聚特性，如图5-4（b）所示。许多剧场和演播室装饰成不同的柱面结构，便是出于这方面考虑。舞台若是弯月形墙体，必须在墙体上加装半球状反射面，使舞台上扩声均匀，减少传声器引起的啸叫。

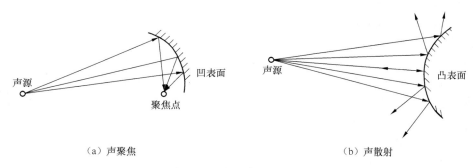

（a）声聚焦　　　　　　　　　　　　　　（b）声散射

图5-4　声聚焦及声散射

3. 声影区和死点

有些扩声环境由于内装修、装潢或建筑上的原因（如大的顶梁柱、屏风或隔板等的存在），会使舞台的直达声受到阻碍，无法抵达障碍物后的听音者的耳朵里，形成声影。在声影区里只能听到反射进来的反射声或从障碍物边缘传来的绕射声。如果两声源（如两台音箱）发出声音的振幅相同，频率相等，相位差为零，则两声源在室内空间传播便会产生干涉现象，在空间某些点其合成振幅为零，形成所谓的死点。死点的出现将对室内听音者产生干扰，这里必须通过合理布置扬声器来解决。

5.1.4 人耳听觉对调音的影响

人耳的听觉效应有许多，如德波埃效应、掩蔽效应、哈斯效应、双耳效应、多普勒效应等，这里只介绍其中同调音有较强关联的两种听觉效应：掩蔽效应和哈斯效应。

1．掩蔽效应对调音的影响

如前所述，掩蔽效应是指一种声音的存在会影响人们对另一种声音的听觉能力的现象，即一种声音在听觉上掩蔽了另一种声音。

掩蔽效应是一个较为复杂的生理与心理现象。大量的统计研究表明，一种声音对另一种声音的掩蔽值与许多因素有关，如与两个声音的声压级和延迟时间有关，还与人耳的"听觉选择性"等有关。

简单地说，掩蔽效应包括以下几点。

① 声音能量大的掩盖声音能量小的声音。

② 在声压级相近的前提下，中频声掩蔽高频和低频声。

③ 在声压级相当大时，低频声会对高频声产生明显的掩蔽作用。

④ 在声压级不太大且响度接近时，高频声对低频声会产生较小的掩蔽作用。

⑤ 在延迟时间小于 50ms 的前提下，先传入人耳的声音会掩蔽后传入人耳的声音。

以上五点中，前三点相信大家都能够理解，只要再仔细分析一下前面介绍的等响度曲线就清楚了。对于第四点，看起来却同第五点相矛盾，如何理解呢？其实这是因为高频声音的声波波长较短，穿透力强，比起低频声音更易传到人耳的缘故。低频声音有绕射特性，散射强、功耗大；高频声音指向性强和穿透力很强，声音射程远，对人耳刺激作用大。

由于掩蔽效应的影响，调音时应特别注意各声部之间的声功率平衡。比如对于卡拉 OK 演唱的调音，我们应将演唱者的歌声有机地融入到伴奏乐中；同时，由于卡拉 OK 主要是对人声进行演绎，而非对伴奏音乐进行欣赏，因此在调音的时候，应将人声稍稍突出一些，以符合大众对于卡拉 OK 这种音乐形式的欣赏习惯。如果是对乐队的演奏进行调音，调音者必须非常清楚各种乐器在乐队中所起的作用。比如乐队中的吉他和贝司，由于吉他弹奏的是主旋律，而贝司弹奏的是节奏，因此，在对这两种乐器进行调音时，应使吉他的主旋律声稍稍大于贝司的节奏声。这样，既突出了主旋律的重要地位，又有较清楚的音乐节奏。当调音者确定各种乐器声的相对声能平衡调整好以后，最好是能够对它们进行一个编组处理。总之，调音者应在清楚各种乐器在乐队中所起的作用的情况下进行灵活而合理的处理，使各种乐器声能和谐地融为一个整体，并使各种乐器的声音能够较好地表达出来。同时，在乐队进行演出之前，还要求调音者根据不同的音源，选择最适合表现这种乐器音色特性的传音器，选择拾取音源的最佳距离、高度、角度等。要成为一个优秀的调音师，具备一定的音乐素养是必需的。当然，为了使各种乐器的声能能够平衡合理，除了调音以外，对乐队进行科学的、合理的编制也是必需的。必须对弦乐声部、弹拨乐声部、吹管乐声部和打击乐声部等进行统一协调的编制，使各声部和乐器的分配尽可能科学化、合理化，使弱声组乐器的声音不被强声组乐器的声音所淹没。比如，小提琴、二胡等弱声乐器在乐队中一般要多一些。

基于掩蔽效应中所述②、③项的影响，应当在调音的过程中，将声音的高频段进行适当的提升。这是因为，制作音箱的设计师已经将低频段声音的送出功率设计到占全频声音比例的65%以上，已经弥补了中频对低频声的掩蔽作用。因此，一般来说对高频段的声音进行适当的提升能够使声音的平衡度更加和谐，使整个声音更加明亮、通透和圆润。

在进行户外或广场调音时，应适当地提升低频，以使较远的听众能够感受到音乐的浑厚、丰满与震撼。因为在户外或广场，听众离音源的距离都相对较远，高频声的方向性相对较强且穿透力也很强，在远距离的传播过程中，高频声的声能损耗相对低频声而言要小得多，因此，高频声可以传播到较远的地方，远处的听众对高频声可听得很清楚；而对低频声来说，其波长较长，方向性很弱，辐射面较大，远距离传播以后，其声能的损耗相对较大，因此，远处的听众对低频声的感受非常弱。所以，在户外或在广场中进行调音时，应适当提升低频声。

2．哈斯效应对调音的影响

所谓哈斯效应，是一种利用声音到达听者的时间差来分辨不同方向声源声音的听觉效应。如果两个声源发出同样的声音，并于同一时刻以同样强度到达听者，则听者感觉声音的方向在两个声源之间。如果其中一个延迟 5～35ms，则声音听起来似乎都来自于未延迟的声源；如果延迟在 35～50ms，则延迟声源的存在可以被感觉出来，但感觉声音还是来自未延迟声源的方向；当延迟的时间超过 50ms 时，延迟声才不会被掩盖，这时可清晰地听到回声，明确地分辨出第二声源。在哈斯的发现中，听者总是感觉声源来自于先到达人耳的声音的声源方向，故人们有时又将哈斯效应称做"先入为主"效应。

利用哈斯效应，可以在常规条件下模拟各种厅堂效果。音响工程师在分析出厅堂中直达声、近次反射声、混响声等各类成分后，可用人工延时混响技术，采用延时器、混响器等电子器件，合成出诸如音乐厅、大教堂、体育场、歌剧院、电影院、舞厅等不同听音环境的声音效果。在调音的过程中，调音者可以通过对效果器的效果类型的选择及相应的参数调整得到满足调音现场需要的声音效果。

另外，在剧场演出时，主扬声器一般都装在舞台口两侧，观众席的前排观众和后排观众听到舞台上演员演唱时送入人耳的声音强度是不一样的。前区座位声音响度大，而后排观众听到的声音响度小，整个剧场的声场不均匀度较大。为了减小前排和后排声压级之间的差异，在剧场中区侧部增加了扬声器，使后区的观众也能听到很强的响度。但是，这时出现了这样的情况：后区的观众看到演员在前面演唱，听到的声音却感到来自于侧面扬声器。因为中区侧部扬声器距离后排观众较近，根据哈斯效应，后排观众就感觉全部的声音都是从侧面扬声器传来的，结果就出现了这种听、视觉不统一，声像定位不准的现象。为了达到听、视觉的统一，就需要将中区侧部的扬声器作适当的延时，这样就实现了听、视觉的统一。因此，在调音的时候，调音者应根据现场音箱的分布情况，通过计算适当地对某些音箱进行延时（即接延时器），并调整好延时控制参数旋钮。

3．调音者听力对调音的影响

要想调好音，调音者听力的好坏可以说起着决定性的作用。如果一个调音者对各种频率成分的声音是什么样的都不能敏锐而准确地感受到，那么调音工作是做不好的；同样，如果对声音强弱的变化不能敏锐而准确地感受到，调音工作也是做不好的；还有，如果对音乐的节奏及音乐的旋律以及对各种乐器的音色不能敏锐而准确地感受到，调音工作同样做不好。例如，对乐队进行调音时，如果对吉他、贝司等乐器的音色及其强弱都听不出来，那么调好音根本就不可能。相反，如果调音者的听力很好的话，就能够及时地对各种声音进行必要的修饰和美化，使各种声音有机地融合在一起，产生出美妙的音效来。因此，要做好调音工作，必须努力提高自己的听力。

提高听力的方法有许多，因人而异。下面是一些提高听力的入门方法。

① 用包含有各种频率成分（31 段房间均衡器所包含的频率成分）及其强弱变化的试音碟（市面上有卖）进行反复的经常性的听力练习，以逐渐加深对各种频率成分及其强弱变化的感受。

② 听交响乐，努力听各种乐器的音色及旋律，以尽可能多地分辨出各种乐器。

③ 听诸如"黑鸭子"、"彝人组合"等此类合唱组的歌曲，掌握各个成员演唱的旋律。

④ 多听诸如《阿姐鼓》等各类音乐，学会欣赏音乐，并从中了解配乐的知识以及音乐对气氛的烘托、对情感的表达、对情景的表现等各种各样的知识。

⑤ 多听一些优秀节目的录音，同时也听一些次节目的录音，并进行比较，找出其差别所在。

只要对听力的重要性给予足够重视，进行多听多练，提高听力就不是一件难事。

5.2 音响系统的电平调整

5.2.1 电平的基本概念

1．电平的概念

在音响系统中，通常是以在 600Ω 负载上产生 1mW 的功率定义为参考标准功率，这时相应的电压 0.775V，称为参考电平。实际信号电平均以此电平为参考来表示信号的强弱。这里需要说明的是为什么选择 600Ω 作依据，其主要原因是因为线路通常所采用的架空明线特性阻抗是 600Ω，其设备终端和测试仪表的输入、输出阻抗也都设计成 600Ω，所以工程上选 600Ω 阻抗作为基准阻抗。同时，又以任意测量点所测取的电平与基准电平比较的比值取以 10 为底的对数值称为相对电平，用 dB 作为单位。根据两种电平大小的相对关系，dB 值也有正负之分。

用电平的 dB 值表示电路中信号的强弱，符合人耳听觉对信号电平产生声音响度的辨别规律，同时可以使电平数量级大大缩小，使表达形式简单，计算方便。

2．dBm 输出概念

基于专业音响器材中的电平概念，0dBm 是指参考电平电压为 0.775V，信号在阻抗为 600Ω 的负载上所产生的 1mW 电功率。例如相应于+4dB 的输出，实际输出的电压为 1.228V。

3．dBV 输出概念

所谓 dBV 输出一般指的是民用、家用音响设备的输出电平，使用的是另外一个常用的标准，它表示基准值与阻抗无关，其标准电压为 1V 的电压。实际上 dBm 和 dBV 的电平表示量是有差别的，表 5-1 列出了 dBV、dBm 与实际信号电压的数量关系。

表 5-1　　　　　　　　　　　dBV 和 dBm 与实际信号电压的比较

实　际　电　压	dBm	dBV
2V	+8.2dBm	+6dBV
1.228V	+4dBm	+1.78dBV
1.0V	+2.2dBm	0dBV
0.775V	0dBm	−2.2dBV
0.5V	−3.8dBm	−6dBV
0.388V	−6dBm	−8.2dBV
0.316V	−7.8dBm	−10dBV
0.250V	−9.8dBm	−12dBV
0.245V	−10dBm	−12.2dBV
0.1V	−17.8dBm	−20dBV

5.2.2　音响系统电平的种类

在不考虑阻抗的情况下，音响系统大致上可以将电平归纳为三类，即传声器电平、线路电平、音箱电平。其中，传声器电平非常低，因为是由声波转换的电信号，所以调音台的传声器输入接收到的信号就可以直接对它进行放大。通常由 MIC IN 输入调音台。

线路电平就是在录音机、调音台和周边信号处理器的输入、输出上所看到的 +4dBm、−10dBV 或 −20dBV 这一类的电平。最常见的不匹配情况出现在 +4dBm 和 −10dBV 这两个电平上，它们在电平和阻抗上都不匹配，从 +4dBm 的输出接到 −10dBV 的输入基本上不存在阻抗问题，因为一般输出阻抗总比输入阻抗小得多，而且输入级若有衰减器、调节器或电平控制器这一类装置，那么电平失配也可以得到补偿。但是，反过来将 −10dBV 的输出接到 +4dBm 的输入上，就会产生很多问题。这时候就可能要用到一些专业的电平阻抗匹配器件，也有一些信号处理器生产厂家通过配置两套输入、输出来解决这个问题，通常还为此设置了一个选择开关。

音箱电平是指送到扬声器的电平，是经过放大了的功率电平。这些信号非常强，有 15W 或 20W 的输出功率，足以烧毁一个音箱。因此，千万不要把一个功率放大器的输出信号接到设备的输入接口中。

5.2.3　音响系统电平的调整方法

1．输入电平的调整

调整输入电平的目的是使整个音响系统都处于最佳工作状态，而经过处理的声频信号又处于最佳的高保真状态。

了解和熟悉各声频设备输出的电平值，并对设备输入电平进入调音台时需放大和衰减的量做到心中有数，就可以进行实际调整。例如，家用卡座和 VCD 机、DVD 机的输出电平都是在-10dBm，即 245mV，那么通过调音台线路输入，并调整其增益和通道衰减器，使其信号电平放大到 775mV，即 0dBm。又如，传声器的输出电平有-60dBm，那么其信号电平只有 0.775mV，那必须调整增益旋钮和通道衰减器使其到达 775mV，即 0dBm 的电平量。还有一些专业器材的输出电平是+4dBm，其电平已达到了 1.228V，这就要通过输入通道上的衰减器将其衰减 4dB，使其电平值为 775mV，即 0dBm，这样就可得到一个标准工作电平状态。

2．输出电平的调整

从调音台输出到周边设备，也应该使其输出电平与后级设备的标准工作电平相一致。如 DODSR 系列均衡器，它的工作电平在-10～+4dBm，即 245～1228mV，那么调音台上输出的信号电平限制在这样一个幅度，就会使后级设备处于最佳工作状态，如果高于或低于这个范围就会给声音的质量带来影响，结果是电平大了产生失真，电平小了又会增加噪声。

3．电平匹配

用一个 1kHz 的粉红噪声信号，从调音台输出，使调音台的电平信号指示处于 0dB 刻度上，然后分别调整周边设备的电平输入量，使这些周边设备的输入信号 0dB 指示灯都点亮。这样做的结果，就使整个音响系统的输入、输出电平保持一致，使各种各样的音频信号能毫无障碍地通过。当然，经过调整处理过的电平输送给功率放大器时，应符合功率放大器要求的输入灵敏度参数，如 0.775V（0dBm），或是 1V（2.2dBm），或是 1.228V（+4dBm）。

5.2.4　电平调整的注意事项

① dBV、dBm 这两个电平单位所对应的实际电压是不同的，多数音响设备使用的参数单位也是各不相同的，所以在调整电平时，一定要把这两个电平单位所对应的实际电压值计算清楚，并且要换算成一个统一的电平单位，这样才能使我们在实践操作中更准确地调整电平。

② 调整输入电平时，调音台通道上的均衡器旋钮要全部置于 0 刻度线位置，而后边的周边设备的各功能旋钮和均衡器的频率衰减器也应置于 0 刻度线位置。

③ 在调整多路电平输入时，要考虑到多路电平叠加时所产生的增益，即当某一路调整到标准电平时，要向下衰减 6dB，使得当多路电平叠加时的总电平与标准要求相等；而调整各通道时，总输出的衰减器应一直置于 0dB 刻度线上。

④ 用纯音信号调整电平是调整整个音响设备通道的第一步，在实际播放音乐音频信号时，还要做一定量的修正。这时的调整是根据音响调音员对音乐的音质做出的主观听音评价来进行调整的。调音台上均衡旋钮的调整是在现场演出中需要临时改变一下音色时才进行的调整，而在系统调整时是不涉及调音台均衡器的。

⑤ 对输入电平的调整，保证电平匹配是一项很重要的工作。在单独调整输入电平时，不连接音箱或不打开功率放大器，对信号的监听可以通过耳机来进行。对输出电平的调整不光是看电平指示灯，还要通过耳机来进行监听，把耳机监听旋钮从最小慢慢调大，直至感到音量舒适，然后再打开整个系统。这样做的目的是为了音箱系统的安全，防止在系统调整时对音箱造成危害。

⑥ 对传声器输入通道电平的调整是以不发生啸叫的声反馈为前提的，所以必须把功放和音箱打开放出声音。如果调整引起了声反馈，那么整个调整就会变得毫无意义。解决办法是在 31 段均衡器上找出跟啸叫频率相对应的频率位置，并衰减这个频率直到声反馈消失为止。

5.3　调音台的调音技巧

5.3.1　常见音源的频率特性与听觉的关系

1．音源的频率特性

弦乐器：基音的中心频率为260Hz，影响音色的丰满度；6～10kHz影响明亮度和清透度；提升1～2.5kHz可使拨弹声音清晰。

钢琴：25～50Hz为低音共振频率，64～125Hz为常用的低音区，2～5kHz影响临场感。

低音鼓：低音为60～100Hz，敲击声为25Hz。

小鼓：250Hz的频率影响鼓声的饱满度，影响临场感的频率是5～6kHz。

手风琴：琴身声为240Hz，声音饱满。

通通鼓：240Hz，声音饱满。

手鼓：共鸣声频为200～240Hz，临场感为2.5kHz。

风琴：240Hz，音色饱满，临场感为2.5kHz。

踩钹：200Hz，声音铿锵有力，似铜锣般声音；6～10kHz，音色尖锐。

低音吉他：700Hz～1kHz，提高拨弦声音；60～80Hz，增强其低音声量；2.5kHz，拨弹声泛音。

木吉他：琴身共振频率为240Hz；低音弦为80～120Hz；2.5kHz、3.75kHz和5kHz影响音色的清晰度、透明度。声音随着频率的增加而变得单薄。

电吉他：240Hz声音丰满，2.5kHz声音明亮。

小号：120～240Hz影响音色的丰满度，5～8kHz影响音色的清脆度。

男歌手：高音160～523Hz为基音区，低音80～358Hz为基音区。

女歌手：高音200～1100Hz为基音区，低音200～700Hz为基音区。

语音：120Hz影响丰满度，隆隆声为200～240Hz，齿音为6～10kHz，临场感为5kHz。

交响乐：8kHz影响亮度。要使声音突出，将800Hz～2kHz提升6～8dB即可。

小提琴：196～1320Hz为基音区，泛音为扩展到12kHz以上。

中提琴：基音区为123.47～763.59Hz，泛音为10kHz以上。

大提琴：基音频率为65～520Hz，泛音频率为8kHz。

小型乐队：提升1～3kHz可增强风采（Presence）。如果将整个声音频段的聆听感分为三段，则：

LF——影响丰满度和浑厚度；

MID——影响音色的明亮度；

HF——影响音色的清晰度和表现力。

2．频率特性与听觉影响

丰满度（Fullness）：100～300Hz影响丰满度，通过补偿这个频段可以获得较好的丰满度。尤其对一些声音较弱的乐器提升6～9dB后，其音色、音量都可以得到改善。一般情况下提升3～6dB，最大时为6～9dB。

明亮度：800Hz～2kHz 影响最大，提升 6dB 即可增加其明亮度。提升太多会使声音变得尖锐（Sharpness）或者单薄（Thinness）。

清晰度：很多乐器的清晰度可以通过提升其泛音的频率得到改善。例如，弦乐器基音在40～200Hz，其泛音影响最强的频率为 1kHz 左右，一般在基音频率的 4～6 倍频率影响最大。构成音色的泛音的频谱曲线一般可测 16 个或 24 个泛音。

打击乐器的清脆度（Crispness）：可以提升 1～2kHz 来加强，尤其对于小军鼓提升更有好处。一般有 3～6dB 的提升就够了。

语音：可以使用低切（Low Cut）来消除低频率噪声的干扰，如电源 50～60Hz 的交流声和晶闸管的干扰声。因为语音的基音区域在 200～300Hz，所以不会影响其声音的传输。

迪斯科厅：在迪斯科舞厅中对 LF 要进行极高的提升以达到强大的声压级，并造成强劲、热烈的气氛。为此，往往会采用电子分频器和低音功放与超低音箱来单独推动 150Hz 频率以下的声音。

频率特性与听觉的关系可以用图 5-5 来表达。

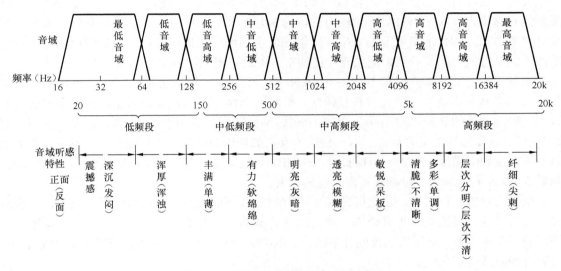

图 5-5　人耳听觉与频率特性的关系图

5.3.2　人声的调音技巧

1．对节目主持人的调音

节目主持人多为女性，她们的声音一般比较清晰流畅，明亮而细腻，富有较强的感染力。在对节目主持人声音的调音过程中，应注意以下几方面。

首先明确发声的基音频率范围为 200Hz～1.2kHz。这一频段是语音的重要频段，可根据实际情况对这一频段提升 3～6dB。而且，一般传声器离口很近，虽可增加声音的亲切感和细腻感，但却常会出现近讲效应，低频过强。此时，应适当对 LF 段进行衰减处理，一般在 100Hz附近衰减 6dB 左右即可。女性主持人的音调一般较高，为了避免重放声出现声音发尖、发燥的情况，可对 HF 段中 6kHz 以上的频率进行适当的衰减（3～6dB 即可）。另外，为了增强节目主持的真实感和亲切感，原则上应不使用效果器来增加混响，利用厅堂的自然混响声就可以了。但如果声音听起来确实太干，也可适当增加一点效果声，但切记不要太多。

2. 对专业演唱歌手的调音

专业歌手有响亮的歌喉，从发声、吐字、气息、共鸣等演唱基本功都具有一定的水平，并且每个人都有一定的演唱风格。因此，在对歌手的演唱进行调音之前，调音者应尽可能多地了解该歌手的风格流派、音域宽度、音色特点和动态范围，同时还应熟悉其歌曲及其意境，以便在调音时能与之协调一致。当然，歌手所用传声器必须是高档的，其频响要宽、失真要小、动态范围要大。注意，传声器的灵敏度适当即可，并非越高越好。

男歌手的基音频率一般在 64～523Hz 之间，其泛音可扩展到 7～9kHz。为了使歌手的声音坚实而有力度，浑厚而不致模糊，明亮而不刺耳，根据男声的声音特点，对男歌手调音时可将 64～100Hz 作小幅提升，以增加男歌手声音的浑厚度。如果歌手声音的浑厚度足够，则可在 100Hz 适当衰减，以增加歌手声音的清晰度。如果歌手的力度不足，可在 250～330Hz 作适当的提升，如果歌手力度本来就很足，则不作此处理。根据需要，可在 1kHz 频率附近作一点提升，这样可增强泛音的表现力，增加声音的明亮度及亲切感。为了使歌手的感情色彩更加具有感染力，可在 4～8kHz 频段内进行约 3dB 的提升。对 10kHz 以上的频段最好采用平直处理的方法，加入适量的混响效果声，以使歌手的演唱更加轻松自如。舒缓而幽远的抒情歌曲，混响时间可加长一点，而强有力的快节奏歌曲，混响时间应适当短一些。

女歌手的基音频率一般在 160Hz～1.2kHz 这一范围，其泛音可扩展至 9～10kHz。为了使歌手的声音圆润而清晰，明亮而具有弹性，细腻而丰满，且无刺耳的感觉，根据女声的声音特点，对女歌手的调音可对 160Hz 以下的频段不作提升处理，使其平直即可。而在主要音域 250～523Hz 作适当的提升处理。这一频段为女声的低中音区，适当地提升这一频段，会增加基音的力度和丰满度。对 2～4kHz 提升 3～6dB，可使声音透亮、清晰，音域宽厚，亲切感人。降低 6kHz 左右的成分，以减弱可能出现的齿音。

根据女声的音色情况，适当提升或衰减 10kHz 以下的频段，以使音色更加完美。一般情况下，可对这一频段进行平直处理。加入适量的混响声，以使歌手的声音更加丰满淳厚、轻松圆润、立体感强。舒缓而幽远的抒情歌曲，混响时间可加长一点，欢快而富有弹性的歌曲，混响时间应适当短一些。

3. 对普通人演唱时的调音

普通人在歌厅里进行演唱，大多仅为娱乐消遣，他们中的大多数人没有受过专门的基本训练，缺乏演唱的技巧，甚至有嗓音不好或不会正确使用传声器的人。同时，由于这些人对音乐的喜好以及嗓音的音色情况千差万别，因此，在对这些人的演唱进行调音时应注意随时留意声音的声压级，以便快速作出正确的反应。普通人在歌厅里演唱，情况变化很大，有时前一位演唱者声音极弱，需要将推子推得很高，但下一位却可能是一位乘着酒兴要狂唱《好汉歌》的主儿。如果调音者不留意，很可能引起严重的啸叫，甚至烧坏音箱。另外，应适当加大混响声，以掩盖普通人嗓音的缺陷。大多数的普通人在演唱时，都较喜欢混响声大一点。男声如果出现喉音和沙哑，可将 300Hz 以下的频率进行较大的衰减。女声如果出现声带噪声或气息噪声，可在 600Hz 附近适当衰减。大多数的普通演唱者都喜欢音量大一些，为了增强声音的响度，可将 200～300Hz 范围的频率加以提升。对 8kHz 以上的频率采用平直处理的方法。

5.3.3 伴奏音乐与歌声比例的调整

CD 碟片或卡拉 OK 音带上的伴奏音乐在各声部和打击乐方面于录制时已调整好，通常无法调整，调音师只要将伴奏带的音量大小与歌声的比例控制得合适即可。

调音师控制伴奏带的音量大小与歌声的比例的总原则是以歌声为主，突出歌声。为了迎合人们的心理和欣赏习惯，人们总是爱听歌声，因此歌声是第一位。为了歌声的美感和歌词的清晰不被乐队声掩盖，特别是歌厅中大扬声器扩声时，往往歌词不清，因此突出歌词非常必要。人们在聆听歌曲时，心理感觉的顺序是：首先听到歌词，而后才感受到音乐的旋律变化和感情。因此要给歌词以足够的音量才能满足人们的心理要求，也就是说，歌声音量比例要大于伴奏音乐。但这并不是说音乐不重要。当放前奏曲或过门音时，可以将音乐声放大，在歌声进入之前渐渐拉下来，以突出歌声。为了加深歌声的印象，往往第一句开得响一点，可以在 200～500Hz 提升 3～6dB。

乐队伴奏音乐与歌声的比例有以下几种：美声、民族唱法、戏曲为 3∶7；通俗唱法为 4∶6；摇滚乐为 5∶5。

以上是一些较有名气的调音师的表现手法，无统一规定。某一个时期通常以某种聆听习惯为一种表现手法，音响师可在这个原则下灵活运用。

另外，一支歌曲有时动态范围很大。当歌曲进行到高潮时，演员很激动，情绪很饱满，声级很强，容易产生过荷失真，此时音量需要压下来一些。当歌曲进行到深情细腻的弱声时，又需要把音量提升起来。

要掌握这种调音手法，要求调音师对歌曲要熟悉，对歌手的演唱特点也要了解，而且要有调音经验。否则，调音师的调音跟不上演员的演唱，便不易获得理想的聆听效果。

5.3.4 音乐酒吧与咖啡厅的调音

一些星级饭店中有小型的高级酒吧和咖啡厅，它们在营业时要播放一些背景音乐来增加浪漫的气氛。背景音乐一般都选择一些世界名曲、抒情乐曲和轻音乐曲，其特点是节奏舒缓、感情细腻、寓意深远。因此，在均衡（EQ）上也要进行相应的处理，使音乐和环境构成一个统一协调的整体。

交响乐是一种传统的、正统的音乐形式，在选题作曲上很考究，在和声与配器方面都进行了仔细的推敲，因此乐曲的音乐结构一般都很合理。因此，交响乐的声功能也是比较均衡的。在为交响乐作均衡处理时应尽量保持其原有风格与特色，不宜作过量的调整。处理时可在 0～3dB 进行选择，这样可保持乐队和指挥的不同风格。

而轻音乐一般都是具有旋律优美、感情丰富、浪漫愉快等特点的抒情曲（例如萨克斯轻音乐曲），其音乐音响具有田园风味和悠扬的旷野感。因此，在 EQ 调整上应保持和发挥其最佳音色频段。均衡幅度可在 0～5dB 进行选择，亦可采用 ECHO、REV 和环绕声的处理。

通俗音乐的门类范围很大，像爵士、摇滚等流派都具有其自身特有的风格。总体来说，这类音乐的音响声功能较大，处理手段的幅度也较大，允许在音乐音响中进行夸张的艺术处理，均衡调整幅度可在 0～7dB 进行选择。

交响乐、轻音乐和通俗音乐在酒吧或咖啡厅作为背景音乐使用时，与在家里对这些音乐进行欣赏不同，只是烘托环境气氛，营造浪漫情调的一种手段，因此音量推子要低，使在酒吧和咖啡厅里的人既能够自由交谈，又能够对它们进行欣赏，切不可音量过高。

5.3.5 立体声扩声的校准和调整

1．左、右声道平衡的校准

一般情况下，调音台上的立体声左、右通道的增益、均衡、音量推子要尽可能保持一致。如果从调音台至功放之间有其他的双通道声频处理设备，也要按平衡原则加以调整，比如双通道房间均衡器的调整就应如此。有时候，我们在调音台的总音量指示表上发现，一会儿左声道的信号强一些，一会儿右声道的信号强一些，这是十分正常的现象，并非平衡没校准好，真正意义上的立体声信号就应当是这样的。如果左、右声道的信号一直保持一致，没有强弱的变化，那反而是不正常的，说明无立体声效果，可能是非正版碟片。这里所说的平衡，是整体意义上的动态平衡，而非瞬间的静止平衡。

如果是从录音机中送入调音台的立体声信号就需要特别留意了，因为演出中所用的录音带许多都是自己翻录组合而成的，在翻录的过程中，由于录制人的水平参差不齐，翻录所用的录音机的性能好坏不一，因此有些录制在磁带上的信号左、右声道本来就不平衡。这种信号送入调音台后，如果调音台左、右输入通道是平衡校准的（视觉上），则在调音台总音量指示表上就常常会发现其左、右声道信号的强弱相差较大，这时就应将信号强的通道的推子向下推一些，或是将信号弱的通道的推子向上推一些，以使从调音台输出的左、右声道信号平衡。当然也可通过调整增益的方式来实现。所以从本质上讲，平衡校准是立体声信号左、右声道信号强弱的平衡校准，而非左、右通道控制件视觉上的平衡。

有一点需要大家注意，在演出过程中进行平衡校准时，一般只动推子而很少动增益，因为输入增益在电平设置时已调好了。

2．关于声相和声像的校准

声相和声像的调整一般都要在演出前完成，声相是指声波的相位，是扬声器系统的连接问题；而声像是指声音的空间定位，是声像电位器（PAN）的调整问题。

（1）扬声器系统的连接问题

必须采用统一的连接原则，如方形线接"+"，圆形线接"-"；或红芯接"+"，白芯接"-"。在功放端也是如此。虽说接错扬声器也可发声，但声像定位会出差错。尤其要强调的是，在扬声器单元被拆下维修好以后，在安装的过程中，也要注意其正负的连接问题，否则也将破坏音箱的重放效果。在实际工作中人们经常会忽视这一问题，希望大家注意。

（2）声像电位器（PAN）的调整问题

在立体声扩声系统中，调音台连接视盘机左声道的输入通道的PAN应打至最左端，而调音台连接视盘机右声道的输入通道的PAN应打至最右端。当视盘机播放时，将调音台上相应的左声道的推子推至适当位置，而将右声道的推子向下推至最小时，如果没有问题的话，舞台上应只有左面的音箱发声，反之，则应只有右面的音箱发声。如果情况刚好相反，则说明连接有问题，此时，可以检查连接线并纠正错误，或将两个通道上的PAN打至相对的位置，这样，声像定位才会准确。

3．左、右通道校准

在调音工作中，我们还可能会遇到这样的情况，即所使用的音响设备使用年限已经很久，并且经过了许多次的维修，在使用的过程中，发现诸如功放或房间均衡器等设备的两个通道的性能差异很大，而又不能再修或更换。这时，调音者要用这样的设备调出较好效果，要做的一个重要的工作就是想方设法使左、右音箱重放的声音达到平衡，对左、右通道进行反复的调校。这种调校，一般选用自己十分熟悉的音乐，对所怀疑有问题的设备分别进行调校。同时，应坚持这样的原则：先大信号，后小信号；或者说，先底层，后上层。比如，如果认为房间均衡器和功放的两个通道都存在性能差异的问题，那么，可以先将房间均衡器拆下，将送入房间均衡器的信号直接送入功放，这样，就可以比较容易地对功放的两个通道进行调校了。当功放的两个通道调校完成以后将房间均衡器接入，恢复原来的连接方式，再对房间均衡器进行两个通道的调校。在对房间均衡器进行两个通道的调校过程中，千万不要再去动功放。经过这样的调校，问题就基本上解决了。

5.3.6　音响师在演出过程中应注意的问题

整个演出过程包括演出准备阶段、演出进行阶段和演出结束阶段，其中最为重要的是前两个阶段。下面我们就讲一下这两个阶段中音响师应注意的问题。

1．演出开始前做好准备工作

在准备阶段，音响师必须和组织演出的有关人员进行有关的协调工作。在这一阶段，音响师必须明确几个问题：首先是演出的规模。知道了演出的规模，才能确定所用器材的种类和数量。再次是节目安排，最好能拿到节目单。

当音响师将演出所需的器材全部准备完毕并调试好以后，最好能在演出前进行一次彩排。如果不能进行彩排，最好能将演员所用的伴奏碟收上来进行一次试听，如果碟片不能够收上来试听，则音响师必须要求组织演出的有关人员通知演员，将自己演出时出场的序号以及第几首曲子（实际试听时确定的）、消音的声道、曲目等写好后装入碟盒中；如有舞蹈只需用碟片中某一首曲子的某一段时，则应写明开始的时间和结束的时间（碟机上显示的时间），这样，在演出时，音响师才不会手忙脚乱。如果这些都没有做，那么就通知演员在演出前提前一两个节目将碟片拿上来，将前面的相关问题问清楚，并记下来。

有些单位的演出，音响师本身既是工作人员又是有关的组织者，在演出准备过程中并没有真正意义上的舞台总监，这时，音响师就有一些准备工作必须做：第一，舞台大幕的关开协调及人员安排；第二，演出过程中器材的更换搬移以及有关道具准备人员的安排与协调；第三，和灯控人员进行有关的协调准备。

总之，演出前，音响师的准备工作必须细致而详尽，准备越充分，演出就越顺利。

2．演出过程中应注意解决突发问题

无论音响师准备工作有多么的充分，在演出过程中有些意想不到的事情还是有可能发生。音响师所能做的就是随机应变，努力保证演出的顺利进行而不露出明显的破绽。

例如，在演出过程中会出现无线传声器的电池耗尽的情况。这种情况必须早发现，发现

晚了就会出麻烦。因此音响师在演出过程中必须全神贯注认真听。一般而言，无线传声器电池要耗尽时，声音会出现一些异样，这时，应立即换用备用传声器或更换电池。如果既没有备用传声器又没有备用电池，则可用有线传声器暂时代替，并立即请人购买电池。又如，演出过程中，可能出现演员所用的磁带只有一个声道有声音的情况，此时应立即将调音台上声像定位旋钮打至"12 点"位置（中间位置）。这样虽然没有了立体效果，但却避免了只有一半音箱发声的不良情况出现。演出过程中，可能出现啸叫现象。这时应立即将传声器的音量推子向下拉一些或将传声器通道的高频均衡旋钮逆时针旋转 3dB 左右，即可使啸叫消除。当然，如果音响师的听音能力极强，能够判断啸叫声的频率，也可将房间均衡器的相应频点适当衰减来达到消除啸叫的目的。这一过程反应要快，慢了就会严重影响演出或烧坏音箱。

若突然发现演员所用的伴奏碟无法消音或消不干净，此时已无办法，只能硬着头皮继续放，但应立即将伴奏声的音量减小，以减少此种情形对演出的不利影响。减小音量时，应慢慢下拉。

在演出过程中，音响师应根据不同的演唱者的音高、音色、演唱风格等对音量、均衡、混响长短等进行相应的调整。总之，音响师不是简单的放碟员，调音工作必须精益求精，边听边调，努力追求更好的艺术性。

5.4 效果处理器的调音技巧

5.4.1 效果处理器简介

在声频信号处理设备中，有一类专门用来对信号进行各种效果处理的设备，例如延时器、混响器和多效果处理器等，在专业上通常将这类设备统称为效果处理器。

我们知道，人们在室内听到的声音包括三种成分：未经延时的直达声、短时延时的前期反射声和延时较长的混响声。特别是混响声，它持续时间（即混响时间）的长短直接影响人们的听音效果。混响时间太短，声音发"干"不动听；混响时间太长，声音浑浊不清，破坏了音乐的层次感和清晰度。因而，对于特定的音乐节目，混响时间有一个最佳值。根据对大多数优质音乐厅场的观察，此值为 1.8～2.2s。

延时器（Delay）是一种人为地将音响系统中传输的声频信号延迟一定的时间后再送入声场的设备，是一种人工延时装置。它除了能对声音进行延时处理外，还可产生回声等效果。目前，延时器普遍采用电子技术来实现，通称为电子延时器。它是把声频信号储存在电子元器件中，延迟一段时间后再传送出去，从而实现对声音的延时。目前常用的有电荷耦合型器件（BBD）延时器和数字延时器两种。BBD 延时器结构简单，价格低廉，主要用于卡拉 OK 机等业余设备，与后者相比，动态范围较小，音质效果欠佳；在各种专业音响设备或系统中普遍采用数字延时器，它是一种理想的延时处理设备。

混响器在音响系统中用来对信号实施混响处理，以模拟声场中的混响声效果，给发"干"的声音加"湿"，或者人为地增加混响时间，以弥补声场混响时间的不足。混响器主要有两大类，即机械混响器和电子混响器。其中，机械混响器主要包括弹簧混响器、钢板混响器、箔式混响器和管式混响器等，由于它们功能比较单一，音质也不很理想，且存在因固有振动频率而引起的"染色失真"现象，因此目前很少使用。而电子混响器是以延时器为基础，通过对信号的延时而产生混响效果，它往往兼有延时和混响双重功能，混响时间连续可调，且功能较多，能模拟如大厅、俱乐部等多种声场，并能产生一些特殊效果，使用也十分方便。特别是以数字延时器为核心部件的数字混响器，具有动态范围宽、频响特性好、音质优良等优点，主要用于专业音响系统。

多效果处理器（Multi-effect Processor）是近些年来开发出的一种音响设备，简称效果器。这种设备不仅有上述延时和混响功能，还能制造出许多自然和非自然的声音效果。而且，它利用计算机技术，将编好的各种效果程序储存起来，使用时只需将所需效果调出即可。对一些高档设备，还可根据需要调整原有的效果参数，即进行效果编程，并将其储存，以获得理想的效果，使用更加方便，很受音响师们的青睐，现代音响系统普遍采用这种设备进行效果处理。

5.4.2　数字延时器工作的原理及应用

数字延时，是先将模拟信号转换成数字信号，再利用移位寄存器或随机寄存器将数字信号储存在存储器中，直到获得所希望的延时时间以后再取出信号，然后将数字信号再还原成模拟信号送出，此时的模拟信号就是原信号的延时信号，其原理框图如图 5-6 所示。

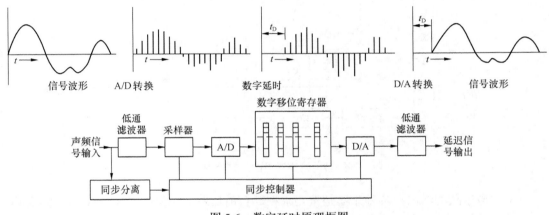

图 5-6　数字延时原理框图

在图 5-6 中，输入端的低通滤波器用来限制信号中的高频分量，以防止采样过程中的折叠效应；输入信号经模数（A/D）转换后得到的数字信号，通过多个相互串联的移位寄存器，使每个数字信号在采样时间间隔内移到下一级，直到经过所希望的延时时间；然后把信号从寄存器中取出并经数模（D/A）转换和低通滤波器平滑，还原为模拟信号送出。延时时间长短的选择则通过存储容量的变换来实现，主同步控制器产生时钟信号使上述所有功能同步。

数字延时是数字延时器设备的基本单元，在有些具有特殊效果的数字延时器中，还要将延时信号（延时声）和原输入信号（主声）按比例混合后作为延时器的输出。这样，既可以听到主声，也可听到延时声，从而得到几种不同的特殊效果，如拍打回声（Slap Echo）、环境回声（Ambient Echo）、多重回声（Multi-echo）、静态回声（Static Echo）、长回声（Long Echo）、变调效果（Pilch Bend）和动态双声（Dynamic Doubling）等。这种延时器在扩声系统中主要用来产生某些特殊效果。

在专业音响设备中，还有一类数字延时器，其延时声不与主声混合，不产生特殊效果，只对扩声系统中传输的信号作延时处理，以补偿由于声波传输路径不同而造成的声音信号的时间差。这类延时器通常称为数字式房间延时器，其调整方法简单，一般只有输入/输出电平控制和延时时间控制。

通常，在一些大型场所，例如大型音乐厅、影剧院和高档大型歌舞厅等，扩声系统中的扩声通道不只一个，除主扩声外还有一组或几组辅助扩声，使用的音箱较多。这些音箱在厅堂内摆放的位置是前后左右错落有序的，如图 5-7 所示。这样，从各音箱发出的传到听众席的声音在时间上就会出现先后差异，从而造成回声干扰，使人听不清楚。而且由于人耳对声音有先入为主的特点，因此人们就会感到声音来自距离自己近的音箱，从而造成听觉与视觉上的不一致。为解决这个问题，可以将房间延时接入扩声通道（见图 5-7），对后边各扩声通道信号分别进行适当延时，使该音箱发出的声音略后到达听众席，就可获得好的扩声效果。在调整延时时间时，可让舞台两侧的主扩声信号较听众席后边的辅助扩声信号早些到达听众席位，时间相差很小使听众不会感到明显差异，这样可使人感到声音主要来自舞台方向，从而达到听觉与视觉的统一。

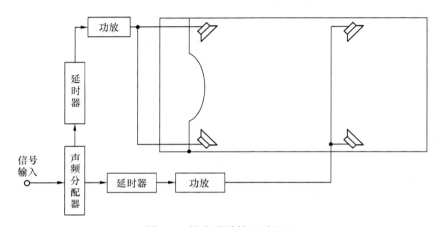

图 5-7　扩声通道的延时处理

一个大型乐队的演出，各种乐器是按要求在舞台前后左右排位的，图 5-8 所示为交响乐队演出时的排位。利用传声器拾音时，虽然调音台的声像定位功能可以使左右排位的乐器产生左右立体方位感，但是前后排位的乐器从音箱中送出的声音在时间上是相同的，给人的感觉是后排的木管、铜管和前排的提琴都在眼前，没有前后层次，失去了前后立体方位感。如果采用延时器，对后排的木管、铜管的拾音传声器适当加以延时，将这些乐器的声音推向深远处，就使乐队有了前后层次，不但使整个乐队具有左右立体方位感，而且有前后立体方位感，也就是有了所谓全方位立体感，从而得到理想的聆听效果。

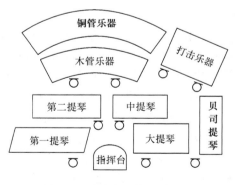

图 5-8　乐队演出的延时处理

带有某些效果的数字延时器还可以为演唱者或朗诵者加入回声效果。利用这种延时器对歌曲或朗诵的尾句、尾音适当延时，可以制造出像山谷中的回声，给演出增加了特殊效果。

延时器在现代音响系统中还有许多用途，例如，将左右声道信号延时后分别与其主声信号叠加可以使左右声道的声像分布加宽，从而扩展了声场，增强立体感。这种方法还能改善声音的丰满度和浑厚感，降低人耳对非线性的敏感度，使声音更加优美动听。再如，将单声道信号延时处理后分离出加入不同的音箱，可产生模拟立体声和环绕声等。

用于扩声系统中的数字延时器的品牌和种类较多，音响师通常是根据扩声系统的需要选择的。下面是一种数字延时器的简单介绍。

图 5-9 所示的是 DODROS 4000 数字延时器的前面板，它是一种常用的带效果的延时器，图中各旋钮的作用分别如下。

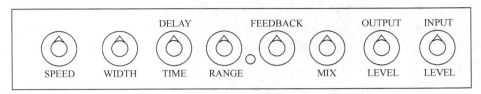

图 5-9　DODROS 4000 数字延时器前面板

- SPEED：调整延时信号的衰减速度；
- WIDTH：调整空间感的强度（深度、宽度）；
- DELAY TIME：调整延时信号的延时时间；
- RANGE：调整第一次反射时间；
- FEEDBACK：调整延时信号的返回比例；
- MIX：调整延时信号与原信号的混合比例；
- OUTPUT LEVEL：调整延时器总输出信号电平；
- INPUT LEVEL：调整延时器输入信号电平。

DODROS 4000 的电路结构如图 5-10 所示，图中各部分电路的作用分别如下。

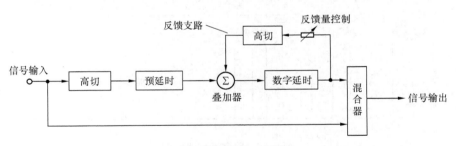

图 5-10　延时电路结构

- 高切：模拟声反射时高频成分丢失的状态；
- 预延时：产生与主声间隔大于 40～50ms 的声音；
- 数字延时：产生多次回声（产生层次感）；
- 反馈支路：将延时信号返回再与预延时信号相加，再延时后送出，产生层次范围，反馈量越大，效果越强；
- 混合器：将延时信号与原信号按比例混合，可输出带有回声等效果的信号。

最后需指出的是，延时器一般为单通道设备，用于扩声系统时，要根据需要确定延时器的数量。如果某扩声通道左、右声道信号需要相同的延时时间，可以用一台延时器串入系统；如果对传声器信号进行延时效果处理，可将延时器并在调音台上（通过 AUX 和 RET 端口），延时器的数量与不同延时的传声器的数量对应；对传声器信号进行处理时，还可将延时器接入调音台输入通道的 INSERT 端口或直接串入传声器中，其所需数量与延时处理的传声器一一对应。

5.4.3　数字混响器的工作原理及应用

在闭室内形成的直达声、前期反射声和混响声中，除直达声外，前期反射声和混响声都经过了延时，而混响声的延时时间最长，并且是逐渐衰落的。为了模拟闭室内的音响效果，就需要产生上述不同的延时声，特别是混响声。因此首先要对主声信号进行不同的延时，然后将各信号进行混合，从而模拟出闭室内的声响效果。图 5-11 即为以数字延时器为基础的数字混响器原理图。

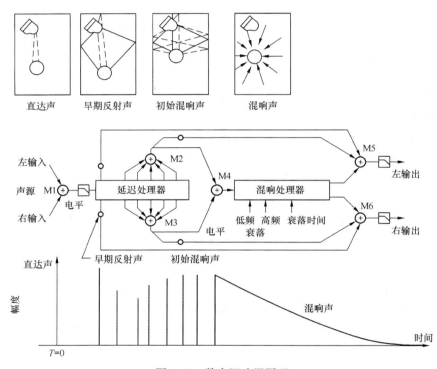

图 5-11　数字混响器原理

从图中可以看到，延时器起着非常重要的作用。经过较短延时的信号取出后作前期反射声，它通常与主声间隔小于 50ms。从经过多次不同延时的信号取出一部分混合成初始混响声，它实际是声音的中期反射声，使声音有纵深感。将初始混响信号再经混响处理后就形成混响信号。这里的混响处理主要还是起延时作用，它将初始混响再进行适当延时，同时模拟混响声的衰落（即混响的持续时间）以及多次反射的高频丢失现象（由于低频信号有绕射现象，所以混响声中低频成分要多一些）。混响声也可看成是声音的后期反射声，它使声音有浑厚感。最后将直达声、前期反射声、初始混响及混响信号混合，作为数字混响器的输出，这样就产生了模拟闭室声响的效果。

5.4.4　多效果处理器的应用举例

近年来出现的多效果处理器设备，以数字混响器为基础，不仅有上述数字混响器所具有的功能，而且具有产生多种特殊效果的功能，在现代扩声系统中得到普遍使用。

以下以 YAMAHA EXP-100 效果器的功能与使用进行介绍。

YAMAHA 公司出品了多种型号的档次不同的效果器。其中，EXP-100 价格适中，可满足一般歌舞厅效果处理的要求。图 5-12 所示为 EXP-100 效果器前面板，各功能键钮操作如下所述。

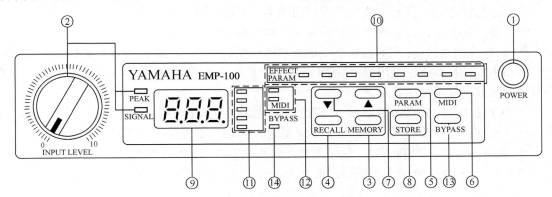

图 5-12　EXP-100 效果器前面板

①　电源开关（POWER）：这是一个按键，按一下效果器开启，再按一下则关闭。当处于开启状态时，除非重新设置，否则效果器执行上次关机前选择的效果程序。

②　输入电平控制（INPUT LEVEL）：该旋钮用来调整输入信号电平，调整时应使信号显示器（SIGNAL）常亮，而峰值显示器（PEAK）只应闪亮或只是偶尔闪一下。

③　记忆状态键（MEMORY）：此键用来控制效果器的记忆状态，并通过增（▲）、减（▼）控制键选择效果项目（1～150），这 1～150 个效果项目是已存储在效果器内的可执行效果程序。

④　恢复键（RECALL）：此键控制效果程序的执行。在记忆状态下，用增（▲）、减（▼）键选好所要的效果项目，按下恢复键，使该项目对应的效果程序进入实际运行状态。

⑤　参数状态键（PARAM）：此键控制效果器进入选择参数状态，此时再利用增（▲）、减（▼）键，可以对效果项目的参数值进行重新编程。

⑥　MIDI 状态键（MIDI）：此键用来启动 MIDI 状态，并可通过增（▲）、减（▼）键选择选项。在 MIDI 状态下，效果器可以接受外部 MIDI 信号（如合成器送入的信号）对效果器信号处理系统的控制。此功能主要用于节目制作。

⑦　增（▲）、减（▼）控制键：在记忆、参数和 MIDI 三种状态下，此键的功能各不相同，即

●　记忆状态下，增（▲）、减（▼）控制键用来选择效果项目；

●　参数状态下，增（▲）、减（▼）控制键用来调整参数值，并对所选效果项目进行编程；

●　MIDI 状态下，增（▲）、减（▼）控制键用来进行效果器对 MIDI 效果项目变化的控制。

⑧　储存键（STORE）：此键用于对效果项目编程后储存的控制。在参数状态下对效果项目编程后，按储存键可将其存在效果器内的随机存储器中，以便将来选取和恢复执行。

⑨　数字式显示器：在不同状态下，数字显示器的显示内容也不同。

●　记忆状态下，显示所选效果项目的序号；

- 参数状态下，显示所选效果的参数值状态；
- MIDI 状态下，显示 MIDI 效果的参数值变化情况。

⑩ 效果/参数显示器（EFFECT/PARAM）：该显示器由 8 个发光二极管组成。在不同状态下，显示的内容不同。

- 记忆状态下，显示所选效果项目的种类，对应显示器上方标示；
- 参数状态下，显示所选参数的种类，对应显示器下方标示。

⑪ 参数种类显示器：在参数状态下进行参数调整时，该显示器指示哪种参数正在被选取。

⑫ MIDI 项目和记忆显示器：MIDI 状态下，此显示器指示 MIDI 效果项目是否工作，其参数序号在数字显示器中显示。

⑬ 旁路控制键（BYPASS）：按一下旁路键，旁路显示器闪亮，此时效果器进入旁路状态，输入信号被直接送至输出端，不经任何效果处理。再按一下旁路键，即取消旁路状态。

⑭ 旁路显示灯（BYPASS）：效果器处于旁路状态时，该显示灯亮。

图 5-13 为 EXP-100 效果器的后面板（背板），其中部分端口的功能如下所述。

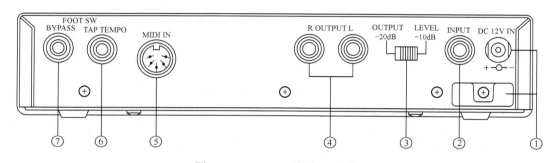

图 5-13　EXP-100 效果器后面板

① DC 12V IN：直流电源输入端。EXP-100 效果器配有专门的外接直流电源，工作电压为 12V。

② INPTU：输入端口。EXP-100 效果器采用单通道输入方式。

③ OUTPUT LEVEL：输出电平控制。EXP-100 效果器的输出信号电平只有两种固定的选择，即-20dB 和-10dB。

④ OUTPUT L/R：输出端口。EXP-100 效果器采用双声道输出方式，即左（L）、右（R）声道立体声输出。

⑤ MIDI IN：MIDI 信号输入端口。

⑥ FOOT SW：脚踏开关（FOOT SWITH）连接端口。此端口用于接入脚踏板，可实施以下两种控制。

- BYPASS：旁路。利用脚踏开关控制效果器的旁路状态，与前面板的旁路键功能相同。

- TAP TEMPO：敲打节拍。利用脚踏板控制节拍。

以上介绍了 EXP-100 效果器各控制键钮和接线端口的功能。在扩声系统中使用时，具体选择哪种效果及参数的调整要根据临场需要而定，以取得理想的聆听效果为准。MIDI 状态通常用于音乐制作，脚踏开关也是为了方便控制效果器，扩声系统极少使用。

EXP-100 效果器预先设置的效果程序很多，其项目清单列于表 5-2 中，供参考。

表 5-2   EXP-100 效果器预先设置效果项目的清单

序 号	功 能	通 道 名 称	备 注
概述（一般部件）			
1	混响	厅堂混响 1	
2	混响	厅堂混响 2	
3	混响	房间混响 1	房间中等大小，硬墙壁
4	混响	房间混响 2	
5	混响	声音混响 1	
6	混响	声音混响 2	独声或和声均可
7	混响	板混响 1	较柔和，适用于弦乐
8	混响	板混响 2	
9	早反射	厅堂早反射	直接早反射
10	早反射	随机早反射	声较粗
11	早反射	可调早反射	
12	早反射	弹性早反射	
13	延迟	立体声延迟 1	强调立体声效果，轻微延迟
14	延迟	立体声延迟 2	
15	和声	立体声和声	
16	加强声	加强音	
17	交响音	交响音	比和声更柔和，更优雅
18	立体声音高	立体声选通 1	
19	立体声音高	立体声选通 2	
20	三连音音高	主音高	
21	三连音音高	第七音符	
22	立体声音高+混响	立体声选通混响 1	
23	立体声音高+混响	立体声第八音选通	
24	立体声音高→混响	立体声选通混响 2	两声联合效果
25	交响音+混响	交响音混响	
26	延迟+混响	立体声延迟混响	
27	延迟→早反射	延迟早反射 1	
28	延迟→早反射	延迟早反射 2	
29	和声→延迟	延迟和声 1	
30	和声→延迟	延迟和声 2	
关键（主要部件）			
31	混响	适用于钢琴演奏厅	可产生自然混响
32	加强音	快速旋转音话筒	
33	加强音	慢速旋转音话筒	
34	混响	适用于教堂	好像从空荡荡的教堂发出
35	延时+混响	出现神秘的古琴声	形成古老、幽远的意味
36	延时	主弦 1	

续表

关键（主要部件）			
序　号	功　能	通　道　名　称	备　注
37	延迟→早反射	主弦2	使声音更深远、透彻
38	混响	打击铜管乐混响	尖而短
39	延时	立体声延时3	120节拍/分
40	延时+混响	立体声回声	
41	延时+混响	短延时混响	强烈、突发
42	交响音	交响音拉长声（装饰音）	
43	立体声音高	立体声选通3	
44	交响音+混响	交响音壁	形成音墙效果
45	和声	颤动和声	直接连接乐器，效果最强烈
46	和声	环绕和声	
47	和声→延时	全景和声	
48	加强音	模仿加强音	
49	延时→早反射	贝斯音早反射	使声音更雄厚
50	三连音音高	三和弦	适于独声，可产生奇效
吉　他			
51	立体声音高	音高转换和声	
52	交响音+混响	弦交响	
53	立体声音高→混响	硬结构房间	
54	早反射	主要早反射	用于疯狂激烈的声音
55	和声→延时	深度延时和声	
56	延时+混响	爵士乐吉他声	
57	延时+混响	60年代吉他声	
58	延时→早反射	传音爵士乐	声音热切，全方位传音
59	交响音	琶音交响音	
60	加强音	吉他加强音	
61	三连音音高	第2挡	
贝　司			
62	三连音音高	音高转换、贝司和声	
63	加强音	贝司加强音	
鼓　类			
64	混响	房间气氛	
65	混响	厅堂气氛	
66	混响	明朗的气氛	
67	混响	紧凑的气氛	使声音丰满
68	混响	硬结构的房间	
69	混响	撞击音混响	使乐声热切

续表

<table>
<tr><td colspan="4" align="center">关键（主要部件）</td></tr>
<tr><td align="center">序　号</td><td align="center">功　能</td><td align="center">通道名称</td><td align="center">备　注</td></tr>
<tr><td colspan="4" align="center">鼓　类</td></tr>
<tr><td>70</td><td>延时→早反射</td><td>撞击门效果</td><td></td></tr>
<tr><td>71</td><td>混响</td><td>紧绷音混响</td><td></td></tr>
<tr><td>72</td><td>延时→早反射</td><td>紧绷门音</td><td></td></tr>
<tr><td>73</td><td>立体声音高+混响</td><td>铙钹音混响</td><td></td></tr>
<tr><td>74</td><td>早反射</td><td>可调整门音</td><td></td></tr>
<tr><td colspan="4" align="center">打　击　乐</td></tr>
<tr><td>75</td><td>早反射</td><td>打击门音</td><td></td></tr>
<tr><td>76</td><td>早反射</td><td>可调整的打击门音</td><td></td></tr>
<tr><td>77</td><td>加强音</td><td>打击乐加强音</td><td></td></tr>
<tr><td>78</td><td>立体声音高</td><td>双立体声音高</td><td>可制造出欢快的打击乐声</td></tr>
<tr><td>79</td><td>混响</td><td>打击乐混响</td><td></td></tr>
<tr><td>80</td><td>混响</td><td>打击乐房间</td><td></td></tr>
<tr><td>81</td><td>早反射</td><td>打击乐早反射</td><td></td></tr>
<tr><td>82</td><td>早反射</td><td>重复颤音</td><td></td></tr>
<tr><td>83</td><td>立体声音高</td><td>多打击乐音</td><td></td></tr>
<tr><td>84</td><td>延时→早反射</td><td>少数民族打击乐</td><td>如脚鼓等</td></tr>
<tr><td colspan="4" align="center">声音的、声乐的</td></tr>
<tr><td>85</td><td>混响</td><td>声音混响</td><td></td></tr>
<tr><td>86</td><td>立体声音高+混响</td><td>流行声乐混响</td><td>使声音逼真</td></tr>
<tr><td>87</td><td>立体声音高</td><td>双声转换</td><td></td></tr>
<tr><td>88</td><td>早反射</td><td>浴室</td><td></td></tr>
<tr><td>89</td><td>延时+混响</td><td>卡拉 OK</td><td></td></tr>
<tr><td colspan="4" align="center">声　音　效　果</td></tr>
<tr><td>90</td><td>三连音音高</td><td>立体声音高下降</td><td></td></tr>
<tr><td>91</td><td>三连音音高</td><td>立体声音高升高</td><td></td></tr>
<tr><td>92</td><td>三连音音高</td><td>半音阶滑音（延长音）</td><td></td></tr>
<tr><td>93</td><td>三连音音高</td><td>三连音滑音</td><td></td></tr>
<tr><td>94</td><td>三连音音高</td><td>整音滑音</td><td></td></tr>
<tr><td>95</td><td>三连音音高</td><td>三连音升音</td><td></td></tr>
<tr><td>96</td><td>三连音音高</td><td>琶音</td><td></td></tr>
<tr><td>97</td><td>立体声音高</td><td>深度选通混响</td><td></td></tr>
<tr><td>98</td><td>加混响</td><td>长隧道</td><td>约 12s 长</td></tr>
<tr><td>99</td><td>加强音</td><td>弯曲音</td><td></td></tr>
<tr><td>100</td><td>加强音</td><td>单一"嗡"音</td><td>只发这种音</td></tr>
</table>

5.5 压缩/限幅器的调音技巧

压缩/限幅器简称压限器（Compressor/Limiter），也是音响系统中常用的信号处理设备。它由压缩和限幅两种功能组成。

5.5.1 压缩/限幅器的功能

压缩/限幅器（压限器）的主要功能是对声频信号的动态范围进行压缩或限制，即把信号的最大电平与最小电平之间的相对变化范围加以减小，从而达到减小失真和降低噪声等目的。

音乐的动态范围很大，约为120dB。如果一个动态范围为120dB节目通过一个动态范围狭窄的系统放音（如广播系统），许多信息将在背景噪声中浪费掉。即使系统能有120dB的动态范围可供使用，除非它是无噪声环境，否则不是弱电平信号被环境噪声淹没，就是强电平信号响得使人难以忍受，甚至于因过荷而产生失真。虽然音响师可以通过音量控制调整信号电平，但是手动操作往往跟不上信号的变化。为了避免上述问题，必须将动态范围缩减至适合于系统与环境中能舒适地倾听的程度。

此外，压限器还能保护功率放大器和扬声器。当有过大功率信号冲击时，可以受到压限器的限制，从而起到保护功放和扬声器的作用。例如传声器受到强烈碰撞，使声源信号发生极大的峰值，或者插件接触不良或受到碰击产生瞬间强大电平冲击，这都将威胁到功放和扬声器系统的高音单元，有可能使其受到损坏，使用压限器可以使它们得到保护。

5.5.2 压缩/限幅器的工作原理

压缩器实际上是一个自动音量控制器，它是由带有自动增益控制（AGC）的放大电路组成的。当输入信号超过称为阈值（Threshold）的预定电平（也称压缩阈或门限）时，压缩器的增益就下降，使得信号被衰减，如图5-14所示。为了使压缩器的输出信号增加1dB，所需增加输入信号的dB数称为压缩比率（简称压缩比）或压缩曲线的斜率。因此，对于4:1的压缩比率，输入信号增加8dB，其输出值将增加2dB。因为音频信号的响度是变化的，所以在某一瞬间可能超出阈值电平，而接着又低于阈值电平。所以，在信号超出阈值电平后压缩器降低增益和在输入信号降至低于阈值电平之后压缩器恢复增益的速度必须确定，也就是它们应按要求跟上信号的变化，可见此速度分别取决于信号增加过程的时间和恢复的时间。

输入　　　　　　　　　　　　输出

图5-14　压缩器衰减超过压缩阈部分的信号电平

图5-15是一种压控型压缩器的框图，它由检波器和压控放大器（VCA）组成。

检波器不仅用来检出与信号电平相对应的直流电压或电流以便控制压控放大器的增益（似AGC原理），而且决定动作时间和恢复时间的长短。因此，检波器对压控器的性能影响很

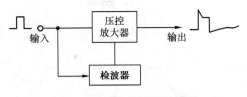

图 5-15 压控型压缩器框图

大。检波方式有峰值检波和有效值检波。前者反应速度快，但压缩量与响度之间的对应关系不好；后者反应速度慢，但压缩量与响度之间的对应关系较好。为了兼有二者的优点，可以同时采用峰值检波和有效值检波。检波器的输入信号可以取自放大器的输出端，也可取自放大器输入端。

　　压控放大器一般都采用压控可变电阻来控制增益。图 5-16（a）为场效应管压控可变电阻原理图。当加在漏极 D 与源极 S 之间的信号电压小于 0.1V 时，漏、源极之间的等效电阻 R_{DS} 将随由上述检波器检波电压得到的栅源负偏压 U_{GS} 而变，二者之间的关系如图 5-16（b）所示。当 $U_{GS}=0$ 时，R_{DS} 最小，为几百欧姆到几千欧姆；栅源负偏压越大，R_{DS} 也越大；栅源负偏压等于场效应管的夹断电压 U_P 时，R_{DS} 可达 $10^7\Omega$ 以上，漏源之间的等效电阻随栅源负偏压变化范围可达 10^4 倍。用这种压控可变电阻控制放大器增益，很容易使压控放大器的增益控制范围做到 50dB 以上。

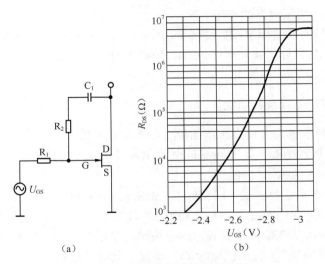

（a）　　　　　　　　（b）

图 5-16 场效应管压控可变电阻

　　上述压缩器的压缩特性如图 5-17 所示。压缩比连续变化，压缩输入门限（阈值）电压约为 30mV，输入大于 100mV 后进入限幅区。低于限幅区的范围内，非线性失真小于 1%。具有这种压缩特性的压限器常用于剧院、歌舞厅等扩声系统。

　　当压缩器的压缩比足够大时，压缩器就变为限幅器，所以压缩器和限幅器实际构成同一台信号处理设备——压缩/限幅器，也称压限器，其特性如图 5-18 所示。限幅器实际上是压限器的极端使用情况，此时压限器的压缩比率很大，使超过设定门限阈值的信号不再放大，而是被限制在同一个电平上，即超过阈值的电平信号波形的顶部被削掉，这类似于电子线路中的限幅器。大多数压限器都有 10∶1 或 20∶1 的比率，它们可利用的比率甚至可高达 100∶1。

　　压限器的技术指标主要包括阈值、上升时间、恢复时间、压缩比率、输入和输出增益、信噪比、频率响应及总谐波失真等。

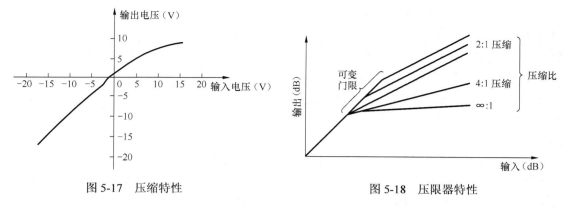

图 5-17　压缩特性　　　　　　　　　　　　　图 5-18　压限器特性

5.5.3　压缩/限幅器的应用

压缩/限幅器（压限器）也是扩声系统的常用设备之一，特别是在较大型专业演出场所的扩声系统中，压限器是必不可少的设备，有时甚至要使用多台压限器。近几年在一些高档的歌舞厅等业余演出场所的扩声系统中，也越来越多地使用到压限器。下面以 YAMAHA 公司的 GC2020BⅡ为例介绍压限器的使用。

GC2020BⅡ压限器的原理框图如图 5-19 所示，前、后面板如图 5-20 所示。其主要技术指标为：信噪比>90dB，总谐波失真<0.05%，频响 20Hz～20kHz±2dB，其他指标均在键钮上显示出来。

1．前面板各键钮位置及其功能

压限器各种控制键钮大多设置在前面板上，各键钮功能如下。

① 电源开关（POWER）：这是设备的交流电源开关。按一次为开（ON），再按一次为关（OFF）。电源接通后对应指示灯亮。

② 立体声和单声道选择开关（LINK：STEREO/DUAL MONO）：压限器通常都具有两个通道，即"通道1"（CHANNEL 1）和"通道2"（CHANNEL 2）。它们有两种工作制式，一种是立体声制式，一种是双单声道制式，这个按键就是用来进行工作制式选择的。具体来说，抬起此键，为"双单声道"（DUAL MONO）制式。此时"通道1"和"通道2"相互独立，这是标准工作状态。该压限器被认为是两个分离的压缩/限幅单元，可以分别处理两路不同的信号。按下此键，为"立体声"（STEREO）制式。此时"通道1"和"通道2"是相关联的，两通道同时工作，并且两通道控制参量是按下列方式联系的。

- 对两通道设置最低的 EXP GATE 值和最高的 THRESHOLD 值；
- 对两通道设置最短的 ATTACK 时间和 RELEASE 时间；
- 如果一个通道的 COMP 开关处在抬起（关闭）位置，该通道将不被连接；
- 在使用立体声制式时，两通道的 INPUT 和 COMP RATIO 按钮必须设置在相同数值，只要一个通道有信号输入，两个通道都会产生压缩或限幅作用，此功能特别适用于处理立体声节目。

③ 压限器输入/输出选择开关（COMP IN/OUT）：这个按键是对压限器中的压缩/限幅电路的接入与断开进行选择控制的。按下此键（"IN"位置），压缩/限幅电路接入压限器，信号可以进行压缩/限幅处理，该键上方的工作状态指示灯亮，抬起此键（"OUT"位置），压缩/限幅电路将从压限器中断开，信号绕过压缩/限幅电路直接从输出放大器输出，不进行压缩/限幅处理，指示灯灭。

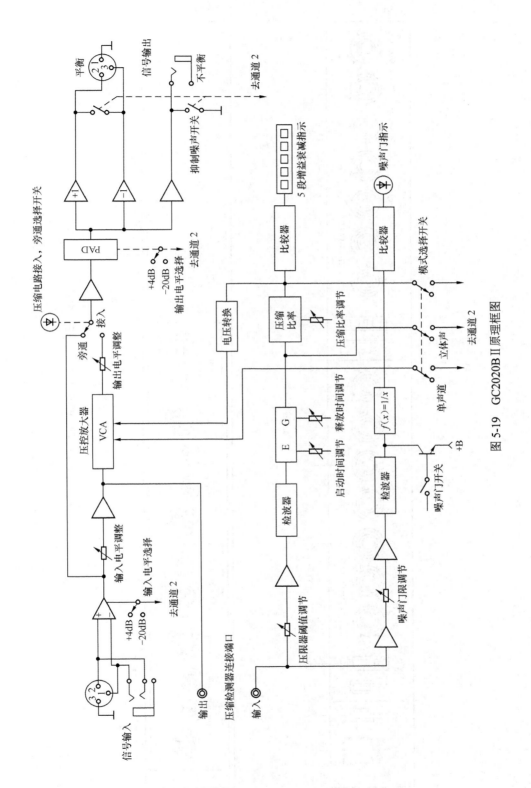

图 5-19 GC2020BII 原理框图

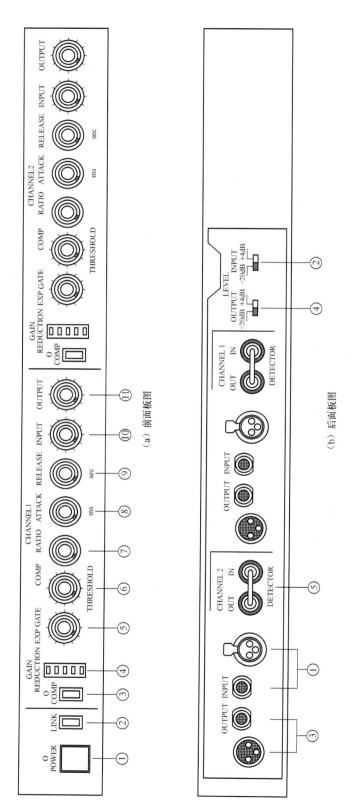

图 5-20　GC2020B II 前、后面板示意图

④ 增益衰减指示表（GAIN REDUCTION）：这个指示表用 dB 表示增益衰减来显示压限器处理的信号，共分五挡：0dB、-4dB、-8dB、-16dB 和-24dB。

⑤ 噪声门限控制与显示（EXP GATE）："EXP"是 EXPANDER （扩展器）的缩写，扩展器的功能之一是，当信号电平降低时，其增益也减小，用它可以抑制噪声。通过旋钮设置一个低于节目信号最低值的门限（GATE）电平，这样，低于门限的噪声就被限制，而所有节目信号可以安全通过，这个功能对节目间歇时消除背景杂音和噪声尤其有效。从这个意义上讲，这个门限就是噪声门限，它的作用就是抑制噪声，所以将"EXP GATE"称为"噪声门"而不是"扩张门"。需要说明，压限器的"EXP GATE"功能与其压缩/限幅功能是独立的，它不影响压限器的压缩/限幅状态。噪声门限的调节范围与前面板的"INPUT"旋钮的设置和后面板的"INPUT LEVEL"选择开关的设置有关，即

"INPUT LEVEL"选择开关置于"-20dB"位时：
- "INPUT"旋钮设在"0"位，门限调节范围为-24～-64dB；
- "INPUT"旋钮设在中央位置，门限调节范围为-49～-89dB；
- "INPUT"旋钮设在"10"的位置，门限调节范围为-64～-108dB。

"INPUT LEVEL"选择开关置于"+4dB"位时：
- "INPUT"旋钮设在"0"位，门限调节范围为 0～-40dB；
- "INPUT"旋钮设在中央位置，门限调节范围为-25～-65dB；
- "INPUT"旋钮设在"10"的位置，门限调节范围为-40～-80dB。

噪声门限的调整方法：先把"EXP GATE"旋钮置"0"位，然后接通电源，但不能输入信号；调节"INPUT"旋钮，在一个高到可以听到杂音或噪声的状态下监听输出；慢慢旋转"EXP GATE"钮提高门限值直到噪声突然停止，再继续旋转几度；然后送入节目信号监听，检查门限是否截掉了节目信号中较弱的部分；如果"门"在颤动，并发出"嗡嗡"声，说明门限值过高，弱信号无法通过，应该适当降低门限，直到消除上述现象。

当噪声门打开时，"EXP GATE"钮上方的指示灯亮，逆时针旋转"EXP GATE"钮即可解除噪声门。

⑥ 压限器阈值（门限）调节旋钮（THRESHOLD）：这个旋钮用来控制压限器阈值的大小，它决定着在信号为多大时压限器才进入压缩/限幅的工作状态。如压限器原理所述，阈值设定后，低于阈值的信号原封不动地通过，高于阈值的信号，按压限器设置的压缩比率、启动和恢复时间三个参数进行压缩或限幅。

调整方法和"EXP GATE"相同，压限器阈值的调节范围也取决于"INPUT"钮和"INPUT LEVEL"开关的位置，同样有两种情况，即

"INPUT LEVEL"置于"-20dB"位时：
- "INPUT"设在"0"位，阈值为-4～-19dB；
- "INPUT"设在中央位置，阈值为-4～-44dB；
- "INPUT"设在"10"位，阈值为-19～-59dB。

"INPUT LEVEL"置于"+4dB"位时：
- "INPUT"设在"0"位，阈值为+20～+5dB；
- "INPUT"设在中央位置，阈值为+20～-20dB；
- "INPUT"设在"10"位，阈值为+5～-35dB。

压限器阈值的大小，要依据节目源信号的动态来决定。"THRESHOLD"旋钮顺时针旋转，阈值越高，信号峰值受压缩/限幅的影响就越小。但是阈值过高，就有可能起不到压缩/限幅的作用。多数情况下，门限控制被顺时针旋转到刻度"10"的位置，这样少数信号峰值被有效地压缩/限幅。

⑦ 压缩比调节旋钮（COMP RATIO）：阈值确定以后，用这个旋钮来决定超过阈值信号的压缩比。压缩比∞：1，通常用来表示限幅功能，限制信号超过一个特殊的值（通常是 0dB）；超高压缩比 20：1，通常用来使乐器声保持久远，特别适用于电吉他和贝司，同时会产生鼓的声音；低压缩比 2：1～8：1，通常用来使声音圆润，减少颤动，特别是当说话者和歌唱者走近或远离传声器时。

⑧ 启动时间调节旋钮（ATTACK）：所谓启动时间是指当信号超过阈值时，多长时间内压缩功能可以全部展开，它与原理中介绍的信号增加时间是一致的。这个旋钮就是用来调节启动时间长短的，它的调节范围为 0.2～20ms。启动时间在很大程度上取决于被处理信号的种类和希望得到的效果，极短的启动时间通常用来使声音"圆滑"。前已述及，高压缩比可以使电吉他等乐器的声音保持久远，在这种情况下，通常选择比较长的启动时间，启动时间的大小应包容信号的增加时间。

⑨ 释放时间调节旋钮（RELEASE）：与启动时间相反，释放时间是指当信号低于阈值时，多长时间内能释放压缩，它与原理中所说的信号恢复时间是一致的。这个旋钮就是用来调节释放时间长短的，它的调节范围为 50ms～2s。释放时间的控制与启动时间相同，也在很大程度上决定于被处理信号的种类和希望得到的效果。其主要原因是，如果信号一低于阈值，压缩立刻停止，会造成信号的突变，尤其是当乐器有长而柔和的滑音时。除非有特别要求，一般调节释放时间的长短，应使其包容被处理的信号。

⑩ 输入电平调节旋钮（INPUT）：这个旋钮用来控制压限器的输入灵敏度，使压限器能接收宽范围的信号。

⑪ 输出电平调节旋钮（OUTPUT）：这个旋钮用来控制压限器输出信号的大小，其控制范围与"INPUT"相同。

2．后面板各接线端口及信号

压限器的输入、输出端口均设在后面板上。

① 输入端口（INPUT）：一般压限器的输入端口有两组，它们是连在一起的，而且均采用平衡输入，分别使用平衡 XLR 插件或 1/4 英寸直插件。

② 输入电平选择开关（INPUT LEVEL）：GC2020BⅡ压限器的后面板上设有一个输入电平选择开关键，同时控制两个通道，它有两个选择状态，即"−20dB"和"+4dB"。具体操作视声源信号而定。它与前面板的"INPUT"钮配合，使压限器的输入电平与所接设备的输出电平匹配。

③ 输出端口（OUTPUT）：压限器的输出端口也有两组。与输入端不同的是，它们分别从两组输出回路输出，而且其输出方式也有平衡输出和不平衡输出两种，分别使用平衡 XLR 插件和不平衡 1/4 英寸直插件，以方便与下级设备的连接。

④ 输出电平选择开关（OUTPUT LEVEL）：这个开关键与"INPUT LEVEL"开关键相同，也是用来控制电平匹配的。它也有"−20dB"和"+4dB"两种选择，当与前面板的"OUTPUT"

钮配合时，使压限器的输出电平与所接设备的输入电平匹配。

⑤ 压缩检测器输入/输出端口（DETECTOR IN/OUT）：压限器主要由压控放大器和检波电路两部分组成，这里的检测器实际上就是压限器原理中介绍的检波电路部分。检测器输出端口（DETECTOR OUT）直接与压控放大器（VCA）的输入端相连，见图 5-19。取自 VCA 输入端的信号经耦合棒送入检测器输入端（DETECTOR IN），经处理后控制 VCA 的增益，从而对压限器输入信号完成压缩/限幅等功能。除输入、输出电平调整外，压限器的压缩比等参数均在检测器电路中控制。

以上我们讨论了压限器的基本原理和使用，实际上压限器的调整是非常麻烦的，多数情况下是依靠操作者的听觉和经验来调整的，这就要求音响师不但要了解节目的特点，而且还要有十分丰富的实践经验，通过认真调整压限器，不仅可以安全工作，而且可以获得更高的信号质量。

5.6　均衡器的调音技巧

在音响扩声系统中，对音频信号要进行很多方面的加工处理，才能使重放的声音变得优美、悦耳、动听，满足人们的聆听需要。均衡器（Equalizer，EQ）就是一种将音频信号分为多个不同频段，然后通过不同频段中心频率对各频段信号电平按需要进行提升或衰减，以期达到听觉上的频率平衡的频率处理设备（即一个多频段的频响处理设备）。它也是在扩声系统中应用最广泛的信号处理设备。

5.6.1　频率均衡处理的意义

频率均衡器在音响调音中具有重要的意义，主要有以下几方面。

（1）对声源的音色进行加工处理

扩声系统中，声源的种类很多，不同的传声器拾音效果也不同，加之声源本身的缺陷，可能会使音色结构不理想。通过均衡器对声源的音色加以修饰，可得到良好的效果。

（2）改善声场的频率传输特性

改善传输特性是均衡器最基本的功能。任何一个厅堂都有自己的建筑结构，其容积、形状及建筑材料（不同的材料有不同的吸声系数）各不相同，因此构造不同的厅堂对各种频率的反射和吸收的状态也不同。某些频率的声音反射得多，吸收得少，听起来感觉较强；某些频率的声音反射得少，吸收得多，听起来感觉较弱，这样就造成了频率传输特性的不均衡，所以就要通过均衡器对不同频率进行均衡处理，才能使这个厅堂把声音中的各种频率成分平衡传递给听众，以达到音色结构本身完美的表现。

（3）满足人们生理和心理上的听音要求

人们对声音在生理上和心理上会有某些要求，而且人对不同频率的信号听音感觉也不一样。通过均衡器可以有意识地提升或衰减某些频率的信号，以取得满意的聆听效果。

（4）改善音响系统的频率响应

音响设备是由电子线路构成的，而一个音响系统又是由许多音响设备组成的，声频信号在传输过程中会造成某些频率成分的损失，通过均衡器可以对其进行适当的弥补。

均衡器还可以用来抑制某些频率的噪声或干扰，例如衰减 50Hz 左右的信号，可以有效地抑制市电交流干扰等。

（5）对频率特性进行均衡、补偿

可对房间的频率特性进行均衡和补偿，抑制声反馈产生的啸叫。

多频段均衡器具有许多用途，和其他信号处理设备配合，会收到非常理想的效果，这需要在实践中深刻体会。

5.6.2　多频段图示均衡器的工作原理

均衡器是通过改变频率特性来对信号进行加工处理的，因此必须具有选频特性。多频段均衡器是由许多个中心频率不同的选频电路组成的，而且均衡器对相应频率点的信号电平既可以提升也可以衰减，即幅度可调。

多频段图示均衡器（Graphic EQ）也称多频段图形均衡器，是现代音响扩声系统中最常用的一种音质调节设备。它把音频全频带或其主要部分，分成若干个频率点（中心频率）进行提升或衰减，各频率点之间互不影响，因而可对整个系统的频率特性进行细致的调整。由于多频段均衡器普遍都使用推拉式电位器作为每个中心频率的提升和衰减调节器，推键排列位置正好组成与均衡器的频率响应相对应的图形，因此称之为图示均衡器。

一般常用的专业多频段图示均衡器有单通道 15 段和 31 段及双通道 15 段和 31 段四种。双通道均衡器两个通道的频率特性独立调整，互不影响。一般 15 段均衡器和 31 段均衡器的中心频率分别按 2/3 倍频程和 1/3 倍频程选取，各频率点的最大提升和最大衰减因均衡器不同而异，一般多为 ±15dB 和 ±12dB。

1. LC 串联谐振型多频段均衡器工作原理

图 5-21 为 LC 型多频段均衡器原理图，它由运算放大器和多个不同中心频率的 LC 串联谐振回路（选频电路）组成，其频响曲线为钟形，如图 5-22 所示。其简要工作原理如下。

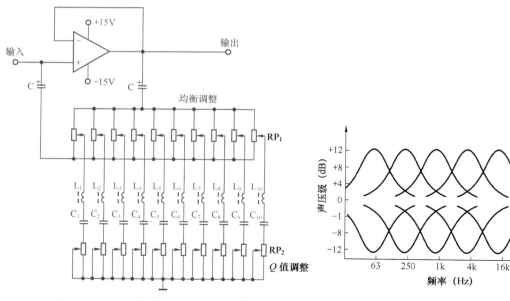

图 5-21　LC 型多频段均衡器原理电路　　　　图 5-22　均衡器频响曲线

LC 串联谐振回路连接在 RP₁ 电位器活动臂与"地"之间，当活动臂向上移动时，串联谐振支路将反馈谐振频率通过 RP₂ 短接，使负反馈至输入端的量减少，于是在运放输出提升了该频率的信号；当活动臂向下移动时，则由于负反馈至输入端的量增大，故在运放输出端使该信号得到了衰减。显然，当活动臂移至最上面或最下面可分别得到谐振频率信号的最大提升或最大衰减，这样就使谐振频率信号有一定的调节范围。串联谐振回路中的 RP₂ 电位器用来调节电路的 Q 值，决定提升或衰减的单频频带宽度。有许多均衡器不设此电阻，这样其选频电路的 Q 值及带宽就是恒定的。

2．高、低通滤波器

　　在均衡器设备或其他音响设备中，通常都设有高通或低通滤波器。它们常用二阶有源或高阶有源滤波器。图 5-23（a）、（b）分别给出典型的二阶有源高通和低通滤波器。

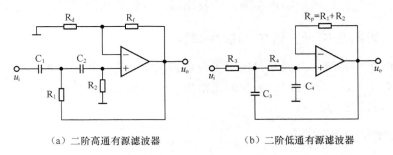

（a）二阶高通有源滤波器　　　　（b）二阶低通有源滤波器

图 5-23　二阶有源滤波器

　　对于高通滤波器，取 $C_1=C_2$，$R_2=(3\sim5)R_1$，截止频率 f_H 为

$$f_H = \frac{1}{2\pi\sqrt{R_1R_2C_1C_2}}$$

　　对于低通滤波器，取 $R_3=R_4$，$C_3=(3\sim5)C_4$，截止频率 f_L 为

$$f_L = \frac{1}{2\pi\sqrt{R_3R_4C_3C_4}}$$

高通滤波器可以提升信号高频成分，低通滤波器可以提升信号低频成分。

5.6.3　均衡器的主要技术指标

多频段均衡器的技术指标主要有以下几方面。

（1）频率响应特性

声频范围内各频率点处于平线位置（不提升也不衰减）时，均衡器的频率响应曲线越平坦越好。

（2）频率中心点误差

频率中心点误差是各频率点实际中心频率与设定频率的相对偏移，通常用百分数表示。此值越小误差越小。

（3）输入端等效阻抗

输入阻抗是指均衡器输入端电压与电流之比。为了满足与前级设备的跨接要求，均衡器输入阻抗很大，并且有平衡和不平衡两种输入方式。

（4）最大输入电平

最大输入电平是均衡器输入回路所能接收的最大信号电平（平衡/不平衡）。

（5）输出端等效阻抗

输出阻抗是指均衡器输出端电压与电流之比。为了满足与后级设备的跨接要求，均衡器输出阻抗很小，并且有平衡和不平衡两种输出方式。

（6）最大输出电平

最大输出电平是均衡器输出端能够输出的最大信号电平（平衡/不平衡）。

（7）总谐波失真

均衡器电路的非线性会使传输的音频信号产生谐波失真，总谐波失真越小越好。

（8）信噪比

信噪比用于衡量均衡器的噪声性能，信噪比越大，说明均衡器噪声影响越小。

5.6.4　均衡器在扩声系统中的应用举例

在现代音响扩声系统中，通常要使用多台多频段均衡器，用于改善音质等，因此有必要对均衡器设备有所了解。为此，下面我们先给出一个多频段图示均衡器实例，以了解它的功能，然后再介绍它的实际应用。

1．多频段图示均衡器实例

美国 DOD 公司生产的单、双通道 15 段和 31 段图示均衡器是扩声系统中常用的均衡器设备。图 5-24 和图 5-25 分别给出了 DOD 231 型双通道 31 段 1/3 倍频程图示均衡器的电路原理框图（只给出一个通道，另一通道与之相同）和前面板结构图。

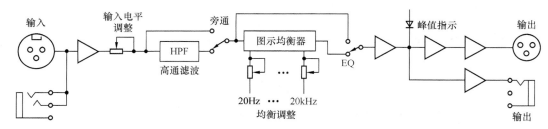

图 5-24　DOD 231 型图示均衡器的原理框图

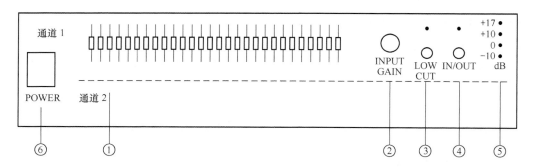

图 5-25　DOD 231 型图示均衡器前面板结构图

该均衡器的主要技术指标如下。

- 频响：20Hz～20kHz，+0/−0.5dB；
- 低频切除滤波器（即高通滤波器）：12dB/oct 衰减，50Hz 处下降 3dB；
- 中心频率（单位 Hz）：1/3 倍频程，20、25、31.5、40、50、63、80、100、125、160、200、250、315、400、500、630、800、1k、1.25k、1.6k、2k、2.5k、3.15k、4k、5k、6.3k、8k、10k、12.5k、16k、20k；
- 频率中心点误差：5%；
- 控制范围：12dB 提升/衰减，推荐使用电平−10～+4dBμV；
- 输入阻抗：40kΩ平衡，20kΩ不平衡；
- 最大输入电平：+21dBμV；
- 输出阻抗：102Ω平衡，51Ω不平衡；
- 最大输出电平：+21dBμV；
- 总谐波失真：0.006%，1kHz；
- 信噪比：大于 90dB（基准为均方根电压 0.775V）。

均衡器的输入、输出端口通常设在后面板上，一般都有两组输入端口和两组输出端口。其中一组为平衡端口，使用平衡 XLR 插件或 1/4 英寸直插件；另一组为不平衡端口，使用不平衡 1/4 英寸直插件。

均衡器的各种控制键钮均设在前面板上，不同厂家的产品在设计上可能有所差异。双通道均衡器两个通道的键钮相同且独立控制，下面我们参照图 5-24 和图 5-25 介绍均衡器的键钮功能与使用。

（1）频率点均衡电平调节电位器

这是一排（若干个）推拉电位器（推子），其个数与均衡器的段数相同，用来控制各中心频率及其窄带内信号电平的提升或衰减，使用时电平提升量一般不超过+6dB（参考推荐使用电平）。DOD 231 型图示均衡器各中心频率最大提升量和最大衰减为±12dB，各频率点信号电平调整确定以后，所有推子排列出的图形即为此时均衡器的频率响应。注意，调整时两相邻频率点之间的电平不能相差太大，一般以不超过 3dB 为宜。

（2）输入电平调节电位器（INPUT GAIN）

两个通道均有各自的输入电平调节电位器。该旋钮用来控制输入信号电平（或者说灵敏度），它实际是调整输入放大器增益，DOD 231 型图示均衡器有±12dB 的调节范围。调节该旋钮时，不改变已经确定的均衡器频率响应。

（3）低频切除滤波器开关（LOW CUT）

低频切除滤波器实际上就是我们所熟知的高通滤波器（High Pass Filter）。此按键可控制该滤波器的接入和旁路。按键上方对应有一个红色的工作状态指示灯，按下此键，滤波器接入均衡器电路，指示灯亮；反之滤波器旁路，信号不经滤波器直接送入后面的均衡电路。

该滤波器可用来消除室内环境下产生的低频范围内的持续波，控制传声器的"Pops"音和气滑音，并降低电源中的交流嗡嗡声。

有些均衡器还设有低通滤波器（High CUT，高切）用来消除某些高频杂音。

（4）均衡器切入/切出开关（IN/OUT）

此按键控制着图示均衡器均衡电路的接入和旁通，可以方便音响师对均衡前和均衡后的信号进行比较。按下此键，均衡处理电路接入，对应上方红色工作状态指示灯亮，信号经均衡处理后输出；反之均衡电路被旁通，信号不经均衡处理直接输出。

（5）输入信号电平显示

这是一组由四个发光二极管（LED）组成的电平表，分别由绿色 LED 显示−10dB、0dB、+10dB 及红色 LED 显示+17dB。正常使用均衡器时，调节输入电平不能让红色 LED 经常闪亮，否则会使信号产生失真。

（6）电源开关

均衡器的直流工作电源设在设备内部，使用时只需用电源线接入市电即可。电源开关通常设置在前面板上，以方便控制电源的通断。

2．均衡器在扩声系统中的应用方法

均衡器在扩声系统中有很多用途，例如弥补环境声场缺陷，消除声反馈，衰减噪声频带以改善系统信噪比，提高音质等。下面就均衡器的主要应用作一简单叙述。

一般情况下，可以在调音台上串联（即将均衡器接于调音台输出和功放之间）一台多频段均衡器（最好使用 31 段均衡器，这样调整得更细腻），主要用来改善环境声场，也就是改善听音环境的频率特性，使其频响曲线趋于平坦。在调整均衡器时对各频率点只作衰减处理，不要提升，此时的均衡器可以称为"声场均衡器"或"房间均衡器"（实际上，在均衡器一族中有专门的"房间均衡器"，它只有衰减调整，没有提升）。图 5-26 给出了某厅堂自然频率特性及均衡器调节曲线仅供参考。其调整方法如下。

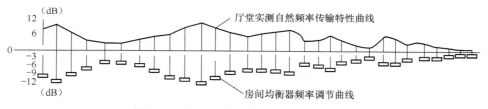

图 5-26　自然频率特性及均衡器调节曲线

首先，采用音频信号发生器等设备，对厅堂的频率响应曲线进行测定。然后在均衡器上进行均衡处理，使厅堂的实际频响曲线接近平直，从而改善厅堂的声场，提高声音的传播质量。这种方法通常用在音乐厅、剧院等专业演出场所，它需要有一定的设备条件。

其次，对于歌舞厅等业余演出场所，在没有测试设备的条件下，可采用听音的方法进行均衡处理。在演出位（舞台）装上传声器，按要求将各电平控制钮调到适当位置，逐渐提高系统总电平，当听到轻微啸叫时，将反馈声音的频率衰减 1～3dB，啸叫声消失；继续提高电平，出现啸叫即衰减反馈频率点，直到啸叫声消失为止。反复调整，可找到 1～6 个反馈频率，这样将厅堂声场的频响曲线调整得比较接近平直，从而达到良好的频响特性。这种方法要求音响师有丰富的调音经验，一个好的音响师，耳朵是非常灵敏的，能够准确地辨别出反馈声音的频率。

通常，音乐厅、剧院等专业演出场所在建筑设计时已考虑了它的声学特性，其自然频响特性良好，再加上理想的均衡处理，可得到满意的效果。而歌舞厅等业余演出场所很少考虑它的声学特性，其自然频响特性较差，再加之均衡处理得不理想，直接影响了音乐和歌声的完美表现。

扩声系统的频响特性是影响音质等因素的重要参量。实践证明，150～500Hz 频段影响语

音的清晰度，2～4kHz 频段影响人声的明亮度，这是音质的敏感频段；频率响应的中低频段和中频段的波峰、波谷都严重影响音色的丰满度；如果低频段衰减，丰满度也会下降，因为语言的基音频率都在这个频段之中；如果高频 8kHz 衰减，则影响音色的明亮度；相对而言，125Hz 以下和 8kHz 以上对音色的影响不是很大，因为人耳难以分辨清楚，但这个频段对音质很重要，尤其对高层次的音乐要求更是如此：125Hz 以下不足音质欠丰满，8kHz 以上缺乏则音质表现力失落，欠缺色彩与细腻的魅力。

为了满足提高音质、改善音色等要求，通常要在扩声系统中的各扩声通道串接入多频段均衡器，将音频分为几个主要部分进行调整。

20～60Hz 之间的低频声，往往使人感到很响，如远处的雷声。这些频率能给音乐以强有力的感觉，但过多地提升这一频段，又会给人以声音浑浊不清的感觉，造成清晰度不佳。60～250Hz 之间的频段包含着节奏声部的基础音，调整这一频段可以改善音乐的平衡，使其丰满。但是过高地提升此频段，会产生"隆隆"声。250Hz～2kHz 之间包含着大多数乐器的低次谐波，如果提升过高，会导致音乐像在电话中听到的那种音质，失掉或掩盖了富有特色的高频泛音。如果提升 2～4kHz 频段，就会掩蔽说话的重要识别音，导致声音口齿不清，并使唇音"m、b、v"难以辨别。这一频段，尤其是 3kHz 处提升过高，会引起听觉疲劳。4～6kHz 是具有临场感的频段，主要影响语言和乐器等声音的清晰度。提升这一频段，使人感觉声源与听者的距离显得稍近一些；衰减混合声中的 5kHz 分量会使声音的距离感变远。6～16kHz 频段影响声音的明亮度、洪亮度和清晰度，然而提升过量，会使语言产生齿音、s 音，使声音产生"毛刺"。如果提升 16kHz 以上频段，容易出现声反馈而产生啸叫。

总之，均衡器在音响系统中使用十分灵活。它还可以对各种乐器及歌声等声源作细致的调节，这需要在实践中不断总结经验才能获得好的效果。

5.7 激励器的调音技巧

激励器（又称听觉激励器）是近年来出现的声频信号处理设备。它依据"心理声学"理论，在声频信号中加入特定的谐波（泛音）成分，增加重放声音的透明度和细腻感等，从而获得更动听的效果。

5.7.1 激励器的基本工作原理

任何音响系统都会使用多种设备，每种设备都有一定的频率失真，且这些设备级联之后，积累的频率失真相当可观。当声音从扬声器中重放出来时，会失掉不少频率成分，其中主要是中频和高频中丰富的谐波成分。它虽然对信号功率几乎没有影响，但人耳的感觉却大不一样。聆听感觉是缺少现场感和真实感，缺少穿透力和明晰度，缺乏高频泛音和细腻感等。尽管利用均衡器可以对某些频率进行补偿，但它只能提升原信号所包含的频率成分，而激励器却可以结合原信号再生出新的谐波成分，创造出原声源中没有的高频泛音。

激励器正是基于这样一种思想设计的，即在原来的声频信号的中频区域加入适当的谐波成分，以改善声音的泛音结构。

激励器由两部分组成：一部分是信号不经处理直接送入输出放大电路得到直通信号；另

一部分设有专门的"激励"电路，产生丰富可调的谐波（泛音），在输出放大电路中与直通信号混合，其电路结构如图5-27所示。在谐波发生器中产生一个1～5kHz的谐波成分，利用延时原理将这段频率的谐波泛音叠加在声源中。在中频泛音段开始激发，增强了中频泛音和高频泛音的强度，从而使声源的音色结构得到改善。

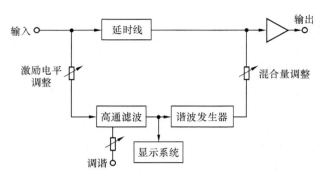

图 5-27　激励器电路结构

由于谐波的电平比直接信号电平低得多，且主要在高频部分，因此不会增加信号的功率，但听起来却感到十分清晰、明亮且有穿透力，这就是使用听觉激励器的意义。

5.7.2　激励器实例

下面对美国 Aphex Systems 公司生产的 Aphex-C 型激励器作一介绍。

Aphex-C 型激励器有两个相互独立的通道，可以分别控制，也可用作立体声的左右声道，此时应注意两通道调整的一致性。各通道的输入/输出的额定操作电平是-10dBm，接线端口设在背板上。其前面板如图5-28所示，其主要键钮功能如下所述。

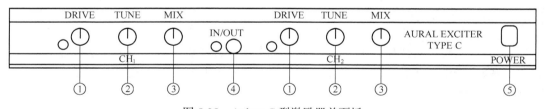

图 5-28　Aphex-C 型激励器前面板

① 驱动控制（DRIVE）：此旋钮用来调节送入"激励"电路的输入电平（即激励电平），用一只三色发光二极管指示电平大小是否恰当。若绿光太强（或无色），表示激励电平不够，未能驱动"激励"电路，故激励的效果不大；若红光太强，表示激励过度，会引起失真；黄光代表激励适中。

② 调谐控制（TUNE）：此旋钮用来控制激励器的基频，用于增加铙钹最高声响与人声及较低音器乐的声音范围。调谐控制与驱动控制互有影响，在调谐校定后，要重新调整驱动控制。

③ 混音控制（MIX）：此旋钮用来调节"激励"电路产生的谐波（泛音）信号混入量，从而改变混入节目中的增强效果。混音控制可由零调至最大，它可增加优质音响系统的自然效果，或在劣质的呼叫/公共扩声系统中增强声音的清晰度。

④ 入/出控制（IN/OUT）：此键可将"激励"电路接入或断开，以便于对处理结果进行比

较。对应的发光二极管指示三种状态：交流电源开启；无增强效果（绿色）；正在采用增强效果（红色）。此键同时控制两个通道。

⑤ 电源（POWER）：电源开关。

5.7.3 激励器在扩声系统中的使用方法

在扩声系统中，激励器通常是串接在扩声通道中的，一般接在功率放大器或电子分频器（如果使用的话）之前，其他信号处理设备之后。此时激励器应按立体声设备使用，即其两个通道分别用作立体声的左、右声道。下面是激励器在几个方面的应用。

（1）剧院、会场、广场、迪斯科舞厅和歌厅等场合

在这些场合使用激励器可以提高声音的穿透力。虽然拥挤的人群有很强的吸音效果并产生很大的噪声，但激励器能帮助声音渗透到所有空间，并使歌声和讲话声更加清晰。

（2）现场效应

在现场扩声时使用激励器，能使音响效果较均匀地分布到室内每一个角落。由于它可以扩大声响而不增加电平，所以十分适用于监听系统，可以听清楚自己的声音信号而不必担心回授问题。

（3）演奏、演唱场合

有的演奏员、演唱者在演奏、演唱力度较大的段落时共鸣较好，泛音也较丰富，但在演奏（唱）力度较小的段落时就失去了共鸣，声音听起来显得单薄。这时通过调整激励器上的限幅器，可使轻声时泛音增加；若音量增大，因原来声音中泛音较丰富，在限幅器的作用下激励器不会输出更多的泛音，从而使音色比较一致，轻声的细节部分更显得清晰鲜明。

（4）流行歌曲演唱

在流行歌曲演唱中使用激励器，可以突出主唱的效果，使歌词清晰，歌声明亮，又能保持乐队和伴唱的宏大声势。

（5）普通歌手演唱

没有经过专门训练的普通歌唱者，泛音不够丰富，利用激励器配合混响器，可以在音色方面增强丰满的泛音，使其具有良好的音色效果。

（6）声像展宽

人对频率为 3～5kHz 一段的声音最为敏感，而此段频率的声音对方向感和清晰度来说也最重要，使用激励器能产生声像展宽的效果。

激励器主要用来改善声音的音色结构，为其适当增加泛音，因此要求音响师要有音乐声学方面的知识，对音色结构有深刻理解，这样才能对激励器使用自如，否则就会适得其反，产生负作用。

5.8 声反馈抑制器的调音技巧

5.8.1 声反馈现象与产生啸叫的原因

在接入了传声器的扩声系统中，如果将扩声系统的放声功率进行提升或将传声器音量进行较大的提升，则扬声器发出的声音通过直接或间接（声反射）的方式进入传声器，使整个扩声

系统形成正反馈从而引起啸叫，这种现象称为声反馈。声反馈的存在不仅破坏了音质，而且限制了传声器声音的扩声音量，使传声器拾取的声音不能良好再现。深度的声反馈还容易造成扩声设备的损坏，如功放因过载而烧毁，音箱因系统信号过强而烧坏（一般情况下是烧毁音箱的高音单元）。因此，扩声系统一旦出现声反馈，一定要想办法加以制止，否则会贻害无穷。

引起声反馈现象的原因，一是扩声环境太差，建筑声学设计不合理，存在声聚集等问题；二是扬声器布局不合理，演唱者使用的传声器直接对准音箱声辐射的方向；三是电声设备选择不当，比如所选传声器的灵敏度太高，指向性过强等；四是扩声系统调试不好，有的设备处于临界工作状态，稍有干扰即自激，从而产生声反馈。

由于声反馈产生啸叫的条件主要有两个：其一是相位条件 $\phi=2N\pi$，即相位为 0°或 360°的整数倍，满足正反馈；其二是振幅条件 $K\beta \geqslant 1$，公式中 K 为系统放大倍数，β 为反馈系数。因此，解决声反馈啸叫问题就必须从这两方面着手，即破坏啸叫条件，亦即改变相位或减小增益 K 和反馈系数 β。

5.8.2　声反馈抑制器的工作原理

消除声反馈是一个音响师技术水平高低的重要标志。在声反馈抑制器开发成功以前，音响师往往采用均衡器拉馈点的方法来抑制声反馈。扩声系统之所以产生声反馈现象，主要是因为某些特定频率的声音过强，将这些过强频率进行衰减，就可以解决这个问题。但用均衡器拉馈点的方法存在以下难以克服的不足：一是对音响师的听音水平要求极高，出现声反馈后音响师必须及时、准确地判断出反馈的频率和程度，并立即准确无误地将均衡器的此频点衰减，这对于经验不丰富的音响师来说是难以做到的；二是对重放音质有一定的影响，如 31 段均衡器的频带宽度为 1/3 倍频程，有些声反馈需要衰减的频带宽度有时会远远地小于 1/3 倍频程，衰减时，很多有用的频率成分就会被滤除掉，使这些频率声音造成不必要的损失。

声反馈抑制器就是针对以上这些问题而生产的一种自动拉馈点的设备。当出现声反馈时，它会立即发现和计算出其频率和衰减量，并按照计算结果执行抑制声反馈的命令。声反馈抑制器原理框图如图 5-29 所示。

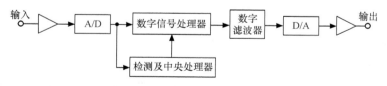

图 5-29　声反馈抑制器原理框图

输入声反馈抑制器的信号先被放大，然后再将放大后的模拟信号转换成数字信号。此时检测器不断扫描，对声反馈信号进行检拾。当这种信号找到以后，由中央处理器立即告知数字信号处理器去设定这一频率，并在数字滤波器中找到该频率点并给予数字衰减。其衰减量在-40dB 左右，滤波带宽可调，从 1/60 倍频程到 1/5 倍频程。反馈抑制器使用得当，可使扩声设备的传声增益提高 6～12dB。

声反馈抑制器通常连接在均衡器之后，这时均衡器可仅作为音质的均衡补偿，而声反馈抑制器用于啸叫声的抑制。在有些情况下，也可以把声反馈抑制器放在传声器的输入通道上。

5.8.3 声反馈抑制器的使用与调整

现以百灵达 DSP-1100 声反馈抑制器为例进行介绍。

DSP-1100 声反馈抑制器是双通道的数字反馈抑制器，每个声道有 12 个滤波器，滤波频带宽度随实际情况而变，可从 2 倍频程变至 1/60 倍频程。这样既保证了干净彻底地抑制所有的声反馈频率成分，也保证了有用的声音频率成分不被滤掉。由于其抑制启动阈值也是可调的，因此对较弱的反馈信号也能察觉出来，从而将所有的声反馈信号全部消除。

（1）DSP-1100 声反馈抑制器的面板说明

DSP-1100 声反馈抑制器的面板图如图 5-30 所示，各钮键功能如下。

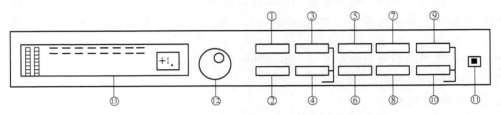

图 5-30　DSP-1100 声反馈抑制器的面板图

① 滤波器选择（FILTER SELECT）：选择使用每个声道的 12 个滤波器。

② 滤波模式（FILTER MODE）：可选择 O（关闭）、P（参量均衡）、A（自动）和 S（单点）等几种滤波方式。此外，同时按此键和 GAIN（增益）键约 2s 后，可以用旋轮调节抑制启动阈值（−9～−3dB）。

③ 左声道运行（ENGINE L）。

④ 右声道运行（ENGINE R）。

同时按③、④键，可对左右声道一起进行处理。

⑤ 频率选择（FREQUENCY）：选择准备处理的频率。频点设置为 31 段。

⑥ 频率微调（FINE）：以 1/60 倍频程一级微调改变所选频率。

⑦ 频带宽度（BANDWIDTH）：调节所选滤波器的频带宽度，调节范围为 1/60～2 倍频程。

⑧ 增益调节（GAIN）：选择信号提升或衰减量，调节范围为−48～+16dB。

⑨ 接通/旁路（IN/OUT）：决定是否进行处理。短时间按，参量均衡旁路（不起作用），绿色发光二极管熄灭；按 2s 以上，所有的滤波器旁路，发光二极管来回闪亮；长时间按，则所有滤波器启用。

⑩ 存储（STORE）：按此键两次后，已经调整好的数据就存储在机器中，关机后也不会丢失。按一下，可用旋轮选择存储组别（共有 10 个）。在开机前同时按 FILTER SELECT 键和此键，开机后保持 2s，可以清除原来存储的数据。

⑪ 电源（POWER）：电源开关。

⑫ 调节旋轮：顺时针调，增加参数；逆时针调，减小参数。

⑬ 显示屏。

（2）DSP-1100 声反馈抑制器的应用及调整

DSP-1100 声反馈抑制器的应用与调整，大致可分为两个方面。现就这两个方面分别介绍如下。

一个方面是抑制反馈声，其调整步骤如下。

① 开机同时按下 FILTER SELECT 和 STORE 键，开机后保持按下状态 2s。

② 按下 FILTER MODE 键，选取屏幕 AU。

③ 按下 ENGINE L 键和 ENGINE R 键，同时处理左右声道。

④ 按下 FILTER MODE 键和 GAIN 键约 2s 后，用"旋轮"调到显示-9dB。

⑤ 选择第一个存储组。按下 STORE 键，用"旋轮"选取第一个存储组。

⑥ 用调音台提升传声器通道音量，声反馈啸叫出现后会立即被抑制。

⑦ 按两下 STORE 键，将已调整好的数据存储在机器中，以保证关机后数据也不会丢失。

另一个方面是当参量均衡器数据与抑制声反馈的数据存在同一组时，在房间无较大声缺陷的情况下，可以使系统省去一台图示均衡器。当然，参量均衡器数据也可单独存在于某一组中。

将参量均衡器的数据单独存于某一组时的操作步骤如下。

① 选择滤波器号码。

② 滤波模式选择 P。

③ 决定处理哪个声道。

④ 找到所要调整的频率。

⑤ 确定频带宽度。

⑥ 提升或衰减。

⑦ 按两下 STORE 键存储数据。

最后需要指出，声反馈抑制器是在系统出现了反馈后进行补救的一种有效措施。虽然随着技术的发展，这种补救所带来的副作用越来越小，但毕竟是一种被动的补救措施，系统会因为这种补救而付出某些有用的频率信号被切除的代价。因此，在扩声系统的设计中进行合理、科学的建筑声学设计是最主要的，再配上合理良好的电声设备，经过科学调试后就应该满足扩声系统的需要，一般情况下不再需要反馈抑制器进行补救就可以完全满足指标的要求。

■ ■ ■ ■ ■ ■

第6章
扬声器系统

6.1 机电和声电类比

在电声器件（扬声器、传声器、耳机和拾音器等）中，除具有电路系统外，还具有机械振动系统和声学振动系统。这三种系统具有相似性，可以找出它们之间的类比关系，以便能用比较成熟的电路分析方法来分析机械振动系统和声学振动系统。下面我们仅以三个系统各自元件的串联谐振现象进行简单介绍。

6.1.1 电路系统的串联谐振

如图6-1所示，一个由电阻R、电感L和电容C相串联的电路，在外加电动势 e 的作用下，可以谐振于一个频率 f，$f=1/\left(2\pi\sqrt{LC}\right)$，这时电路电流 i 的有效值最大。由于有电阻R存在，谐振的幅度会受到限制。

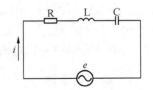

图 6-1　串联谐振电路

6.1.2 机械系统的串联共振

如图6-2所示，一个质量 m_m 的刚体、一个弹性系数 S_m（也称为力劲，它的倒数 C_m 称为力顺）和力阻 R_m 相串联的系统，在外加作用力 f_m 作用下，可以共振于一个频率 f，$f=1/\left(2\pi\sqrt{m_m C_m}\right)$，使振动速度 v 的有效值最大。它的等效电路如图6-3所示。由于有力阻 R_m 存在，其共振幅度要受到一定限制。

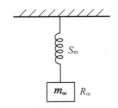

图 6-2　机械振动系统

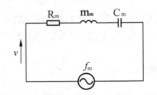

图 6-3　机械振动系统的等效电路

6.1.3 声学系统的串联共鸣

如图6-4所示，由一个短管的声质量 m_a、一个空腔的声顺 C_a（它的倒数 S_a 称为声劲）和声阻 R_a 串联组成的系统（即亥姆霍兹共鸣器），在外加声压 p 的作用下，可以共鸣于一个频

率 f，$f=1/\left(2\pi\sqrt{m_a C_a}\right)$，使共鸣的体积速度 u（面积乘速度）的有效值最大，它的等效电路如图 6-5 所示。由于有声阻 R_a 的存在，其共鸣幅度要受到一定限制。

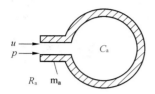

图 6-4　声学共鸣系统

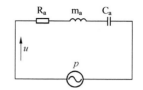

图 6-5　声学共鸣系统的等效电路

6.2　扬声器的电声特性

扬声器（俗称喇叭）是一种将声频电信号转换成机械振动后向空间辐射声波的电声换能器。扬声器的图形符号如图 6-6 所示，图中右边的长方形代表换能器，左边的梯形代表辐射声波的振膜。

扬声器根据换能方式可分为电动式（包括纸盆扬声器、球顶形扬声器和号筒扬声器）、压电式、静电式、离子式、气流式等。在电声系统中应用最多的是电动式扬声器，尤其以电动式纸盆扬声器使用最为广泛。

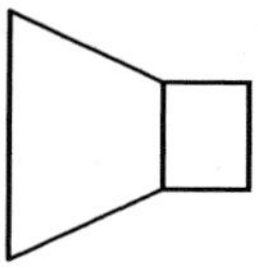

图 6-6　扬声器的图形符号

扬声器的电声特性是衡量扬声器性能的主要指标。下面以纸盆扬声器的特性为例来叙述。

1．输出声压级

输出声压级是当加给扬声器输入端一个与 1W 相当的粉红噪声电压 E（设标称阻抗为 Z，则 $E=\sqrt{Z}$）时，在距扬声器正面（轴向）1m 处以分贝值表示的声压级（以 2×10^{-5}Pa 为基准声压）。粉红噪声信号的带宽应限制在额定频率范围之内。

2．最大输入功率与额定输入功率

最大输入功率是指当输入一种相当于模拟正常节目源的噪声信号时，扬声器在短时期内（约几秒）不致产生破损的输入功率。

额定输入功率是指使扬声器不致产生破损，并且不产生异常声和大量失真的输入功率。扬声器在额定输入功率下可长期工作。额定输入功率也称标称功率。

3．失真

扬声器失真包括扬声器本身非线性引起的非线性失真、扬声器特有的由纸盆运动所引起的多普勒失真、互调失真和在特定频率下由于纸盆支撑系统所产生的异常声等。

非线性失真也称谐波失真。谐波失真系数 K 可表示为

$$K = \sqrt{\frac{p_2^2 + p_3^2 + \cdots}{p_1^2 + p_2^2 + p_3^2 + \cdots}} \times 100\%$$

式中，p_1 为基波声压；p_2，p_3 分别为二次、三次谐波的声压。我国规定谐波失真应小于 7%。扬声器的失真从客观标准的数值上看来较大，但对主观音质评价的影响却比较小。通常，奇次谐波失真比偶次谐波失真更容易被人察觉。另外，在纸盆扬声器振膜薄而软的情况下，在一些输出声压级时会出现基频 1/2、1/3……的低次分频失真。通常这些低次分频声音也称为分音。

互调失真是指当输入高低两个频率信号时，由于系统的非线性，在高频与低频以及其整数倍频率之间出现的和频及差频所形成的互相调制失真。由系统非线性引起的互调失真与上述谐波失真之间具有一定关系。对扬声器来说，除由非线性产生的失真以外，还有由多普勒效应、高频声场的指向性移动，以及高低频扬声器之间的干涉所引起的互调失真。这种互调失真与由非线性产生的互调失真性质不同，评价方法也应不同。互调失真的允许值没有规定，从经验上可定为 10% 左右。

异常声是当扬声器输入某一特定频率信号时所产生的噪声性声音。它是由于纸盆本身或磁极隙缝存在灰尘，以及盆架、引线振动等多种原因产生的。它的存在一向是由听觉来判断的。任何异常声都不应发生。

4．输出声压频率特性

加给扬声器以一定电压［国际电工委员会（IEC）规定相当额定输出功率 1/10 的电压］，在距扬声器轴线上 1m 处所产生的声压级随输入信号频率的变化特性称为输出声压频率特性。通常是在自由声场（或消声室，即无反射的声场）中测得的。对口径小于 10cm 的扬声器，测量时的距离可取为 50cm 或 25cm。

根据输出声压频率特性可以了解重放声音的音色和各声频段的平衡。所以，输出声压频率特性是最重要的特性之一。关于重放声音频率范围一向有各种说法，最近建议高频上限频率取为 15～22kHz 的数值。IEC 规定扬声器所能重放声音的频率界限，即重放频率范围，如图 6-7 所示。对于曲线上小于 1/8 倍频程宽度的尖锐峰谷都可予以忽略，这是因为乐器声和语声等都具有不同程度的颤音，所以在重放时，很难辨别所用扬声器的频率特性曲线是完全平直，还是具有小峰小谷。此外，扬声器厂商对扬声器规定了额定频率范围，它是以共振频率作为下限频率。因为在共振频率以下的频率，扬声器输出声压急剧下降。

5．指向性

指向性表示扬声器在不同频率时输出声压级随方向变化的特性。指向性表示方法有两种：一种是固定某些频率，以扬声器的位置为原点，在极坐标上表示出输出声压级的指向性图形，如图 6-8 所示；另一种是用轴向及其他方向，例如 30°、90° 等方向的输出声压频率特性来表示的输出声压指向频率特

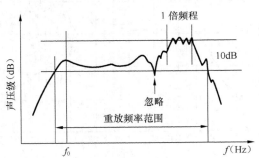

图 6-7　扬声器的重放频率范围

性，如图 6-9 所示。由于通常放置扬声器的房间存在墙面、地面及天花板的反射，以及为了在立体声重放时能偏离扬声器轴向位置听音等原因，所以希望扬声器至少在 30° 左右以内方向的特性应与轴向的特性相差很小。

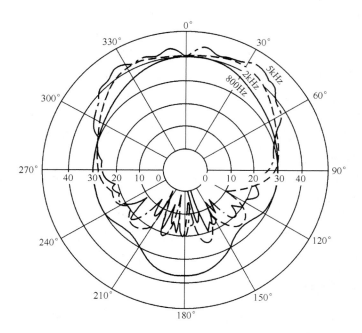

图6-8　扬声器的指向性图形

6. 电阻抗特性

由扬声器输入端测得的电阻抗随频率变化的特性称为电阻抗特性，如图6-10所示。电阻抗特性曲线中，在低频产生的第一个共振频率称为扬声器的最低共振频率。扬声器的标称阻抗是指比这个最低共振频率高的频率中第一个最小值阻抗，它比扬声器的直流电阻大10%～30%。在不知扬声器的标称阻抗时，可用万用表测出直流电阻再乘以1.1～1.3来估算。我国规定，扬声器的标称阻抗应为4Ω、8Ω、16Ω系列中的一个。

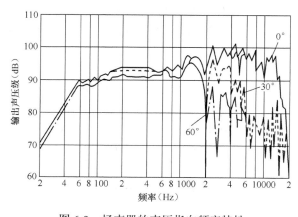

图6-9　扬声器的声压指向频率特性

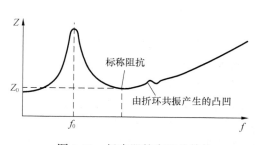

图6-10　扬声器的电阻抗特性

7. 相位特性

从波形传输的观点来看，振幅频率特性必须平直，相位频率特性应斜率不变。通常认为相位特性对频率的斜率所构成的群时延频率特性，可能要比相位特性本身在听觉上更容易被察觉。根据实验,可以以 2ms 左右的群时延的急剧变化作为可察觉的界限,希望扬声器具有比它小的数值。

8. 瞬态特性

输出声压跟随输入信号波形变化的能力称为扬声器的瞬态特性。瞬态特性的测量方法和表示方法有许多种,以往使用猝发声信号作为输入信号,以电信号停止后扬声器的输出衰减到某一数值(例如 20dB)的时间来表示,或以信号停止后,在某一规定时间的输出声压级来表示。最近是将脉冲输入的响应由计算机进行快速傅里叶处理,从输入脉冲开始连续记录扬声器输出声压频率特性来进行测量,具有很好的直观性。这种方法从定量的难易程度以及与听觉的对应程度来看,还不是很理想的。对一个监听用的扬声器来说,瞬态特性失真应当越小越好。瞬态特性与输出声压频率特性之间有很强的相关性,所以仍应当要求扬声器频率特性尽量平直。

6.3 纸盆扬声器

6.3.1 纸盆扬声器的构造和换能原理

1. 纸盆扬声器的构造

图 6-11 所示为一典型的纸盆扬声器的剖面图。纸制振膜呈圆锥形,通常称为纸盆。纸盆外缘的折环将纸盆固定在金属盆架上,纸盆中心部分与一纸制圆筒形音圈架相连接。音圈架上绕有用来通过声频信号电流的金属导线,称为音圈。音圈由定心支片支持,以使它只能沿轴向振动,而不能向与轴向偏离的方向移动,以免与磁系统相碰,使振动受阻。音圈上端贴有防尘罩,以免灰尘进入磁系统。以上各部分称为扬声器的振动部分或机械系统。

供给音圈磁场的部分称为扬声器的磁路部分,即磁系统。它由磁体、导磁板、导磁柱、导磁轭组成。导磁柱与导磁板的圆孔之间形成一环形磁隙缝,音圈即悬浮于磁隙缝之中。音圈引线由棉线或尼龙线为芯,卷以铜箔做成软线,从纸盆前面穿至纸盆后面,连接到盆架的接线片上。

图 6-12 所示为外磁式纸盆扬声器的截面图,它的磁体曝露在外面,会有磁通泄漏出来。如将这种扬声器用于电视接收机中,会使显像管电子束的偏转受到泄漏磁通的影响,所以在电视机等设备中大多使用如图 6-11 所示的内磁式纸盆扬声器。

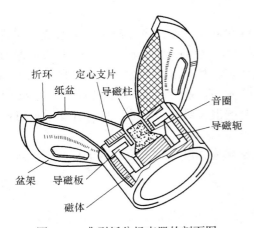

图 6-11　典型纸盆扬声器的剖面图

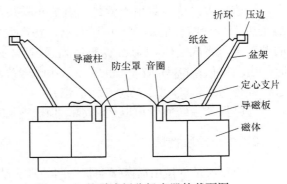

图 6-12　外磁式纸盆扬声器的截面图

2．纸盆扬声器的换能原理

纸盆扬声器的工作原理是将电能转换为机械能后再转换为声能。即当音圈中流过声频信号电流时，受磁隙缝中磁场的作用使它受力产生振动，带动纸盆振动，向空中辐射声波。

磁路中的环形磁体将对导磁柱、导磁板进行磁化。设磁极为上 S 下 N，则导磁柱为 N 极，导磁板为 S 极，于是磁隙缝中有由导磁柱向导磁板发出的辐射状磁通。设声频信号正半周时，音圈中流有如图 6-13 所示方向的电流（⊗代表电流流进，⊙代表电流流出），则根据左手定则，音圈将受到向上的力；信号负半周时，音圈中电流反向，受力方向也相反。这样，信号电流变化一周，音圈上下振动一次。

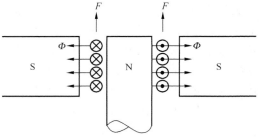

图 6-13　纸盆扬声器工作原理说明图

音圈所受的力为

$$F = Bil$$

式中，B 为磁隙缝中磁感应强度，单位为 Wb/m²；i 为声频信号电流，单位为 A；l 为音圈导线长度，单位为 m。

纸盆扬声器在频率 f_0 时，系统可产生并联谐振，谐振时，电阻抗最大。高于谐振频率时，电路呈容性抗，这时音圈感抗有一定数值，两者又形成串联谐振，这时电阻抗最小，即标称阻抗。频率再升高，纸盆扬声器的电阻抗就由音圈感抗决定，随频率成正比升高。图 6-10 的电阻抗特性曲线就是根据上述原理画出的。

扬声器标称阻抗近于纯阻。若扬声器连接到功率放大器作为负载，当阻抗极小时，从放大器取得的电流最大，即放大器负载最重。对于高于这个阻抗值的其他频率电信号，都不会使放大器过载。商品扬声器的标称阻抗值取规定的 4Ω、8Ω、16Ω系列中的一个值，是为了使用者将几个扬声器组成扬声器系统进行相连时便于计算阻抗值。

6.3.2　纸盆扬声器在各声频段的特性

1．低声频段特性

纸盆在低声频段时以整体作活塞运动。由图 6-14 可看出，在频率 f_0 时，机械系统串联共振，振速最大，这一频率也就是电阻抗并联共振的频率，共振锐度为 Q_0。图 6-14 所示即为 Q_0 对低声频段特性的影响。可以看出，扬声器以 f_0 为界，低于 f_0 的频率声压将下降；高于 f_0 的频率声压将成定值。因此，f_0 被称为扬声器的低频重放下限频率。$Q_0=1$ 时，特性平直；$Q_0>1$ 时，出现峰值；$Q_0<1$ 时，f_0 的响应将小于较高频率时的值。对低声频的声压特性与阻尼特性进行综合考虑，Q_0 以 0.7～0.5 为适当。

增减振动系统质量可以控制 Q_0，但改变磁隙缝磁感应强度，可以更有效地控制 Q_0 值。

2．中声频段特性

中声频段是纸盆由活塞振动状态向分割振动状态转变的过渡频段。分割振动的产生是由于

频率较高时，声波由纸盆中心向周围边部传播
的时间内，声频信号已变化，使纸盆中心振动
状态改变，因而纸盆沿径向的振动状态不一致。

在低声频段，纸盆边部折环的振动如图
6-15（a）所示，是以整体方式工作的。但在中
声频段时，是以软弹性膜方式工作的，会产生
固有振动。图 6-15（b）所示为两端固定的一
次共振，共振频率以 f_0' 表示。图 6-15（c）所
示为一端固定的二次共振，称为折环的反共
振，反共振频率以 f_0'' 表示。纸盆扬声器的声压
特性曲线与音圈振速特性曲线如图 6-16 所示。
可以看出，在 f_0' 时，音圈振速出现谷值，但这
时折环会因共振而辐射声波，使声压特性曲线
出现峰值；在 f_0'' 时，音圈振速极大，但由于这

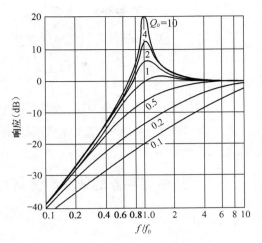

图 6-14　Q_0 对低声频特性的影响

时纸盆与折环的振动相反，声音彼此抵消，使声压特性曲线出现谷值，称为中声频谷。

为了减小折环共振，应采用不易引起共振的折环形状，并使用损耗大的折环材料及刚性
大的纸盆。

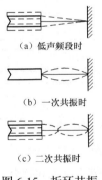

图 6-15　折环共振

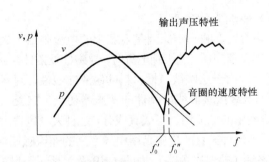

图 6-16　纸盆扬声器声压特性曲线与音圈振速特性曲线

3. 高声频段特性

高声频段特性受纸盆形状、材料以及纸盆和音圈质量的影响很大。它是纸盆产生分割振
动、音圈电感不能忽略、指向性图形尖锐、电阻抗特性曲线与频率成正比上升的频段。纸盆
在高声频段振动的模式如图 6-17 所示，图中阴影部分与空白部分振动方向相反。

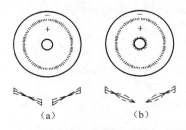

图 6-17　纸盆在高声频段振动的各种模式

(c)   (d)

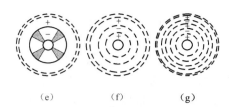

(e)   (f)   (g)

图 6-17   纸盆在高声频段振动的各种模式（续）

高声频的重放上限频率 f_h 就是音圈的振动传不到纸盆上的频率，这时相当于纸盆和音圈之间连接了一个弹簧。

6.3.3   纸盆扬声器的效率和失真

1. 效率

效率是指输出声功率 W_a 与输入电功率 W_e 之比。纸盆扬声器的效率很低，通常只有 1% 左右。为了提高纸盆扬声器的效率，必须加大纸盆半径或磁感应强度。

2. 失真

纸盆扬声器的失真大致可分为四类：驱动力的失真、支持系统的失真、纸盆振动产生的失真、互调失真。

（1）驱动力的失真

驱动力失真的一个原因是音圈中的电流附加了失真成分。这是由于当音圈中流过声频电流时，导磁柱及磁体被磁化，如图 6-18 所示。由于这些铁磁性材料的磁滞非线性，对音圈来说，如同一个次级接有非线性元件的变压器初级，它受次级的反作用，使音圈中的电流附加了失真成分。这种失真包含大量的三次

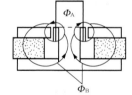

图 6-18   音圈电流使磁系统磁化

谐波。减小这种失真的措施是用电导率高的非铁磁性材料（例如铜）将导磁柱外径和磁体内径罩住，形成短路环（即二次短路），如图 6-19（a）所示。也可使导磁柱和导磁板处于磁饱和状态（避开铁磁性材料的非线性部分）来减小失真，如图 6-19（b）所示。

驱动力失真的另一个原因是由磁通分布不均匀引起的。当音圈受磁场力振动时，音圈位置移动使它在磁场内的有效长度发生变化，切割的磁通量相应发生变化，使力系数 Bl 变化，导致振动失真，如图 6-20 所示。消除失真的措施是采用长音圈或短音圈，如图 6-21 所示。长音圈的音圈高度比导磁板厚度大，磁隙缝中的磁通在音圈振动的范围内可保持 100% 的耦合。这种方法的磁通利用率高，设计得好时，性能优良，常用于高保真扬声器中。短音圈的高度小于导磁板厚度，使音圈的振动范围不出磁场的均匀范围，这种方法的磁通利用率低。

（a）采用短路环   （b）采用饱和磁通

图 6-19   减小失真的措施

（a）音圈不动时   （b）音圈向上振动时   （c）音圈向下振动时

图 6-20   音圈位置变化使驱动力变化

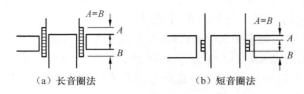

（a）长音圈法　　　　　　（b）短音圈法

图 6-21　改变音圈高度减小失真

另外，重叠失真也是驱动力失真的一个原因。这是由于当音圈流过声频信号电流时，会形成交变磁通通过磁路，它与磁体产生的直流磁通相重叠，于是音圈所受的力为

$$F = (B+B_0\sin\omega t)lI_0\sin\omega t = BlI_0\sin\omega t + B_0lI_0\sin^2\omega t$$

式中，B 为直流磁通形成的磁感应强度；B_0 为交变磁通形成的磁感应强度。由于 $\sin^2\omega t$ 项展开后有 $2\omega t$ 项，所以会产生二次谐波失真。解决的办法是不使磁路中产生闭合的交变磁通，也可采用在磁路内加入短路环的方法来解决。

（2）支持系统产生的失真

这是由于折环与定心支片等支持系统所受的力与产生的位移具有非线性关系而产生的。也就是说，支持系统有如同磁滞回线的性质。解决的办法是选用好的材料和形状。

（3）纸盆振动引起的失真

在纸盆振动的中声频谷附近，谐波失真特别大。另外，在高声频上限附近，纸盆的根部会产生拉伸和弯曲的力，由于纸盆材料和形状引起的非线性，也会产生很大的失真，所以应选用性能优良的纸盆材料。

（4）互调失真

纸盆扬声器的互调失真可分为振幅互调失真和频率互调失真两种。振幅互调失真是当输入扬声器的声频信号中有低频和高频信号，并且两者电平相同时，由于纸盆辐射的低频声振幅要大些，所以低频容易受支持系统等非线性因素的影响而产生失真，使高频声在低频声失真处受到抑制，如图 6-22（a）所示。如果只取出高频声成分来看时，就会得到如图 6-22（b）所示的互调波形。另一个产生振幅互调失真的原因是当低频声的大振幅使纸盆向前后作大幅度振动时，高频声的指向性图形也随纸盆的振动向前后移动。如图 6-23 所示就是高频声受到振幅互调的图形。其中曲线①为原来高频声指向性图形在主瓣有一定数值的方向的情况，曲线②为原来高频指向性图主瓣和副瓣分界方向的情况。

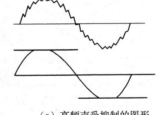

（a）高频声受抑制的图形

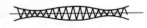

（b）互调波形

图 6-22　振幅互调失真

频率互调失真也是当加给扬声器的声频信号中有高、低声频信号时，由于低频声使纸盆向前后振动，相当高声频的声源也前后移动，从而产生多普勒失真，如图 6-24 所示。

6.3.4　其他形式的纸盆扬声器

一个纸盆扬声器所能重放的频带不可能覆盖整个声频范围。为了展宽扬声器的重放频带，可将扬声器纸盆做成带有皱折的，截面如图 6-25（c）所示。当频率低时，皱折弹性抗大，整个纸盆一起振动；频率高时，皱折弹性抗小，只有中心一部分振动，相当于纸盆减小。这样，高、低声频都可以重放得较好。另外，也有采用一大一小两个纸盆共用一个音圈或各有一个音圈，形成双纸盆扬声器，如图 6-25（a）所示。它在低、中声频范围内，大小纸盆同时振动，在高声频时，只有小纸盆振动，从而获得较好的高、低声频特性。图 6-25（b）所示为两端连接的双纸盆扬声器；图 6-25（d）所示为具有增强圆锥体的纸盆扬声器。

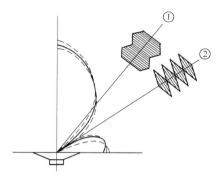

图 6-23　高频声指向性图形移动造成的互调失真

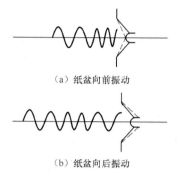

（a）纸盆向前振动

（b）纸盆向后振动

图 6-24　频率互调失真

　　由于锥形纸盆扬声器在高声频段要产生分割振动，声压频率特性产生较大波动，因此，出现了平板扬声器（flat radiation surface loudspeaker）。平板扬声器有用泡沫聚苯乙烯平板或夹心式板代替锥形纸盆的，在高声频时也可得到整体振动；也有用泡沫聚苯乙烯做成锥体，与硬纸盆相粘接后做成外表面为平面的扬声器。近期的平板扬声器是在平板振膜的几个点上各用一个电动换能器来同步驱动，使平板振膜作整体振动。图 6-26 所示为一种平板扬声器的内部结构图。

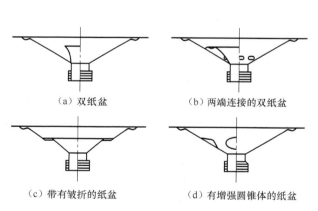

（a）双纸盆　　　　（b）两端连接的双纸盆

（c）带有皱折的纸盆　　（d）有增强圆锥体的纸盆

图 6-25　各种纸盆扬声器的截面图

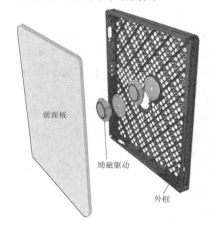

前面板　励磁驱动　外框

图 6-26　一种平板扬声器的内部结构

6.4　球顶形扬声器

　　球顶形扬声器（dome-shaped loudspeaker）的振膜是一个近似半球的曲面，它的振膜尺寸较小，因而指向性较好。它的重放频带较宽，通常多用在分频的扬声器系统中作为中音或高音的重放扬声器。球顶形扬声器的缺点是效率较低。

球顶形扬声器也是电动式扬声器的一种，它的构造与纸盆扬声器很相似。它的振膜可由铝、铍、钛合金制作，称为硬球顶；也可由绢、棉、化纤浸上酚醛树脂加热后制成，称为软球顶。中音球顶形扬声器的导磁柱是空心的，形成后腔，如图 6-27（a）所示。高音球顶形扬声器的导磁柱仍是实心的，后腔只由振膜与导磁柱之间的小空腔构成。后腔小时，可使低声频共振频率升高。

　　硬球顶形扬声器应做到无论振膜如何振动，在高声频段也不出现分割振动；软球顶形扬声器则应做到在产生分割振动时，不出现单一谐振，而将谐振分散为许多频率。所以应该很好地选择振膜的阻尼材料。在中音软球顶形扬声器中，应将吸声材料填满后腔，以防止产生驻波、振膜凹陷，并对分割振动起阻尼作用，如图 6-27（b）所示。

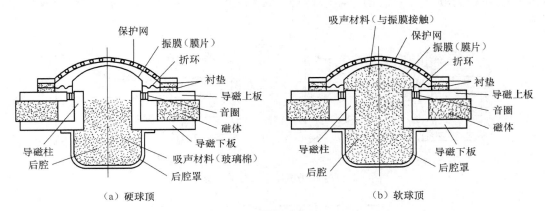

图 6-27　中音球顶形扬声器的剖面图

6.5　号筒扬声器

　　号筒扬声器（horn loudspeaker）是由音头（换能器）和号筒组成的。号筒是一个截面积徐徐变化的声管，如图 6-28 所示。

　　设号筒喉口的截面积为 S_0，距喉口 r 远处的截面积为 S，则 S 可表示为

$$S = S_0(\text{ch } mr + T\text{sh } mr)$$

式中，T 为表示号筒形状的参数，可取由零到无限大的数值；m 称为蜿展指数，是表示号筒截面积变化快慢的参数。chmr 及 shmr 分别为 mr 的双曲余弦及双曲正弦函数。

　　如果号筒喉口和号筒口的面积及长度不变时，改变 T，就可得到图 6-28 中所示形状的号筒：

$T = 0$ 时　　　　　　$S = S_0\text{ch}mr$

$T = 1$ 时　　　　　　$S = S_0\text{e}^{mr}$

$T = \infty$ 时　　　　　$S = c(r_0+r)^2$

它们分别称为悬链线号筒、指数号筒、锥形号筒。

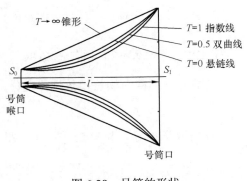

图 6-28　号筒的形状

现在使用最多的是指数号筒。

6.5.1 号筒扬声器的构造

高音号筒扬声器的构造与电动式纸盆扬声器的结构相似，它大多使用刚性大的球顶形振膜。高级号筒扬声器的振膜与折环是用不同材料做成再黏合在一起的。号筒扬声器大多装有喉塞，以延伸高声频重放的上限频率。

喉塞的作用如下：当振膜直径较大时，振膜中心部分发出的声波与边缘部分发出的声波在喉口处相位将不同，对于半波长小于振膜半径的声波，从喉口发出的声音将产生相位干涉现象，限制了重放频带宽度。设置喉塞后，这种干涉现象就会减小。图6-29所示为有喉塞和无喉塞的号筒扬声器喉口处声波路径图，图6-30所示为喉塞对频率特性的影响。

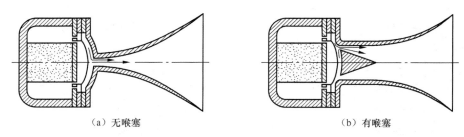

（a）无喉塞 　　　　　　　　　　　　（b）有喉塞

图 6-29　号筒扬声器喉口处的声波路径图

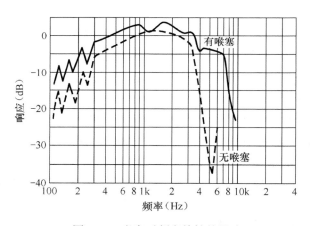

图 6-30　喉塞对频率特性的影响

6.5.2 指数号筒的临界频率

指数号筒的截面积按指数规律变化，可表示为

$$S=S_0 e^{mr}$$

根据数学推导，只有当 $\dfrac{m}{2k}<1$，即 $m<2k$ 时，才能有声波辐射。$k=\omega/c$，为波数。

由于当 $m<2k$，即 $\omega>\dfrac{cm}{2}$ 或 $f>\dfrac{cm}{4\pi}$ 时才有声波辐射，所以 $\dfrac{cm}{2}$ 可称为临界角频率，记为

ω_0，$\dfrac{cm}{4\pi}$ 为临界频率，记为 f_0。

① 声压振幅随距离 r 按指数率降低；

② 声频信号角频率低于 ω_0 时，号筒不辐射声能；

③ 高声频时，声压的作用力和振速的关系与活塞辐射器情况相似；

④ 因为 $\omega_0 \propto m$，所以为了能够辐射低频，m 应较小，即号筒截面积应该扩展得较慢；

⑤ 号筒的辐射阻抗只与频率有关，而与距离 r 无关。

号筒无限长是不现实的，当号筒长度甚大于声波波长时，它的特性就与无限长号筒相接近了。

为了减短号筒扬声器的长度，大多将号筒折叠，如图 6-31 所示。号筒扬声器的效率较高，可达 30%。

号筒扬声器的音头种类很多。按声波辐射方向来分有前辐射式和后辐射式；按喉塞来分有单缝式、多缝式和无喉塞式；按振膜形状来分有球顶形、反球顶形和环形；按磁路来分有内磁式和外磁式。图 6-32 给出了各种音头的截面图。

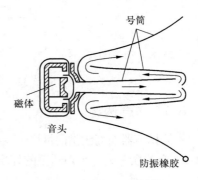

图 6-31 折叠式号筒

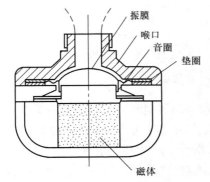

（a）球顶形振膜无喉塞前辐射式音头

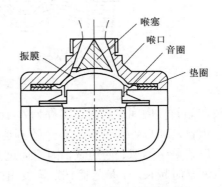

（b）球顶形振膜有喉塞前辐射式音头

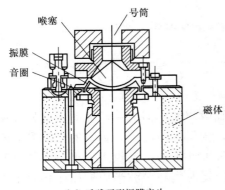

（c）反球顶形振膜音头

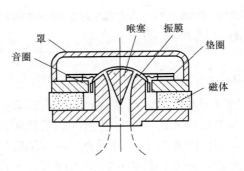

（d）铁氧体号筒音头

图 6-32 各种号筒扬声器音头的截面图

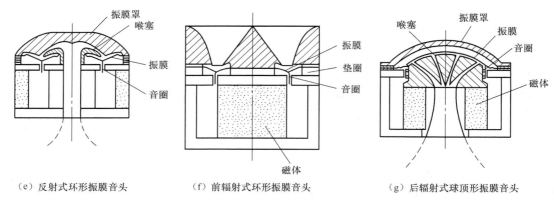

（e）反射式环形振膜音头　　　　（f）前辐射式环形振膜音头　　　　（g）后辐射式球顶形振膜音头

图 6-32　各种号筒扬声器音头的截面图（续）

6.5.3　声透镜

号筒扬声器的高频指向性过于尖锐，如果在号筒扬声器前面加一声透镜，就可以将指向性展宽。图 6-33（a）所示为一种声透镜的外形图，它由多层倾斜板组成，其侧视图如图 6-33（b）所示。

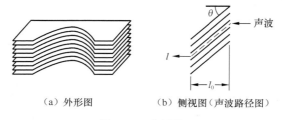

（a）外形图　　　　（b）侧视图（声波路径图）

图 6-33　声透镜

声波在倾斜板中间穿过时，路程为 l，比没有声透镜时所走的路程 l_0 要长。由于声波传播速度为一恒量，所以，声波穿过声透镜到达前方所需时间要长于无声透镜时的时间。声透镜倾斜板的形状是中间窄、两边宽，因而通过倾斜板中间的声波延时最少，越靠近倾斜板两边，通过的声波延时越长。于是号筒扬声器发出的声波波阵面经过声透镜后就成为柱状波阵面了。这样，声波就在水平方向向左右展宽，改善了号筒扬声器指向性过于尖锐的缺点。

6.6　扬声器箱

6.6.1　障板

扬声器发声时，纸盆会向前方及后方同时辐射声波，但前后辐射的声波相位相反。如果将扬声器单独置于空间发声，在发低频声时，由于扬声器后方辐射的声波到达前方某一点处，相位改变很小，因而会与前方辐射的声波彼此抵消，使声压变小。当频率升高时，波长变短，后方辐射的声波到达前方某一点时所需时间与声波半周期相比相差不多，声压抵消现象会减小。所以，为了减小纸盆前后辐射声波的彼此干涉，应该将扬声器装嵌在一平板上，称为障板。障板尺寸若为无限大，前后方辐射的声波将被彼此隔开，不会引起干涉。这种情况固然理想，但实际上不可能实现，所以通常使用有限障板。

如果扬声器装嵌在一个半径为 R 的圆形障板的中央，如图 6-34（a）所示，纸盆前方辐射的声波到达扬声器前方的一个听音点 A 处的距离若为声波波长的一半，即 $\lambda/2$ 时，则纸盆前后辐射的声波在 A 点可认为同相，并且在 $\lambda/2$ 的奇数倍的频率时，也可认为同相，听音点的声压将加大。若距离为一个波长或一个波长的整数倍时，则纸盆前后辐射的声压在听音点 A 处将反相，使声压减小，声压的起伏将如图 6-34（b）所示。在扬声器前方 A 点处听到声压加大的最低频率可认为是

$$f_c = \frac{c}{2R} = \frac{170}{R} \quad (\text{Hz})$$

式中，c 为声速。可以近似认为能重放出来的最低频率为 f_c 的一半。显然，低声频重放下限频率与圆形障板的半径成反比。

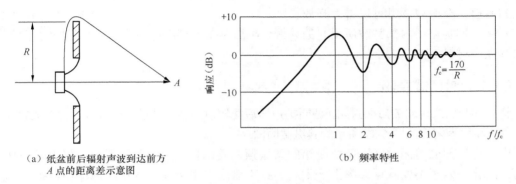

（a）纸盆前后辐射声波到达前方
　　A 点的距离差示意图

（b）频率特性

图 6-34　圆形障板

如果障板为正方形，当扬声器装嵌在正方形中央时，由于从扬声器中心至障板不同边缘的长度不相等，因此，纸盆后方辐射的声波由障板各边缘到达纸盆前方的距离也不同，使纸盆前方一点的声压频率特性曲线起伏较小。如果扬声器装嵌在正方形一个角的附近，则频率特性曲线的起伏将更小。

如果障板为长方形，并且扬声器又装嵌在偏离中央处，则频率特性的起伏将消失。图 6-35 所示为障板形状及频率特性图。

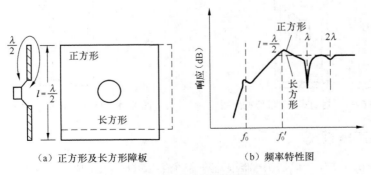

（a）正方形及长方形障板

（b）频率特性图

图 6-35　障板形状及频率特性图

6.6.2 后部开放式声箱

将平面障板弯折成箱形就形成后部开放式声箱，也可简称为开箱，它的纵截面如图 6-36 所示。开箱与未弯折前的平面障板相比，前面的尺寸可大为减小。设在距开箱甚远处，扬声器纸盆前后辐射声波的距离差为 L（m），当 L 为 $\lambda/2$ 及其奇数倍时，前后辐射的声波为同相；当 L 为 λ 及其整数倍时，前后辐射的声波为反相。与平面障板时相似，低声频重放的下限频率可认为是

$$f_{ce}=\frac{c}{4L}=\frac{85}{L}\ （Hz）$$

由于开箱向后面弯折部分深度的两倍对距离差起作用，所以使用相同尺寸材料，开箱比平面障板的低声频重放下限频率要低。

普通的收音机、电视机机箱都可看做开箱，因为机箱后盖是开有散热孔的薄板，在低声频时可以看做开放。

开箱应抑制箱子内部驻波所引起的共振，通常应在声箱内壁贴附玻璃棉等吸声材料。

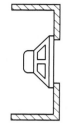

图 6-36　后部开放式声箱的纵截面图

6.6.3 封闭式声箱

将后部开放式声箱的后面封闭，截断扬声器后面辐射声波到达前面的途径，就形成封闭式声箱，也可简称为闭箱，图 6-37 所示为其纵截面图。

由于有后面的封闭空间，整个闭箱的共振频率要比将扬声器置于无限大障板时的共振频率高。因此，为了不使共振频率上升太高，扬声器应采用折环弹性小的泡沫塑料折环（或橡皮折环）扬声器。另外，在扬声器后面应包以吸声材料以减小共振。

6.6.4 倒相式声箱

在封闭式声箱前方开一个口，安装一个导声管就形成倒相式声箱。它将扬声器后面辐射的低频声波由导声管向前方辐射，使其相位反转 180°，与前方的辐射同相，以扩展低频重放下限频率。倒相式声箱的纵截面图如图 6-38 所示。

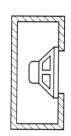

图 6-37　封闭式声箱的纵截面图

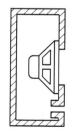

图 6-38　倒相式声箱的纵截面图

6.6.5 扬声器系统

根据前面分析可知，单只扬声器很难在整个需要的声频范围内使频响、灵敏度、指向性等方面都达到较高的要求。因此，对要求较高的声音重放系统，大多将整个重放声频段利用

分频网络分为两个或三个频段，称为两分频或三分频，分别使用最适合该频段的扬声器来放音。这样，将几个不同频段的扬声器及分频网络装在一个或一组声箱中的放音系统称为扬声器系统。

分频网络可接在功率放大器后，将分频后的高、中、低声频信号，分别送到高、中、低频扬声器，称为功率分频，如图 6-39（a）所示；也可在功率放大器前用分频网络（即滤波器）分出高、中、低声频信号，经各自的功率放大器放大后，分别与高、中、低频扬声器相连接，称为电子分频，如图 6-39（b）所示。后一种分频方式的优点是分频良好，可以比较自由地对各声频段进行调整，使每个扬声器都有最佳阻尼系数的放大器与之配合。

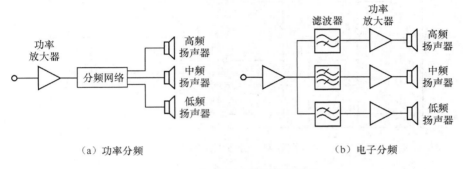

图 6-39 扬声器系统的分频方式

另外，对电子分频来说，由于一个放大器只放大一个声频段的信号，所以互调失真可以减小，各频段间的干扰也较少，音质良好，缺点是要三个功率放大器，成本较高。

分频网络由电容和电感组成，可分为串联型及并联型；按分频曲线下降程度可分为 6dB 每倍频程（6dB/oct）和 12dB 每倍频程（12dB/oct），还有 18dB 每倍频程的，但用得较少。分频网络分频曲线如图 6-40 所示，其组成如图 6-41 所示。

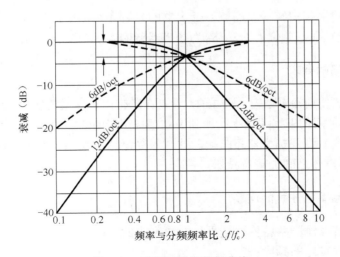

图 6-40 分频网络的分频曲线

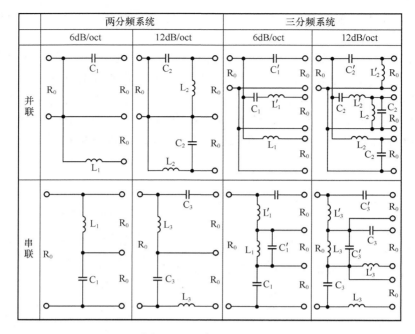

图 6-41 分频网络的组成

图 6-41 中,

$$C_1 = \frac{1}{2\pi f R_0}; \quad L_1 = \frac{R_0}{2\pi f}; \quad C_2 = \frac{1}{2\sqrt{2}\pi f R_0}; \quad L_2 = \frac{R_0}{\sqrt{2}\pi f};$$

$$C_3 = \frac{1}{\sqrt{2}\pi f R_0}; \quad L_3 = \frac{R_0}{2\sqrt{2}\pi f}; \quad C_1' = \frac{1}{2\pi f' R_0}; \quad L_1' = \frac{R_0}{2\pi f'};$$

$$C_2' = \frac{1}{2\sqrt{2}\pi f R_0}; \quad L_2' = \frac{R_0}{\sqrt{2}\pi f'}; \quad C_3' = \frac{1}{\sqrt{2}\pi f' R_0}; \quad L_3' = \frac{R_0}{2\sqrt{2}\pi f'}$$

式中,f 为低频扬声器与中频（或高频）扬声器的分频频率,单位为 Hz; f' 为中频扬声器与高频扬声器的分频频率,单位为 Hz; R_0 为扬声器音圈阻抗,单位为Ω。

1. 对分频网络的要求

① 频响曲线在分频频率处应下降3dB,并且在阻带内衰减系数要大。衰减系数越大,在分频频率附近扬声器之间的干扰才越小;加到中高频扬声器的低频输入功率越小,失真也越小。

② 阻抗应与信号源及扬声器相匹配,并能承受足够的功率。对于不同灵敏度的扬声器,应在分频网络与扬声器之间加接衰减器。

2. 选择分频频率需注意的问题

① 应选择放音系统频率特性比较平直、失真小的频段;

② 选择指向性良好的频段;

③ 应避免阻抗急剧变化的频率;

④ 当低频扬声器频率特性较好时，应尽量提高分频频率，以充分发挥低频扬声器的性能。

所以，要使分频频率选择得当，就应测试分析所用各扬声器单元的特性，进行必要的计算和实验。

通常，两分频扬声器系统，分频频率可选为 1600Hz；三分频扬声器系统，分频频率可选为 800Hz 及 6400Hz。我国生产的高音扬声器一般都注有分频频率，可作为使用参考。

对于分频电路元件，应注意减少元件损耗，不增加额外损失。

3．对电容器的要求

① 损耗低、漏电电阻小；
② 有足够耐压和相应的电流容量；
③ 静电容量、损耗、电荷附着特性等电性能稳定；
④ 电容量误差小。

各种电容器中以聚酯电容器和聚丙烯电容器较为适宜。

4．对电感的要求

电感的直流电阻应尽可能地小，以减少损耗，并不使扬声器的电阻尼减小，以免影响瞬态特性。电感与扬声器串联使用时，电感的电阻至少应小于扬声器阻抗的 1/10，并且不要使用铁芯线圈，以免磁饱和，产生失真。

另外，在分频电路中，有时还需使用衰减器来衰减某一频段的信号，可使用倒 L 形电阻衰减器或线圈抽头电位器等。

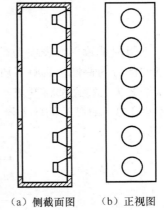

6.6.6　声柱

由一定数量同型号或不同型号扬声器以线列方式（可为直线方式或曲线方式）安装在柱形声箱中，并且以同相位馈给电信号的系统称为声柱（sound column），也称为线列扬声器，如图 6-42 所示。由于在工作频段内，声柱内各扬声器辐射的声波之间会产生互相干涉，因此，纵向指向性相当尖锐，而横向指向性则与单独一个扬声器相接近。声柱大多用于扩声系统中，室外扩声用得更为普遍。

（a）侧截面图　　（b）正视图

图 6-42　声柱

6.7　压电扬声器

除前述的电动式扬声器（包括纸盆扬声器、球顶形扬声器和号筒扬声器）以外，在有线广播等处还常使用压电扬声器。

压电扬声器是利用水晶、罗谢尔盐（酒石酸钾钠）晶体、磷酸二氢铵（ADP）、磷酸二氢钾（KDP）、硫酸锂等材料的压电效应制成的。

将上述晶体沿一定方向切割出一片，用金属箔贴在它的两面上形成电极。当对两侧边施加压力时，在两电极上会分别出现正、负电荷，这种现象称为正压电效应；当在两电极上加以直流电压时，晶片会产生微小的伸长或压缩，这种现象称为负压电效应。

将两块方形晶体片以相反极性贴合在一起制成双层晶体，并将它的三个角固定，另一个角连接纸盆，就形成压电扬声器。当在双晶体两面加以声频信号电压时，一块晶体片伸长，另一块晶体片将压缩，晶体会产生弯曲振动，使纸盆振动发声。这种扬声器的晶体易碎、易潮解，频响也不好，失真大，现已被淘汰。

目前所用的压电扬声器是利用钛酸钡或锆钛酸铅（PZT）压电陶瓷材料制成，它具有较高的机电耦合系数，并且不潮解。典型的 PZT 圆片直径为 38mm、厚度为 0.2～0.4mm，两面镀银，做成双层，周边用橡皮环固定。这种扬声器的典型特性是：电功率为 0.1VA，1000Hz 时的阻抗为 9kΩ，300～4000Hz 时的不均匀度小于 20dB，平均声压为 0.3Pa，非线性失真小于 15%。此外，最近又出现了利用高分子薄膜压电材料做成的压电扬声器。

6.8 扬声器的使用

6.8.1 阻尼系数

放大器与扬声器配接时，扬声器阻抗与放大器内阻之比称为阻尼系数（DF），即

$$DF = \frac{扬声器阻抗}{放大器内阻}$$

阻尼系数主要表现为对扬声器低声频部分阻抗的影响，它会使纸盆产生自由振动，改变重放声音的特性，影响音质。阻尼系数小时，扬声器的低声频特性、输出声压频率特性、高次谐波失真特性都将变差。图 6-43 所示为不同 DF 值时频率特性的变化。通常 DF 值至少应不小于 3，对高级的放大器 DF 值应不小于 20。

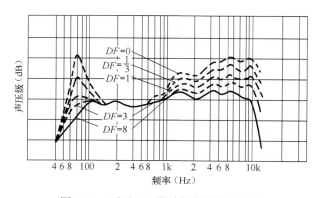

图 6-43　不同 DF 值时频率特性的变化

为了增加 DF 值，扬声器连线的电阻应尽量小，最好使用多芯塑胶线。也可将放大器与扬声器尽量靠近，以减小连线电阻。另外连线长后，还会有电感的影响，对高声频不利。

6.8.2 扬声器与放大器的阻抗匹配

放大器的输出形式有两种：定阻抗输出形式和定电压输出形式。

1．定阻抗输出形式

当放大器输出电路阻抗与扬声器阻抗相同时，即两者得到最佳配合时，放大器能输出额定功率，扬声器能获得最大功率，失真也小，即处于匹配状态。当两者阻抗不能匹配时，可以另串联或并联电阻达到匹配，这样将使放大器损失一部分功率。也可用匹配变压器进行匹配。

2．定电压输出形式

它的特点是放大器末级加有深度负反馈，使放大器在额定功率范围内，即使负载变化，输出电压和失真度的改变也很小。定压输出的放大器与扬声器的连接十分方便，只要扬声器阻抗大于放大器额定负载阻抗即可。但应注意，如果扬声器阻抗小于放大器额定负载阻抗，或扬声器短路，则放大器将损坏。目前广泛使用集成电路放大器，为了在定压输出条件下获得大输出功率，特别要求扬声器的阻抗要低于 2.5Ω。

6.8.3　扬声器的定相

当一个放大器连接许多扬声器时，应注意使它们所辐射的声波同相位，以免所辐射声波彼此抵消。如果扬声器音圈的输出端标明了极性，连接就比较容易；如果扬声器上未标明极性，这时可将 1.5～4.5V 电池接在扬声器音圈两端线上，当接通（或断开）电池时，用观察的方法或凭手指的感觉来判断扬声器纸盆是否都向同一方向运动。如果有向相反方向运动的，则应将接线反接。这样，在并联时，同极性输出端就可以连接在一起；而在串联时，则应将不同极性的输出端依次进行相连。

对于尺寸较小的高声频扬声器，可使用一种度盘中间为零值、满偏电流为 5～10mA 的磁电式毫安表来定相。将毫安表连接音圈，轻微而缓慢地用手指按压纸盆，注意毫安表指针的偏转方向。如果另一只扬声器在被按压时，毫安表指针向同一方向偏转，则两扬声器输出端的极性为同相，如向相反方向偏转，则两扬声器接线端极性相反。

应该注意，用直流电压对具有分频网络的扬声器系统中的低频扬声器和高频扬声器进行定相时，就不能保证各扬声器辐射的信号完全同相。这时，分频网络所引入的相移，以及低频和高频扬声器到达听音人处的距离差，都会产生影响。因此，用直流定好相的扬声器在接到两分频电路的输出端时，就会形成反相辐射，在分频频率上出现一个下跌区。因此，低频扬声器和高频扬声器就应反相连接。在三分频电路中，中频扬声器应与低频扬声器和高频扬声器反相连接。

另外，用电子分频的低频放大器和高频放大器之间也有相位问题存在。

6.8.4　扬声器的性能与使用

① 扬声器要与放大器电路、扬声器箱有良好的配合，才能发挥优良的性能，所以扬声器的优劣，并不完全由扬声器本身决定。

② 扬声器口径越大，低频响应越好，转换效率越高，承受功率也越大；口径越小，则情况相反，应注意袖珍收音机中的扬声器，口径虽小，但纸盆过浅，高频响应也不好。

③ 如果放大器的放大量足够大，就不必要求扬声器有高的灵敏度。

④ 如果放大器的频响不够宽，则扬声器的高频上限也就不必很高。

⑤ 放大器应有足够的功率输出，尤其是晶体管放大器。而扬声器的最大输出功率应为扬声器额定功率的 3 倍以上，并且扬声器的最大输入功率应等于放大器的输出功率，以保护扬声器的安全。

⑥ 用手轻按同样口径的扬声器纸盆时，比较费力的扬声器，谐振频率较高，动态范围较大。

⑦ 具有坚硬、密实纸盆的扬声器，高频性能一般较好；具有粗疏柔软纸盆的扬声器，音质一般较柔和。

6.8.5 扬声器使用时的注意事项

① 连接或换下扬声器时，应先断掉放大器电源。

② 接通放大器电源前，应先将音量旋钮旋至最小，接通电源后，再逐渐加大音量。

③ 扬声器不可长期输入超过额定功率的信号。

④ 扬声器应在额定功率状态下工作，不要使扬声器短路，以免损坏放大器。

⑤ 扬声器与传声器同在一个房间内使用时，应将传声器放在扬声器后面，并注意控制两者的指向性，以免引起声回授，产生啸叫。

⑥ 扬声器连线要注意绝缘，并保持一定机械强度。

⑦ 扬声器在工作时和保存时都要注意防尘，保持防尘罩的完好，不使铁屑等物体掉进磁隙缝中，以免扬声器发出异常声。

⑧ 在用连续信号测试放大器的最大输出时，应使用正确的假负载来代替扬声器，以免扬声器受到长时期大功率作用产生过热而损坏。

⑨ 扬声器应置于干燥处保存，以免音圈受潮变形。

⑩ 不要用手重按扬声器的纸盆，以免造成音圈与导磁柱相碰。

6.9 扬声器的测量

对扬声器的正规测量比较复杂，需要成套的电声测量仪器和良好的消声室。这里仅就一些基本测量方法介绍如下。

6.9.1 扬声器阻抗的测量

如果扬声器上标记的阻抗值无法判断时，可用万用表来测扬声器的直流电阻后再乘以 1.1～1.3 就可求得阻抗值。

用仪表测量扬声器阻抗值，可用替代法来进行，测量系统框图如图 6-44 所示。图中 R_1 的阻值应大于 10 倍扬声器阻抗，R_2 为电阻箱。

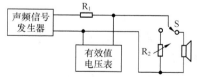

图 6-44 扬声器阻抗测量系统的框图

使声频信号发生器发出 200Hz 信号，调节电阻箱上电阻值，使加到被测扬声器上的电压与电阻箱上电压相等，电阻箱上的电阻值即被测扬声器的阻抗。

改变声频信号发生器的频率，可以测得不同频率的阻抗。

6.9.2 纯音检测

纯音检测可以检查扬声器有无杂音、异常声等出现。将声频信号发生器、放大器和扬声器依次相连，连续改变声频信号发生器的频率，用听觉判断所发纯音的干净程度。注意加给扬声器的电功率应等于扬声器的额定功率。另外，当对高频扬声器检测时，为防止扬声器损坏，可与扬声器串接一个 5～10μF 的电容器。

6.9.3 共振频率的测量

扬声器共振频率测量系统的框图如图 6-45 所示，图中电阻 R 的阻值应为扬声器阻抗的 10 倍。连续改变声频信号发生器的频率，当电压表指示的电压最大时，声频信号发生器的频率即为被测扬声器的共振频率。

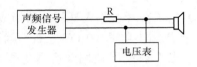

图 6-45　扬声器共振频率测量系统的框图

6.9.4 等效品质因数的测量

求出扬声器共振频率后，可根据下式求出扬声器的等效品质因数 Q_0（即共振锐度）：

$$Q_0 = \frac{f_0 R}{(f_2 - f_1) Z_{\max}}$$

式中，R 为音圈直流电阻，单位为Ω；$Z_{\max}$ 为扬声器阻抗的极大值，单位为Ω；f_1、f_2 为扬声器阻抗下降至 $\frac{Z_{\max}}{\sqrt{2}}$ 时的频率，单位为 Hz。

6.9.5 声压频率特性的测量

扬声器声压频率特性的测量系统框图如图 6-46 所示。放大器输给扬声器 1W 功率，在距扬声器前方 1m 处由传声器拾取扬声器所发声音，测得它的声级。改变声频信号发生器的频率，就可测得扬声器声压频率特性。声级记录器应与声频信号发生器同步机械连接，自动记录测量曲线。这一测量应在消声室中测量，或在空旷、安静的场所进行。

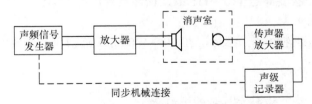

图 6-46　扬声器声压频率特性的测量系统框图

6.10　耳机

6.10.1　耳机的特点和对它的要求

耳机是贴在人耳上直接重放声音的电声换能器，它通过耳垫使小型电声换能单元与人耳耳郭相耦合，将声音直接送到外耳道入口处。图6-47所示为将左右两个电声换能单元用头环连接戴在头上的耳机，称为头戴式耳机，简称耳机。此外，还有可以插入外耳道的耳塞式小型耳机，称为插入式耳机，简称耳塞机。

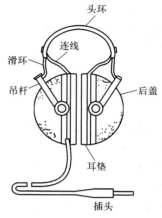

图6-47　头戴式耳机

1．耳机的优点

因为耳机是在人耳外耳道入口处重放出直达声的，所以它具有以下一些优点。

① 只需在耳机与人耳耳郭所形成的小气室内产生声压就可以，所以用小功率（0.1W左右）就可以给出很大的声压。

② 电声换能器使用效率虽然很低，但静电式或电动式等换能器能给出良好的音质。

③ 放音时不受外界环境噪声的干扰。用扬声器重放声音时，音质要受房间声学特性的影响，但用耳机听音时，音质只由耳机的性能决定。

④ 当扬声器重放出大音量的声音时，声音会传到室外成为噪声，干扰他人，因而音量受到限制，但耳机的声音不会泄漏到室外，因而重放音量可以自由选定，在深夜重放立体声时，这个优点尤其突出。

⑤ 耳机售价比扬声器便宜，但音质却很好。

2．耳机的缺点

① 用耳机重放立体声时，声像容易出现在头中或头后方，难以得到自然的声像定位。

② 耳机虽然已做到轻型化，但长时间佩戴仍会感到耳部受压迫和不舒服。

3．对高保真重放耳机的要求

① 戴在人耳上时，应有50～10000Hz±3dB的频率特性。

② 最大输出声压级要高达110～115dB，谐波失真应在5%以下。

③ 瞬态特性良好。

④ 左右耳机单元的特性差异要小，在50～10000Hz范围内不一致性应小于2dB，以保证良好的立体声听音。

⑤ 质量要轻。

⑥ 耳垫压力要适当，以减小耳朵的压迫感。

⑦ 结构优良。

耳机的灵敏度是以 dB/mW 为单位的，一般耳机的灵敏度为 90dB/mW，高的可达100dB/mW。耳机所需的功率很小，最大允许输入功率为200～300mW。

6.10.2　耳机的类型和构造

耳机根据所用电声换能器的不同，大致有电动式（包括动圈式和等电动式）、电磁式、静电式和压电式等。其中以电动式耳机应用得最多。

动圈式耳机单元由一个作为驱动器的小型动圈扬声器构成，它的振膜大多为塑料薄膜。耳机还可分为密闭式、开放式和半开放式三种。密闭式耳机构造如图 6-48 所示，它在使用时耳垫完全罩住耳朵，声音不会泄漏到外面，很小的功率就能给出很大的声压，但罩不严耳朵时，低音会有损失，长时间使用，对耳朵有压迫感。它适合于录音监听用，或者在环境噪声大的场合使用。开放式耳机的构造如图 6-49 所示，它的耳垫及后盖都能泄漏声音，佩戴时没有与外界的隔绝感，比较舒适。半开放式耳机靠耳朵的一边是密闭的，另一边是开放的。静电式和压电式耳机大多是半开放式的。

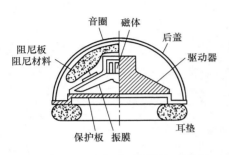

图 6-48　密闭式动圈耳机的构造

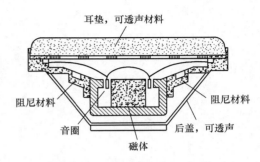

图 6-49　开放式动圈耳机的构造

近年来，又出现了等电动式耳机（或称电动平面驱动式耳机），它的构造如图 6-50 所示，其工作原理与通常的电动式耳机相同。它是在两个具有许多相同极性的盘形磁体之间放置一个上面经刻蚀形成导电体的塑料薄型振膜，磁极间的磁通与振膜平行。当导体中流过声频信号电流时，振膜将受力在前后方向作整体振动。盘形磁极上开有能通过声音的小孔，振动的声音就由小孔传出。振膜由 12～25μm 厚的聚酯薄膜做成，上面的导电体呈螺旋形或弓字形，厚度为 30μm。由于导电体几乎分布在全部振膜上，并且振动系统很轻，所以振膜整体可受到同相位的驱动，不会产生分割振动。

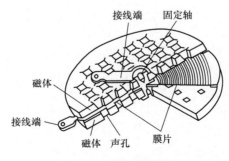

（a）驱动单元剖面图

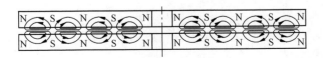

（b）磁体的磁通

图 6-50　等电动式耳机的构造

这种耳机的瞬态特性好、频带宽，缺点是磁通利用率不高。它的阻抗在高声频段并不上升，为100Ω左右，灵敏度约为94dB/mW。

目前市场上还出售能接收红外线传送信号的红外耳机，它可以去掉耳机与放大器之间的接线，给使用者带来了很大方便。

扩声是利用传声器、放大器（扩音机）、扬声器及其他有关设备（例如均衡器、延时器等），将声源发出的声信号加以放大处理，以使较大面积、较多的人能听到的一种技术，通常将这种系统称为扩声系统。

扩声可以在室内范围进行，通常称为室内扩声、厅堂扩声等，也可以在室外一定范围内进行。

扩声技术中要解决声反馈问题。所谓声反馈是指声源信号经传声器转变为电信号经扩音机放大后由扬声器发出声音，其中一部分声音又进入传声器，反复被放大，引起啸叫的现象。解决声反馈问题是扩声技术中的首要问题。

7.1 扩声设备的组成

扩声设备主要是指扩音机（或称放大器、功率放大器）。它是一种将传声器获得的声音信号所转换的微弱电信号进行放大后，使相连接的扬声器发出经放大了的声音的设备。当使用多只传声器时，为了解决阻抗匹配、信号损失和各路信号便于单独控制等问题，通常增设一前级增音机。本节将研究扩音机和前级增音机的一些问题。

7.1.1 扩音机

1. 扩音机的技术性能

（1）额定输出功率

额定输出功率是指扩音机能够输出失真度小于某一规定值（例如 5%）时的最大输出功率。例如失真度 5% 时为 50W，失真度 10% 时为 80W。

室内扩声时，为达到正常响度所需要的声功率并不很大。图 7-1 所示为达到 70dB、80dB、90dB 声压级时所需的声功率与扩声房间容积的关系。例如一房间容积为 6000m³，有 1500 个座位，要使听众位置上有 80dB 声压级，只需要 0.2W 声功率。考虑到电动式纸盆扬声器的电声转换效率只有 1%，扩音机的电功率也不过 20W，再加上传输线路的损失，则扩音机的输出电功率需要 30W。如果改用换能效率为 5% 的号筒扬声器，则扩音机的输出电功率只需 6W。如果考虑到房间内声反馈问题，扩音机的输出电功率还应减小。实际中，扩音机的输出功率增加一倍，会场中的声压级只不过提高了 3dB。

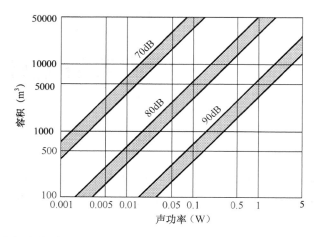

图 7-1　房间内达到 70dB、80dB、90dB 声压级时所需声功率与房间容积的关系

（2）频率响应

频率响应是指扩音机放大电信号过程中频率失真程度的指标，通常取不均匀度为 ±2dB 的频率范围。例如频率范围为 20Hz～20kHz，不均匀度不大于 ±1dB 的指标是属于保真度较高的扩音机。通常频率范围为 150～5000Hz，不均匀度不大于 ±2dB 已能满足室内扩声要求。

（3）失真度

失真度是指在规定的频率响应范围内谐波失真度，高级扩音机通常在 40～16000Hz 范围内的失真度应小于 1%。

（4）噪声电平

扩音机的热噪声等所产生的噪声电压与额定输出电压之比的 dB 值称为噪声电平，通常是负值，上述比值倒数的分贝值称为信噪比（*S/N*），通常是正值。

例如，一台 50W 扩音机的输出阻抗为 8Ω，它的额定输出电压为 20V，如果无信号时的噪声电压为 100mV，则噪声电平为

$$20\lg\frac{0.1}{20} = -46\text{dB}$$

而信噪比为 + 46dB。

2．扩音机的输入

（1）传声器输入

传声器输出的电信号可连接到扩音机面板上的"传声器输入"插孔。通常扩音机有一个或两个传声器输入插孔，大多是配合高阻抗（>20kΩ）传声器使用的，也有带有低阻抗插孔的。如果高阻抗传声器插到低阻抗插孔中，则失真会很大。相反，低阻抗传声器插到高阻抗插孔时，则信号电压太小，会使声音过小。

（2）拾音器（唱机）输入

以往生产的扩音机大多有供密纹模拟唱片拾音器输出的插孔，由于密纹唱片已趋于淘汰，

新生产的扩音机大多没有拾音器插孔，而只有线路插孔。

（3）线路输入

线路输入信号通常要比传声器和拾音器都大，一般是 6dBm。线路插孔有双芯的平衡式和单芯的不平衡式两种。

表 7-1 给出了扩音机各种输入通道灵敏度的大致情况。

表 7-1　　　　　　　　　扩音机各种输入通道灵敏度的大致情况

输　入　通　道	阻　　　抗	输　入　电　压	输　入　电　平	备　　　注
传声器	≥20kΩ	≤10mV	≤-38dBm	不平衡式
	≥600kΩ	≤1mV	≤-58dBm	平衡或不平衡式
拾音器	≥100kΩ	≤200mV	≤-11.5dBm	不平衡式
线路	600Ω	≤755mV	≤0dBm	平衡或不平衡式

3. 扩音机的输出

扩音机有定阻抗输出和定电压输出两种形式。输出功率在 150W 以下的大多是定阻抗式输出，150W 以上的则大多是定电压式输出。扩音机输出与扬声器的配接是很重要的问题，我们将在后面专门介绍。

7.1.2　增音机

当传声器多于两个，或扩音机的输出信号除了送给扬声器扩声以外，还要送往录音机进行录音或向现场以外的地方转播时，就需使用前级增音机。

扩音机大多由电压放大器和功率放大器两部分构成。信号先经电压放大器放大到一定强度后再推动功率放大器输出一定功率，使扬声器发声。通常将电压放大部分称为前级（或前置）放大器，如果将前级放大器单独分离出来，附加上一些装置来满足除扩声以外的要求，就成为前级增音机，可以简称为"前级"。

前级增音机的输出阻抗大多为 600Ω（也有 150Ω 的），额定输出电平为 0dB、+ 6dB、+ 17dB 三挡，以适应录音、扩声和线路传输等的不同情况。前级增音机都装有总音量控制器及输出电压表（音量单位表 vu）。它实际上相当于一个小调音台的一部分。

1. 平衡与不平衡输入/输出

由传声器等信号源通过导线进入扩音机时，导线上都会在交变电磁场中感应出交流电动势，当与扩音机输入回路接通时，会形成交流噪声电流，经放大后成为噪声。这个噪声的大小随电磁场强度、频率和导线长度成比例增大。所以应将导线进行屏蔽，即用屏蔽线来传输信号。屏蔽线是在普通导线外面包上一两层金属丝纺织的导线，并将它接地。这样，可使交变电磁场中所感应的交流电流经金属屏蔽层接地短路，从而起到屏蔽作用，如图 7-2（a）所示，用单芯屏蔽电缆进行传输的方式称为不平衡式。

如果导线附近交变电磁场很强或导线超过 10m，单芯屏蔽线就应换为双芯屏蔽线。双芯是一去一回两根线形成平衡式的输入（输出）方式，或称为对称输入（输出）方式，并且扩音机的输入阻抗也应降低以减小感应噪声。通常是在输入和输出端分别利用变压器来连接，如图 7-2（b）所示。这时，在两个芯线上感应的噪声电流 i_1 及 i_2 彼此抵消，而信号电流则不受任何影响。

另一种平衡输入是将连接扩音机输入端的变压器初级中心抽头接地，如图 7-2（c）所示。双芯导线上感应的噪声电流 i_1 及 i_2 将分别流经变压器 L_1 和 L_2 而抵消，信号电流 i 则经 L_1、L_2 形成回路，顺利进行传输，但这种方式所用变压器的 L_1 及 L_2 应完全对称才行。

平衡式电路与不平衡式电路彼此的连接可用声频变压器来转换相连，如图 7-3 所示。

2. 高阻抗和低阻抗输入/输出

高阻抗和低阻抗是指相对于设备常用阻抗大小来说的。例如对传声器和线路输出来说，600Ω 是低阻抗，因为扩音机的传声器输入阻抗通常为 20kΩ；而对扩音机功率输出端来说，250Ω 则是高阻抗了，因为扩音机输出端的低阻抗通常为 4Ω、8Ω 和 16Ω。

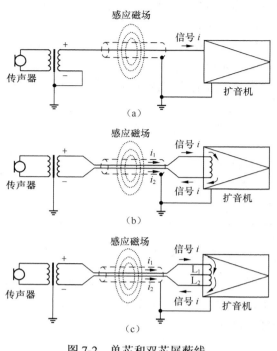

图 7-2　单芯和双芯屏蔽线

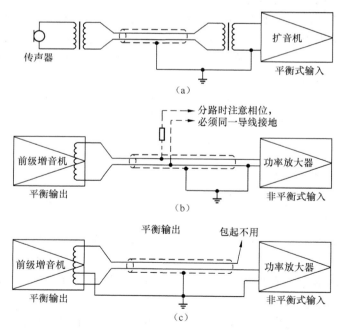

图 7-3　平衡式电路与不平衡式电路的连接

如果输入电压不变，则输入阻抗高时电流小，输入的电功率可减小，损耗功率也可减小。但高阻抗输入如果导线很长，则会由于线路上的分布电容和外部磁场的干扰，使高阻抗输入产生因高频损失而引起的频率失真和感应噪声干扰。扩音机的传声器输入阻抗高一些，可以减小它的前级电压放大倍数，所以通常以 20kΩ 作为普通扩音机和传声器的输入阻抗值。

7.2 扬声器与扩音机的配接

扩音机的输出形式有定阻抗式和定电压式两种。

定阻抗式输出是一种比较老式的设计。由于它的末级输出电路没有采用深度负反馈，所以输出内阻较高。当加给扩音机一个恒定输入信号时，根据负载阻抗的变化，输出电压也会产生较大变化，会影响输出信号非线性失真的变化。

定电压式输出扩音机，在末级输出电路中加有较深的负反馈，所以它的内阻较低。在它的额定功率以内，输出电压以及失真度都不随负载的变动而变化，好像一个稳压电源一样。

7.2.1 定阻抗式配接

1. 阻抗匹配

要做到正确的阻抗匹配，必须同时满足以下三个条件。

首先是功率匹配。全部负载吸收的总功率，应等于扩音机输出的总功率，或比总功率小些，但不应小于扩音机额定输出总功率的 70%；也可稍大一些，但最大不能超过扩音机额定输出总功率的 110%。扩音机上一般都标明了它的输出功率值，但这个数值会随使用情况而变化。因此可以对它的实际输出功率进行测量作为依据，使符合实际情况。在使用线间变压器匹配阻抗时，应使它的功率容量等于或大于扬声器的额定功率。

其次是负载（扬声器、线间变压器或假负载）的总阻抗应等于扩音机的输出阻抗，也可稍小或稍大一些，以使扩音机能够输出额定功率给负载。

最后是每个扬声器上分配到的功率，应等于或小于它的额定功率，不得大于它的额定功率。在扩音机负载过重或要求有较好的音质，以及有意识地要降低扬声器所发出声音的音量时，可以考虑适当降低扬声器的输入功率，由于扬声器的功率 $P = U^2/Z$（U 为电压，Z 为扬声器阻抗），所以只要确定扬声器两端的电压值，就可确定扬声器的输入功率。

定阻抗式扩音机只有在输出电路达到匹配时（即负载阻抗与扩音机输出阻抗接近一致时，也就是扩音机与扬声器达到最佳耦合时），扩音机才能输出额定功率，如图 7-4（a）所示，这时传输效率最高，失真也小。

如果负载阻抗大于扩音机输出阻抗，会产生轻载失配，如图 7-4（b）所示，这时，扩音机的输出电压将升高，扩音机的工作点会偏离设计的最佳工作点，失真就会增大，例如负载阻抗大一倍，输出电流就会减小一半，实际的输出功率也要比额定值小一半。另外，这种轻载失配，还会使扩音机输出变压器的一次阻抗升高，导致一次电压升高，严重时可能击穿输出变压器的绕组。如果将扩音机输出不接扬声器等负载，而呈开路状态，即负载阻抗相当无限大，则输出变压器将立即烧坏。

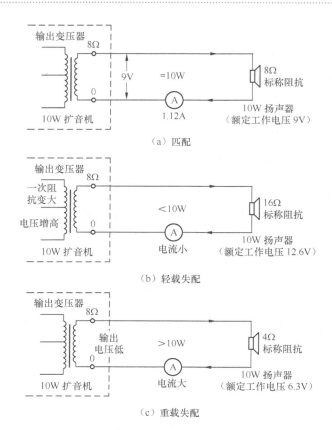

（a）匹配

（b）轻载失配

（c）重载失配

图 7-4　负载阻抗与扩音机输出阻抗之间的关系

　　与上述相反，如果负载阻抗小于扩音机输出阻抗，如图 7-4（c）所示，则将使输出电压降低，导致输出电流增大，加重了扩音机的负载，即重载失配，这时，扩音机的输出信号失真更为明显，并且容易烧坏末级输出管。

　　通常负载阻抗与扩音机输出阻抗相差不超过 10%，就可视为正常。有差值时可选用定阻值的假负载电阻进行串联、并联或串并联，使总阻值达到匹配。

2．导线的电阻及扩音机的输出阻抗

　　扬声器与扩音机的连接通常使用塑料软线，导线的电阻随铜丝的线径和股数而不同，表 7-2 给出了常用塑料软线的规格和阻值。

表 7-2　　　　　　　　　　　常用塑料软线的规格和阻值

导　线　规　格		单根导线每百米长的电阻值（Ω）
铜丝股数/每根铜丝线径（mm）	截面积（mm²）	
12/0.15	0.2	7.5
16/0.15	0.3	6
23/0.15	0.4	4
40/0.15	0.7	2.2
40/0.193	1.14	1.5

定阻抗式扩音机的输出阻抗，也称为额定负载阻抗，通常有 4Ω、6Ω、8Ω、16Ω、250Ω 等，它们分别表示各阻抗接头与公共接头"0"之间输出阻抗。通常将 16Ω 以下的各接头称为低阻抗输出，100Ω 以上的接头称为高阻抗输出。

当扬声器距扩音机较近（<50m）时，大多将扬声器与低阻抗接头相连接。它的优点是：线路的分布电容对高频信号不易旁路，因而损失较小；可以不用变压器进行匹配，减小对音色和传输效率的影响。缺点是导线不能过细。

但有时扬声器的总阻抗不易符合规定数值。例如一只 4Ω、5W 扬声器距扩音机 30m 时，如用两根 12/0.15mm 塑料软线连接，可算出导线阻值为

$$\left(7.5\Omega \times \frac{30}{100}\right) \times 2 = 4.5\Omega$$

但扬声器的额定阻抗只有 4Ω，这就使多一半的能量损耗在导线上，并且使总阻抗也不匹配了。通常要求总阻抗不超过扩音机额定阻抗 10%，即本例中的导线阻值不能大于 0.4Ω，也就是说单根导线的阻值不能大于 0.2Ω。

如果将 4Ω 扬声器通过一个 250:4 的变压器后连接到扩音机 250Ω 高阻接头上，如果导线规格和长度不变，导线电阻 4.5Ω 只占输出阻抗 250Ω 的 1.8%。但高阻抗连接时也有缺点，例如所用变压器要损失 20% 的功率。另外，变压器绕组的电感量不可能很大，会使低频信号的传输受到限制，同时，高频信号也会因线圈的分布电容和漏磁及线路的分布电容而受到损失。

3．扬声器的功率分配

如前所述，在扬声器与扩音机相连接时，除了阻抗应匹配外，还应考虑扬声器的功率分配问题。例如一台 10W 的扩音机，在 8Ω 输出端，连接一个 10W、8Ω 扬声器，扬声器实得 10W 功率是匹配的；如果在 8Ω 输出端连接一个 20W、8Ω 扬声器，扬声器仍实得 10W 功率，也是容许的；如果在 8Ω 输出端连接一个 5W、8Ω 的扬声器，扬声器实得 10W 功率，扬声器将被烧坏，是不容许的；如果在 8Ω 输出端连接一个 8W、8Ω 的扬声器，扬声器实得 10W，还勉强可以。

扬声器的功率可分为额定功率、需要功率和实得功率。扬声器的额定功率是指扬声器能承受的功率；扬声器的需要功率是指在一定的供声范围内，要求听众席上达到一定声压级时，对具有一定灵敏度的扬声器所应加给的功率；扬声器的实得功率是指扩音机分配给扬声器的功率。通常扬声器的实得功率一方面应等于或小于扬声器的额定功率，另一方面应大于或等于扬声器的需要功率。

设扬声器需要的电功率为 P（W）；L 为扬声器供电范围内听众席上要求达到的声压级（dB）；r 为供声范围的最大距离（m）；L_0 为扬声器轴向灵敏度在 1W、1m 时的声压级（dB），则可得到

$$10\lg P = L + 20\lg r - L_0 \tag{7-1}$$

例如，根据一个扬声器的灵敏度，已知 1W、1m 时有 96dB 声压级，它的供声范围最大距离为 20m，如要求在这一范围内达到 80dB 声压级，则该扬声器所需的电功率可由式（7-1）计算：

$$10\lg P = 80 + 20\lg 20 - 96 = 10$$

即所需电功率为 10W。

考虑到线路和变压器的损耗，实际分配给扬声器的功率可比计算值大 20%～30%。

4．相同阻抗、相同功率扬声器按相同功率分配的连接

将扩音机的功率按照它的输出阻抗平均分配给几只（或几组）相同阻抗、相同功率的扬声器时，连接较为容易。例如有一台 80W 扩音机，它的输出阻抗有 4Ω、8Ω、16Ω、250Ω几挡。如果要连接四只 25W、16Ω的扬声器，可有三种连接方法，如图 7-5 所示。其中图 7-5（a）为将四只 16Ω扬声器并联成为阻抗 4Ω，接在 4Ω输出端上；图 7-5（b）为先将每两只 16Ω扬声器串联成一组 32Ω，再将两个 32Ω并联成为 16Ω后，接在 16Ω输出端上；图 7-5（c）采用高阻抗连接，在每只扬声器前加接一只 25W、1000:16 的线间变压器，四只变压器并联为 250Ω，接在 250Ω输出端上。这三种连接法，都达到了阻抗匹配的目的，虽然扬声器的额定功率总和为 100W，但实际可得到的功率总和为 80W，可以认为功率的配接是适当的。

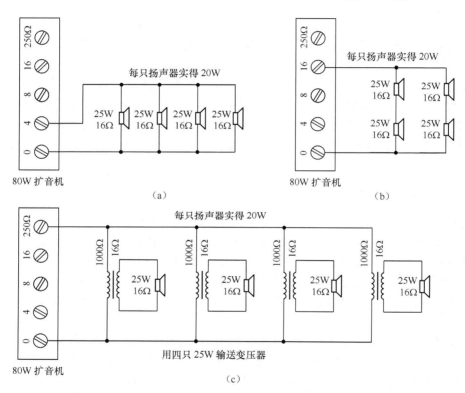

图 7-5　相同阻抗、相同功率扬声器按相同功率分配的连接方法

5．相同阻抗、相同功率扬声器按不同功率分配的连接

（1）高阻抗输出时

设有六个 25W、16Ω扬声器每两个按 4:2:1 功率比，对一个 80W 扩音机进行功率分配，如采用 250Ω高阻抗输出时，根据要求，两只 A 扬声器各得 20W，两只 B 扬声器各得 10W，两只 C 扬声器各得 5W，功率总和为 70W，因此需增加一个 10W 的假负载电阻。由于负载功率上下相差未超过 20%，因此也可不加这一假负载电阻。

设扩音机的输出功率为 P_0、输出阻抗为 Z_0，扬声器实得功率为 P，则扬声器的阻抗 Z 可由下式求得

$$Z = \frac{P_{o}Z_{o}}{P} \qquad (7\text{-}2)$$

根据式（7-2）有：

① 两只 A 扬声器各得 20W 时

$$Z = \frac{80 \times 250}{20} = 1000\Omega$$

② 两只 B 扬声器各得 10W 时

$$Z = \frac{80 \times 250}{10} = 2000\Omega$$

③ 两只 C 扬声器各得 5W 时

$$Z = \frac{80 \times 250}{5} = 4000\Omega$$

④ 负载电阻应消耗 10W 功率，因此与②相同需 2000Ω。

这样可将六只扬声器和一只负载电阻一起并联接到扩音机 250Ω 输出端上，如图 7-6 所示。

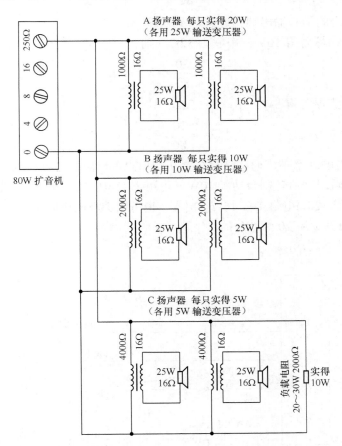

图 7-6　高阻抗输出时，相同阻抗、相同功率的扬声器按不同功率分配的连接

（2）低阻抗输出时

这时，扬声器阻抗 Z 的变化范围将受到一定限制，使连接比较麻烦。可以用串并联方法

来得到不同的 Z，也可将扬声器分为若干组，分别根据功率分配的要求与扩音机不同阻抗输出端相连接，也可在要求实得功率较小的扬声器上串接一定数值的电阻，以满足整个功率分配的要求。

扬声器应连接的扩音机输出阻抗 Z_o 可按下式求得

$$Z_o = \frac{PZ}{P_o} \qquad (7\text{-}3)$$

所以，低阻抗连接时，根据式（7-3）有：

① 两只 A 扬声器各得 20W 时

$$Z_o = \frac{20}{80} \times 16 = 4\Omega$$

即 A 扬声器应分别接在 80W 扩音机的 4Ω 输出端上，如果线路较长，需提高阻抗，也可将两只 A 扬声器串联成 32Ω，再进行如下计算：P 应为两只扬声器所需的功率，即应为 40W，所以

$$Z_o = \frac{40}{80} \times 32 = 16\Omega$$

即应与 80W 扩音机的 16Ω 输出端相连接。

② 两只 B 扬声器各得 10W，串联为 32Ω，则

$$Z_o = \frac{20}{80} \times 32 = 8\Omega$$

③ 两只 C 扬声器各得 5W，串联为 32Ω，则

$$Z_o = \frac{10}{80} \times 32 = 4\Omega$$

扬声器 C 分得的功率小，通常将它布置在台口附近，距扩音机较近。

④ 假负载电阻用来消耗剩余功率 10W，可用 32Ω 电阻接在 4Ω 输出端，或用 64Ω 电阻接在 8Ω 输出端，或用 128Ω 电阻接在 16Ω 输出端，也可用 2000Ω 电阻接在 250Ω 输出端。假负载电阻的额定功率最好选用 20～30W 的。

整个连接如图 7-7 所示。

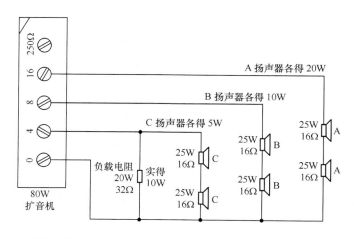

图 7-7　低阻抗输出时，相同阻抗、相同功率扬声器按不同功率分配的连接

6．不同阻抗、不同功率的扬声器与扩音机的连接

不同阻抗、不同功率扬声器与扩音机的连接，大多需用线间变压器。

例如，一只 25W、16Ω的扬声器和两只 12.5W、8Ω的扬声器，如将它们连接至一个 50W 扩音机的输出端，可按如下方法连接：从功率来看，25W + 2 × 12.5W = 50W，与扩音机的功率相符，可将两只 12.5W、8Ω扬声器串联成为 25W、16Ω，再与另一只 25W、16Ω扬声器并联后与扩音机 8Ω输出端相连。

又如，一台 50W 扩音机要在 250Ω输出端连接两只 12.5W、8Ω扬声器，两只 10W、8Ω 扬声器和一只 5W、4Ω扬声器，可按如下方法连接：已知五只扬声器总功率为 2 × 12.5W + 2 × 10W + 5W = 50W，与扩音机功率相符，可采用线间变压器与扩音机 250Ω输 出端进行连接，线间变压器的初级阻抗应为

对于 12.5W 扬声器：	250Ω × 50/12.5=1000Ω；
对于 10W 扬声器：	250Ω × 50/10=1250Ω；
对于 5W 扬声器：	250Ω × 50/5=2500Ω。

按照计算结果，可如图 7-8 进行连接。

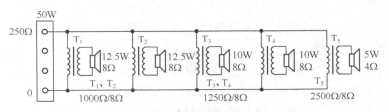

图 7-8　采用线间变压器连接图

7.2.2　定电压式配接

定电压式扩音机大多标明了它的输出电压和输出功率。从输出电压来说，可分为 120V 或 240V 的高电压和 20V 以下的低电压两类。低电压输出的小功率扩音机可以与扬声器直接 相连，高电压输出的扩音机则需加接变压器后才能与扬声器相连。

由于扬声器只标明阻抗和功率，所以与定电压扩音机相连时需先将扬声器的标称阻抗转 换为电压后才能相连，转换时可按下式进行：

$$U = \sqrt{PZ}$$

式中，U 为电压；P 为功率；Z 为阻抗。例如，一只 25W、16Ω的扬声器，它的额定工作电压 $U = \sqrt{25W \times 16\Omega} = \sqrt{400}_{V} = 20V$。表 7-3 给出了不同功率和阻抗的扬声器和它的额定电压的换算表。

表 7-3　　　　　　　　不同功率和阻抗的扬声器和它的额定电压换算表

额定电压(V) ＼ 额定功率(W) ／ 标称阻抗(Ω)	1	1.5	2	3	5	10	12.5	15	20	25
4	2	2.5	2.8	3.5	4.5					
8	2.8	3.5	4	4.9	6.3	8.9	10			
16		4.9	5.7	6.9	8.9	12.7		15.5	17.9	20

实际上，采用定阻抗式和定电压式是一致的，例如两个 25W、16Ω扬声器与一台 50W 扩音机相连时，如用定阻抗式可将两个扬声器并联，变为 50W、8Ω与扩音机 8Ω输出端相连。

如用定电压式连接，可查表 7-3，或根据 $U=\sqrt{PZ}=\sqrt{25W\times16\Omega}$ =20V，或根据表 7-4 求得 50W 扩音机 8Ω的输出端的输出电压也是 20V，所以扬声器可以直接连接到 20V（8Ω）输出端。

表 7-4   几种扩音机输出接线端的阻抗与电压的互换表

功率(W)＼阻抗(Ω)／电压(V)	2	4	8	12	16	24	32	48	60	100	125	150	200	250	500
20	7.07	10.0	14.1	17.3	20.0	24.5	28.3	34.6	38.7	50.0	55.9	61.2	70.7	79.1	112
40	8.94	12.7	17.9	21.9	25.3	31.0	35.8	43.8	49.0	63.3	70.7	77.5	89.4	100	141
50	10.0	14.1	20.0	24.5	28.3	34.6	40.0	49.0	54.8	70.7	79.1	86.6	100	112	158
60	11.0	15.5	21.9	26.8	31.0	38.0	43.8	53.7	60.0	77.5	86.6	106	123	137	194
75	12.3	17.3	24.3	30.0	34.6	42.4	49.0	60.0	67.1	86.6	96.8	106	123	137	194
80	12.7	17.9	25.3	31.0	35.8	43.8	50.6	62.0	69.3	89.4	100	110	127	141	200
100	14.1	20.0	28.3	34.6	40.0	49.0	56.6	69.3	77.5	100	112	123	141	158	224
150	17.3	24.5	34.6	42.4	49.0	60.2	69.3	84.9	94.9	123	137	150	173	194	274
200	20.0	28.3	40.0	49.0	56.6	69.3	80.0	98.0	110	141	158	173	200	224	316
250	22.4	31.6	44.7	54.8	63.3	77.5	89.4	110	123	158	177	194	224	250	354
500	31.6	44.7	63.3	77.6	89.4	110	127	155	173	224	250	274	316	354	500
1000	44.7	63.3	89.4	110	127	155	179	219	245	316	354	387	447	500	707

由表 7-4 还可看出，50W、32Ω输出端的输出电压是 40V，由两只 25W、16Ω扬声器串联起来的工作电压也是 40V，所以可以串联后接在 32Ω接线端上。

例如，有一台 80W 扩音机，输出端可接 8Ω、16Ω、32Ω、100Ω，现有两只 20W、16Ω，两只 15W、16Ω和一只 10W、8Ω扬声器，可按如下方法连接。

扬声器总功率为 $20\times2+15\times2+10$=80W，与扩音机相符。查表 7-4 得扩音机各输出端电压值分别为 25.3V、35.8V、50.6V 和 89.4V，查表 7-3 可得 20W、15W、10W 扬声器的工作电压分别为 17.9V、15.5V、8.9V。可以看出，扩音机的 35.8V 接线端的输出电压正好是 20W 扬声器工作电压 17.9V 的两倍，因此可将两只 20W 扬声器串联后接在这个接线端上。15W、10W 扬声器没有合适接线端可接，需用线间变压器来配接，15W 扬声器可选用一次 90V、二次 15V、功率不小于 15W 的线间变压器，10W 扬声器可选一次 90V、二次 9V、功率不小于 10W 的线间变压器，将变压器连接到电压相近的输出接线端上即可，如图 7-9 所示。

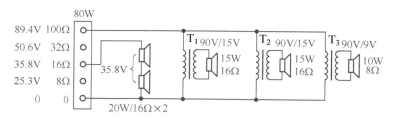

图 7-9   80W 扩音机与五只扬声器的连接图

当加给扬声器的电压小于扬声器的额定电压时，扬声器的实得功率将减小，实得功率与额定功率之比，等于所加电压的平方与额定电压平方之比，因此，所加电压为额定电压一半时，扬声器只能发出 1/4 的额定功率。

7.3　扩声扬声器的布置和啸叫的防止

7.3.1　室内扩声系统

室内扩声系统扬声器的布置方式可分为集中式、分布式和集中加辅助扬声器三种。它们在室内的典型布置如图 7-10 所示，该图是剧场的纵剖面图。集中式通常是将扬声器安装在舞台上方或台口两侧；集中加辅助扬声器方式的主扬声器可在剧场的顶棚上，而在剧场后部的顶棚或侧墙上安装辅助扬声器，为了防止听众有回声感觉，可对不同位置的辅助扬声器加以适当的延时；分布式系统是使用大量扬声器均匀分布在听众区，扬声器可以安装在顶棚或侧墙，也可以安装在听众的椅背上或会议桌上。

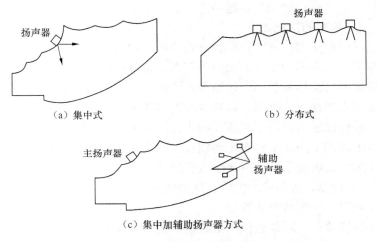

（a）集中式　　　　　　　　　（b）分布式

（c）集中加辅助扬声器方式

图 7-10　室内扩声系统扬声器布置的三种方式

这三种方式的特点如下。

① 集中式，声音来自舞台方向，与观众视听的方向感是一致的，因而听感比较自然，但对形状复杂（例如眺台过深）或过大的厅堂，声场不易均匀，后座的声级会偏低。另外，因为扬声器靠近台上的传声器，容易引起声反馈而产生啸叫，最好选用方向性强的扬声器或声柱。

② 集中加辅助扬声器方式，在不加延时器的情况下，前后两组扬声器之间，距离最好在10m 左右，最大不要超过 16m，否则后座的听众容易听到双重声，这种方式比集中方式的厅内各点声场要均匀。另外，由于辅助扬声器离听众的距离比集中式大为缩短，增大了直达声能和混响声能之比，有利于清晰度的提高。

③ 分布式系统的扬声器与听众之间的距离很近，输出声级可以较小，但清晰度却大为提高。这种方式可使厅内各点的声场达到均匀，但听众的视听方向感较差。

7.3.2　室外扩声系统

室外扩声系统扬声器的布置方式比室内扩声系统增加了混合方式。混合方式用于地形复杂的场所。按照实际情况可以同时采用上述的两种不同的布置方式。

7.3.3 防止声反馈引起啸叫的措施

在室内或室外使用扩声系统，传声器将接收三个方面传来的声音：一是讲话人的直达声；二是扬声器传来的重放声；三是由室内、室外反射体（墙壁、物体等）的反射声。后两种声音将会形成扩声系统的反馈声，且当反馈声达到一定数量时，扬声器就会产生啸叫声，破坏了扩声系统的正常工作。它与放大器中正反馈过大所引起的自激振荡非常相似。

放大器产生自激振荡有两个条件：一是某一反馈频率的相位与输入频率的相位相同，二是反馈量要足够大。扩声系统的声反馈与它非常相似。另外，由于声反馈的延时，还会影响室内混响时间，使它变长。

由于声反馈，扩声系统的音量不能开大。通常用"传声增益"来表示声反馈的程度。"传声增益"是指当扩声系统音量开至最大，仍未出现啸叫时，各听众席接收到的来自扬声器的声音与传声器接收到讲话人直达声之间的声级差值，以 dB 表示。这一差值越大，表明扩音机的音量可以开得越大，"传声增益"也越高。

防止出现声反馈啸叫的措施如下。

① 采用有指向性传声器，使它只接收来自声源方向的声音。

② 采用有指向性扬声器，使之不朝向传声器，最好使用声柱。

③ 讲话人缩短与传声器的距离，以增大直达声，从而可减少扩音机的放大倍数。

④ 在传声器附近增加吸声处理，以减少反射到传声器的反射声。

⑤ 选用频率特性比较平直的传声器和扬声器，以免由于有峰值而引起自激。

⑥ 房间的混响时间不应在某些频段特别长，以免引起自激。

⑦ 对低频（例如250Hz以下）声音作适当衰减，有助于防止自激。这是因为传声器和扬声器在低频的指向性较差，并且房间混响在低频较长。

⑧ 尽量减少同时工作的传声器数量。

⑨ 使用多个扬声器时，对靠近传声器的扬声器应少馈给一些功率。

⑩ 利用移频器将重放的整个频段进行几赫兹的偏移，使反馈声偏离，从而可提高传声增益3～6dB，或利用移相器对重放声的相位进行一些改变来防止反馈的产生。另外，还可利用窄带滤波器，对引起啸叫最严重的频段进行衰减以提高全系统的传声增益。

7.3.4 扩声系统的电声性能指标和术语

1. 扩声系统的电声性能指标

各类不同用途的厅堂，其扩声系统的电声性能指标如表7-5所示。

表7-5　　　　　　　　　　　　厅堂扩声系统的电声性能指标

性质	分类	声 学 特 性			
		最大声压级	传 声 增 益	声场不均匀度	总 噪 声 级
音乐扩声系统	一级	100～6300Hz 范围内平均声压级≥103dB	100～6300Hz 的平均值≥-4dB，音乐演出（戏剧演出）≥-8dB	100Hz≤10dB 1000 Hz≤8dB 6300	≤NR-25
	二级	125～4000Hz 范围内平均声压级≥98dB	125～4000Hz 的平均值≥-8dB	1000 Hz≤8dB 4000	≤NR-30

续表

性质	分类	声 学 特 性			
		最大声压级	传 声 增 益	声场不均匀度	总 噪 声 级
语言和音乐兼用的扩声系统	一级	125～4000Hz 时平均声压级≥98dB	125～4000Hz 的平均值≥−8dB	1000 Hz≤8dB 4000	≤NR-30
	二级	250～4000Hz 时平均声压级≥93dB	250～4000Hz 的平均值≥−12dB	1000 Hz≤8dB 4000	≤NR-30
语言扩声系统	一级	250～4000Hz 时平均声压级≥90dB	250～4000Hz 的平均值≥−12dB	1000 Hz≤8dB 4000	≤NR-30
	二级	250～4000Hz 时平均声压级≥85dB	250～4000Hz 的平均值≥−14dB	1000 Hz≤10dB 4000	≤NR-35

2．扩声系统术语

（1）最大声压级

最大声压级表明了扩声系统可提供功率的能力。它的粗略确定方法是在向调音台输入稳态简谐信号，用推拉衰减器（即"推子"）控制输入信号大小，当信号增至啸叫出现时，将推子拉下 6dB 时所对应的声压级。在使用中，应不使音量过大，以免影响人的健康。

（2）传声增益

传声增益是当扩声系统工作时，在听众位置上的声能密度与系统不工作时自然声源在传声器处产生声能密度的比值，取常用对数，并用 dB 表示。

（3）传输频率特性

传输频率特性是指房间内各点稳态时声压级随频率变化的特性，它应尽可能平直才好。可由粉红噪声发生器（或 CD 测试光盘）提供的粉红噪声作为声源，在 80Hz～8kHz 时声压级的公差应为 + 4～−8dB。

（4）声场不均匀度

加扩声系统后，会场内各代表点测得的稳态声压级的最大值与最小值之差。具体数值应为：100Hz 时不大于 10dB，1000～6000Hz 时不大于 8dB。

（5）总噪声级

当扩声系统达到最大声压级，在无有用声音信号输入时，室内各听众席处噪声声压级的平均值。

8.1 室内声音

8.1.1 室内声音的传播

声音在室内传播时，会受到房间界面（四壁、地面、天花板）和房间内物体的反射和吸收，与在室外有很大不同。图 8-1 所示为一个矩形房间的横剖面，当声源在 S 处发声时，房间内听声人 L 先听到的是由声源直接传来的声音，即直达声 SL，然后依次听到由声源经一面墙反射到达听声人的一次反射声 SAL、SBL，经两面墙反射后到达听声人的二次反射声 $SCDL$，经三面墙反射后到达听声人的三次反射声……直到多次反射声。由于房间各表面在对声音反射时还要吸收一部分声能，因此，反射声随反射次数的增多，强度将逐渐减弱。另外，反射声到达听声人处的路程要长于直达声的路程，因而反射声到达听声人处的时间要滞后于直达声，反射次数越多的声音，滞后的时间也就越长。注意，声音反射时应符合入射角等于反射角的规律。

如果声源发出的是脉冲声，在室内某一点听声时，按照声音到达的先后，可分为直达声、早期反射声（近次反射声）和混响声（多次反射声）三部分，如图 8-2 所示。其中早期反射声迟于直达声并且强度小于直达声。混响声的密度将随时间增加而越来越大，强度则越来越小。

一般来说，直达声是声源按视线距离传到人耳的声音，它携带着声源方向的信息，反映着声源的瞬态特性，决定着声音的清晰度。由于声源大多可看作点声源，发出的是球面波，而球面声波的强度与距离的平方成反比，因而听声人距声源越远，听到的直达声强度就会越弱。由于直达声在传播过程中要受到空气对高频成分的吸收，因此，听到的直达声要比声源发出的声音缺少高频成分。声源与听声人相距越远，声音的高频成分被衰减得就越多，音色就会越显得发暗。反射声通常是由大厅侧墙形成的，它的幅度要受房间界面的吸声材料吸声性能的影响。如果吸声材料吸声性能强，则早期反射声的幅度就小，混响声的持续时间也短，房间就比较"沉寂"；反之，房间就比较"活跃"。另外，直达声与反射声之间的时间间隔，通常称为初始延时或预延时时间。这一时间的长短，反映了房间的大小或空间感。因此，早期反射声可以给人以亲切感和临场感。早期反射声和混响声相配合，使听声人感到声音更丰满。混响声是不携带声源方向信息的，它只加长声音的持续时间，提高声音的丰满度。由早期反射声到建立起高密度反射的混响声所需的时间，通常称为混响延时。混响延时时间的长短，也反映了房间的大小或空间感。

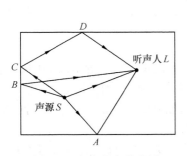

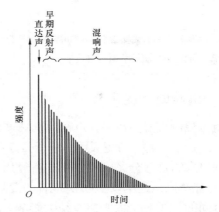

图 8-1　室内声音的传播　　图 8-2　室内声源发出脉冲声时,室内一点的声音信号组成示意图

当反射声比直达声滞后的时间小于 30ms（相当声程差为 10.2m）时，它可以加强直达声。当反射声比直达声滞后时间大于 50ms（相当于声程差大于 17m），并且较强时，就会使人先后听到直达声及反射声，即回声，干扰正常的听声，应该设法避免。

如果一个短促声音在两光滑墙面之间（例如楼道、走廊）来回反射，就会形成颤动回声，影响听声。

8.1.2　吸声系数与平均吸声系数

房间界面表面所用材料可称为吸声材料。声波碰撞吸声材料后，有一部分声能被材料吸收，另一部分被反射。吸声材料的吸声能力可用吸声系数 α 来表征，它的定义是

$$\alpha = \frac{材料吸收的声能}{入射到材料的总声能}$$

α 量纲为 1，可为 1～0 任何值。$\alpha=1$ 时，如同打开的窗子，无反射声波。一种吸声材料的吸声系数在不同频率时可能不同，因此大多给出 125Hz、250Hz、500Hz、1000Hz、2000Hz 和 4000Hz 六个频率的吸声数值。

一个房间的表面通常是由多种吸声材料组成的，因此需有一平均的吸声系数来代表它的吸声能力。平均吸声系数 $\overline{\alpha}$ 就是这样一个量，它的定义是

$$\overline{\alpha} = \frac{\sum \alpha S}{\sum S}$$

式中，$\sum \alpha S$ 为室内各种吸声材料的吸声系数分别与该种材料面积的乘积之和；$\sum S$ 为室内各种吸声材料的面积之和。

一种材料的吸声系数与它的表面积的乘积可称为该种材料的吸声量 A，单位为 m^2，即

$$A = S\alpha$$

因此平均吸声系数 $\overline{\alpha}$ 也可写为

$$\overline{\alpha} = \frac{\sum A}{\sum S}$$

8.2 混响时间和简正振动

8.2.1 混响时间的定义

在室内声源停止发声以后，声音的衰减过程可以用混响时间来度量。混响时间的定义是：当一个连续发声的声源，在达到稳态声场后声源突然停止发声，从声源停止发声到室内声能密度衰减到原来的百万分之一（60dB）所经历的时间，称为混响时间，记为 T_{60}。一个房间的 T_{60} 随频率而有变化，通常以 500Hz 声音的混响时间为代表。

混响时间的长短对室内听声有很大影响，因此它是对各类房间进行音质设计或音质评价的一个重要指标。房间的混响时间短时，有利于听声的清晰度，但过短则会感到声音干涩，并且会感到声音响度不足；混响时间长，有利于声音的丰满，但过长则会感到前后声音分辨不清，降低了听声的清晰度。

8.2.2 混响公式

一个房间的混响时间与房间的容积、表面积以及房间的平均吸声系数有关。计算一个房间的混响时间，可以利用混响公式。混响公式有赛宾公式、爱润公式和努特森公式，这里只介绍努特森公式。

声音在大厅之类大空间内传播时，必须考虑空气对声波的吸收。努特森对在空气中传播的声音，每米距离内的衰减率设为 m，得出的努特森混响公式为：

$$T_{60} = \frac{0.161}{-S\ln(1-\alpha) + 4mV}$$

式中，$4m$ 为空气吸声系数；$4mV$ 为房间的空气吸声量。

表 8-1 为 20℃时各种相对湿度情况下的空气吸声系数 $4m$ 值。对 1000Hz 以下的频率，$4m$ 可忽略不计；小房间时，$4mV$ 可忽略不计。

表 8-1　　　　　　　　　　　　空气吸声系数 $4m$ 值（20℃）

频率（Hz）	室内相对湿度			
	30%	40%	50%	60%
2000	0.012	0.010	0.010	0.009
4000	0.038	0.029	0.024	0.022
6300	0.084	0.062	0.050	0.043

要注意，混响时间的公式，只适用于计算充分扩散的房间。一般的居室，混响时间约为 0.6s。

8.2.3 简正振动

在平均吸声系数较小的房间内，当声源发声时常会激发出某些固有频率（或称简正频率）的振动（简正波），这种现象称为简正振动（或房间共振）。房间出现共振时会使声源发出的声波在室内往返传播，在这些频率上得到加强，这种现象称为声染色（acoustic colouring）。

简正振动现象还表现为某些频率（主要是低频）的声波在房间内分布不均匀，在某些地方这些声波会加强，而在另一地方这些声波会减弱，对体积较小的矩形房间还会造成低频嗡声，使室内音质变坏。

设房间的界面是由完全反射的刚性材料组成，房间是矩形的，长、宽、高分别为 L_x、L_y、L_z，并设声速为 c，则简正频率可由下式求出：

$$f(n_x,\ n_y,\ n_z) = \frac{c}{2}\sqrt{\left(\frac{n_x}{L_x}\right)^2 + \left(\frac{n_y}{L_y}\right)^2 + \left(\frac{n_z}{L_z}\right)^2} \qquad (8\text{-}1)$$

式中，L_x、L_y、L_z 分别为矩形房间的长、宽、高；n_x、n_y、n_z 为任意正整数（$n_x=n_y=n_z=0$ 除外）。

n_x、n_y、n_z 进行不同的组合，对应不同的（n_x, n_y, n_z），就可得出不同的简正振动。利用式（8-1）计算简正频率时，除 $n_x=n_y=n_z=0$ 的情况以外，都可以确定一种简正（振动）方式的简正频率。例如选择 $n_x=1$、$n_y=0$、$n_z=0$，即为（1，0，0）简正方式。

由式（8-1）还可以看出，房间尺寸（L_x, L_y, L_z）的选择，对房间简正频率会有很大影响。例如一个长、宽、高均为 7m 的房间，在（1，0，0）简正方式时的简正频率为

$$f(1,0,0)=\frac{340}{2}\sqrt{\left(\frac{1}{7}\right)^2} \approx 24\text{Hz}$$

在前 10 种简正方式的简正频率，可由式（8-1）计算出来，如表 8-2 所示。

表 8-2　　　　　　　　　　$L_x=L_y=L_z=7\text{m}$ 时前 10 种简正方式的简正频率

简正方式	1,0,0	0,1,0	0,0,1	1,1,0	1,0,1	0,1,1	1,1,1	2,0,0	0,2,0	0,0,2
简正频率（Hz）	24	24	24	34	34	34	42	50	50	50

可看出，不同（n_x, n_y, n_z）组合，出现了频率相等的简正振动，这种现象称为简并，这将使简正频率分布不均匀，使简并频率附近的声音得到加强，形成声染色现象。

为了使简正频率分布比较均匀，不使出现简并现象，应该使房间的长、宽、高尺寸避免相同或呈简单倍数关系。

当房间长（L_x）、宽（L_y）、高（L_z）之比为

$$L_x : L_y : L_z = \frac{1}{2^{2/3}} : 1 : 2^{2/3}$$

即比例为无理数（近似等于 2:3:5）时，或选为 $(\sqrt{5}-1):2:(\sqrt{5}+1)$（即 0.618:1:1.618）的黄金分割比例时，简正频率分布最均匀。

为了使房间内简正频率分布均匀，除了应该控制房间的尺寸比例以外，还应避免采用相互平行的表面，也可将房间的墙面和天花板进行不规则处理，使声音得到扩散，或将不同吸声材料分散布置在房间内表面上。

8.3 吸声材料和吸声结构

8.3.1 吸声材料和吸声结构的分类

通常，任何一种物体对声音都具有不同程度的吸声特性。但这里所说的吸声材料和吸声结构是指在建筑工程中，布置在房间表面用来控制房间声学特性的材料和结构。

根据吸声材料和吸声结构组成的不同，可分为下述三类，图 8-3 示出了它们的组成和吸声的频率特性。

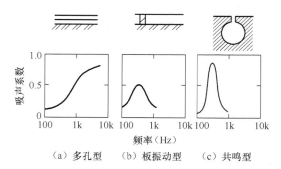

图 8-3　不同的吸声结构和吸声系数

（1）多孔型吸声材料

玻璃棉、岩棉、木棉等矿物、植物纤维等具有毛细管或连通气泡的材料，当声音入射时，在材料的细孔中传播，由于与孔壁摩擦及黏滞阻尼，以及材料小纤维的振动等，声能的一部分转换为热能而损耗掉。它的吸声频率特性通常是低声频小、高声频大，如图 8-3（a）所示。

（2）板（膜）振动型吸声结构

胶合板、帆布之类密实材料，当声波入射时，板、膜发生振动，声能的一部分由于板、膜的内部摩擦而损耗掉。它的吸声频率特性是在低声频段的共振频率形成峰值，但通常吸声系数都不太大，如图 8-3（b）所示。

（3）共鸣型吸声结构

开有小孔的空腔形成共鸣器，当声波入射时，在共鸣频率附近使小孔部分的空气受激励而振动，以摩擦热损耗声能。它的吸声频率特性是在共鸣频率吸声系数非常之大，如图 8-3（c）所示。

8.3.2 各种吸声材料和吸声结构的吸声特性

1. 多孔型吸声材料的吸声特性

多孔型吸声材料小孔中的摩擦阻尼对吸声起主要作用。声能损耗与声波的质点振速成正比。因此，将多孔型吸声材料置于声波的质点振速大的位置，吸声效果就大。声波入射到混凝土之类的刚性墙时，会产生驻波，在距墙面 $\lambda/4$、$3\lambda/4$ 等处质点振速最大。相反地，在墙面上，质点振速为零，所以，将多孔型吸声材料紧贴墙面时，必须具有 $\lambda/4$ 的厚度，才能有效地吸声。

通常多孔型吸声材料在低声频段吸声系数较低，频率逐渐升高，到达 $\lambda/4$ 与材料厚度相等的频率后，在更高的声频段，吸声系数可非常高，这就是多孔型吸声材料的特点。当材料的厚度一定时，要想使低声频吸声效果好，可以在与刚性墙间留有一段距离，即加入空气层。

2. 板（膜）振动型吸声结构的吸声特性

与刚性墙间隔厚度为 L（m）的空气层处可安装透气性差的板（膜）材料。设材料每单位

面积的质量为 m（kg/m²），封闭的空气层相当弹簧的作用，如安装的是薄膜，膜振动时的共振频率为

$$f_r = \frac{1}{2\pi}\sqrt{\frac{\rho c^2}{mL}} = \frac{1}{2\pi}\sqrt{\frac{1.4\times10^5}{mL}}\ (\text{Hz})$$

式中，ρ 为空气密度；c 为声速。

如果安装的是具有弹性的薄板，设矩形板两边长为 a、b，四周被支撑时，共振频率 f_r 为

$$f_r = \frac{1}{2\pi}\sqrt{\frac{\rho c^2}{mL} + \frac{\pi^4}{m}\left[\left(\frac{p}{a}\right)^2 + \left(\frac{q}{b}\right)^2\right]^2 \frac{Eh^3}{12(1-\sigma^2)}}\ (\text{Hz})$$

式中，p、q 为任意正整数；E 为杨氏模量；h 为板厚；σ 为泊松比。

使用板（膜）吸声结构时应注意下列几点。

① 板越薄吸声系数越大。同样的板钉在框架上比粘在框架上容易振动，吸声系数也较大。

② 吸声系数的峰值大多在 200～300Hz 以下，材料越重，后面的空气层越厚，峰值越向低声频移动。

③ 后面空气层中加入多孔型吸声材料后，吸声系数的峰值变高。

④ 膜和板在不影响振动的情况下，可进行随意的涂布和装饰。

⑤ 在吸声软纤维之类的多孔型板后面留有空气层，可得到将多孔型吸声材料特性与板振动型吸声结构的特性结合在一起的吸声特性。

3．单一共鸣器型吸声结构的吸声特性

一个比声波长小的空腔，其中的空气起着弹簧作用。如果空腔开有小孔与外界相通，开孔处或颈部的整体的空气柱会如同一个质量块在运动，与由弹簧和一个重锤所组成机械单一共振系统的运动一样。这种空腔和开孔组成的系统为亥姆霍兹共鸣器，它的共振频率为

$$f_0 = \frac{c}{2\pi}\sqrt{\frac{S}{LV}} \tag{8-2}$$

式中，V 为空腔体积；L 为颈部长度；S 为开孔截面积；c 为声速。

实际上，颈部长度还需加上颈部前后与颈部空气柱一起运动的部分，即应加上一部分附加质量，因此，颈部长度应为 $L+\delta$，δ 即增加的颈长，称为管口修正量，于是式（8-2）可改写为

$$f_0 = \frac{c}{2\pi}\sqrt{\frac{S}{V(L+\delta)}}\ (\text{Hz}) \tag{8-3}$$

如开孔为圆孔，直径为 d，则 $\delta \approx 0.8d$。

当频率为共振频率的声波入射时，激励颈部空气剧烈振动，由摩擦损耗增大了吸声能力。

4．穿孔板吸声结构的吸声特性

将胶合板、纤维板、金属板、石膏板及水泥石棉板等板材有规律地钻上一定数量小孔就形成了穿孔板。穿孔板通常安装在距刚性墙一定距离，隔有空气层的位置。每一个孔后的空

气层都独立地隔开来考虑时，就可按小孔数目的单一共鸣器并联来看待。因此，它的共振频率可按式（8-2）及式（8-3）计算。

设开孔率 P 为孔的总面积与穿孔板总面积之比，穿孔板距墙面为 L（m），每单位面积有 n 个孔，并设 S 为孔的截面积，则

$$P=nS$$

即

$$S=\frac{P}{n}$$

由于每单位面积的空腔容积为 l，因此，每一个孔的容积 V 为

$$V=\frac{l}{n}$$

代入式（8-3），仍设穿孔板厚为 L，得

$$f_0=\frac{c}{2\pi}\sqrt{\frac{P}{l(L+\delta)}}\ (\text{Hz})$$

孔为直径为 d 的圆形时，$\delta=0.8d$。

当圆孔是正方形排列时，设孔间距离为 B，则穿孔率为

$$P=\frac{\pi}{4}\left(\frac{d}{B}\right)^2$$

如圆孔是等边三角形排列时，则穿孔率为

$$P=\frac{\pi}{2\sqrt{3}}\left(\frac{d}{B}\right)^2$$

需注意，当孔距小于孔径的两倍，穿孔率大于 0.15 或空气层厚度大于 20cm 时，需改用如下的公式

$$f_0=\frac{c}{2\pi}\sqrt{\frac{P}{l(L+\delta)+Pl^2/3}}\ (\text{Hz})$$

否则计算的数值将欠准确。

空气层大时，将在低频范围出现共振吸收，如在板后安装多孔型吸声材料，就可使高频也具有良好吸声特性，但中频吸收将较差。

如果希望在较宽的频率范围内有较高的吸声系数，可用孔径小于 1mm 的微孔板。

5．人和家具的吸声特性

人和家具也是吸声体。房间内的桌、椅、柜和被服等都具有一定的吸声能力，它们有的是多孔型吸声材料，有的属薄板吸声结构。人的穿着不同，吸声能力也随之不同。

人和家具不易计算面积，因此大多以每个人或每件家具的吸声量来表示。

在处理剧院观众厅时，不能不考虑观众对声音的吸收。为了保证大厅内音质尽量少受观众人数的影响，应使空场状态下单个椅子的平均吸声量尽可能相当于一个观众的吸声量。

8.4 房间的隔声、隔振和声音的扩散

歌舞厅或卡拉 OK 厅为了不使外界声音干扰听声，应比一般居室具有更为良好的隔声和隔振性能。

外界声音传进室内的途径有以下三种。

① 由空气直接传入。声音可以通过房门、窗户或管道的隙缝传入室内。

② 透过墙壁等隔离物传入。声音传到墙壁等隔离物时，声波将使墙壁如同一个膜片一样产生振动，在墙壁的另一面形成二次声源，将声音向室内辐射。

③ 撞击传声。由于墙壁等隔离物受到机械撞击或振动后，振动沿隔离物传播，辐射出声音。

上述第①、②两种情况，声音是在空气中产生和传播的，可以称为"空气传声"或"空气声"；第③种情况，称为"固体传声"或"撞击声"。实际上，撞击声也是要经过空气传播才能使人听到的。

对于上述"空气声"和"撞击声"的隔绝方法是不同的，前者称为隔声，而后者称为隔振。

8.4.1 隔声

声音在空间传播的过程，如遇到一隔离物，一部分声能被反射，一部分声能被吸收，还有一部分声能则透过隔离物而传到另一空间去。

设入射声波总声能为 E_0，透过隔离物而传到另一空间去的声能为 E_τ，则隔离物的透声系数为

$$\tau = \frac{E_\tau}{E_0}$$

在工程中，通常使用透声系数 τ 的倒数取常用对数乘以 10 的 dB 数来表示隔声的程度，将它称为隔声量 R，或称为透声损失 TL，即

$$R = TL = 10\lg\frac{1}{\tau}\,(\mathrm{dB})$$

τ 越小则 R 越大，代表隔离物的隔声性能越好。由于同一隔离物对不同频率声音的隔声性能可能不同，所以通常取中心频率为 125Hz、250Hz、500Hz、1000Hz、2000Hz、4000Hz 的 6 个倍频程的 R 值表示隔离物的隔声性能。

如果已知 R，则

$$\tau = 10^{-R/10}$$

1. 墙的隔声

通常单层墙的隔声量随墙厚而增大，但根据"质量定律"，当墙的质量或声音频率每增大一倍时，隔声量可增大 6dB。但质量增大一倍，建筑费用也要相应增加一倍。为了增大隔声量但又不过分增加墙体厚度，大多采用双层墙结构。

双层墙能够提高隔声能力的主要原因是由于两层墙之间有空气层，振动通过空气层传到第二层墙，再由第二层墙传到另一房间，空气层的弹性起到了减振的作用，从而使第二层墙的振动大为减弱，提高了墙体的隔声能力。

2．门窗对隔声的影响

当墙壁上开有门窗后，由于门窗的隔声要比墙壁差，因而会使总隔声量减小。

设墙壁的透声系数为 τ_1，窗的透声系数为 τ_2，门的透声系数为 τ_3，墙壁的面积为 S_1，窗的面积为 S_2，门的面积为 S_3，则总的透声系数为

$$\tau = \frac{\tau_1 S_1 + \tau_2 S_2 + \tau_3 S_3}{S_1 + S_2 + S_3}$$

因而总隔声量为

$$R = 10\lg\frac{1}{\tau}\,(\mathrm{dB})$$

如果一个 $20\mathrm{m}^2$ 的墙壁，$R_1=50\mathrm{dB}$，开了一个 $R=20\mathrm{dB}$ 的 $2\mathrm{m}^2$ 的门，则经过计算可知总隔声量将降为 30.4dB。

当声波遇到墙面上的孔隙时，如果声波波长小于孔隙尺寸，则全部声能可以透射过去，即 $\tau=1$。如果声波波长大于孔隙尺寸时，则透射量与孔隙形状及孔隙深度有关，长条形孔隙要比同样面积的圆形孔隙透射量大；孔隙越厚，透射量越小。门窗的隙缝大多是长条形的，因而要特别予以注意。

如果一个理想的隔声墙 $\tau_1 = 0$，在墙上有一面积为墙面积 1/100 的洞，则可计算出墙的平均隔声量将只有 20dB。因此，一个隔声很好的墙，如果上面有了面积为 1/1000～1/100 的孔洞，那么，它的隔声量最多为 20～30dB。因此，对于墙壁、门窗上的孔洞和隙缝必须注意。

8.4.2 隔振

声音在固体中传播时，速度要比在空气中传播时快得多，而衰减却较慢。要想隔绝固体传声，即隔振，应设法消除振动源或撞击源与隔离物之间的刚性连接。通常采用如下三种措施来予以隔绝。

① 在地板或楼板面层上铺设一层弹性面层，例如地毯、橡胶或软木垫层等，用来消耗撞击振动的能量。

② 在楼上房间的结构楼板上加装弹性垫层或隔垫层、垫块，如矿棉毡、橡胶等，再在该弹性垫层上做室内地面，形成浮筑结构，使由楼板面层结构传给楼下的振动大为减弱。

③ 采用"房中房"构造。"房中房"由外层结构、内套房和弹性垫层三部分组成。外层结构与内套房之间应无刚性连接，以隔绝固体声的传播。弹性垫层可采用橡胶隔振器或金属弹簧隔振器。

8.4.3 扩散

为了使房间内声场各处的声能密度分布均匀，各点声波都向所有方向传播，声波应在房间内充分扩散。为了达到良好地扩散，在房间音质设计时应考虑以下几点。

① 房间形状最好避免出现平行的表面。

② 墙面和天花板可设计成不规则形状，应避免凹面，以免产生声聚焦现象。

③ 安装凸面结构扩散体。

④ 不对称地布置吸声材料和吸声结构，可采取"补丁"式的布置。

扩散体主要对低频段及低中频段声音进行扩散。任何扩散体的扩散效果都与它本身尺寸及声波的波长有关。如果扩散体的尺寸小于波长时，则无扩散效果；如果扩散体尺寸与波长相当时，声波会产生散射、无规则反射；如果扩散体的尺寸远大于声波波长时，则声波随扩散体的表面形状产生反射，将声音扩散。

9.1 声频测量的基本知识

9.1.1 声频设备技术指标和测量技术的发展

声频与电声技术是研究声音信号的拾取、放大、记录、存储、传送、交换、复制，以及加工修饰的学科，它的主要发展方向是高保真化、数字化。目前，声频与电声技术已经发展到很高的水平。

早在 20 世纪 20 年代，声频与电声设备就形成了传统的三大技术指标，它们是频率特性、谐波失真和信号噪声比。多年来，这三项指标本身有了很大的提高，它们在促进高保真化的过程中，起了很大的作用。到了 20 世纪 40 年代末期，三大指标逐渐被认为并不能完全描述声频与电声设备的质量状态，诞生了互调失真的概念。在同一时期，对相位失真也进行了研究。20 世纪 50 年代以后，很多研究者提出对"动态指标"的研究，即以非稳态的较复杂信号作为测量信号而获得的技术指标。随后发展到使用脉冲测量信号来检验声频设备对音乐、语言的跟随能力，产生了瞬态响应的概念。20 世纪 60 年代以后，晶体管开始应用，揭开了电子工业新的一页。到 20 世纪 70 年代初，晶体管在声频领域的应用已经占到绝对优势。但就在这时，晶体管设备音质不如电子管设备的问题也提了出来。经过相当长一段时间的摸索，才发现晶体管设备在过载以后，谐波失真与互调失真急剧增加，而电子管设备过载以后，这两种失真的增加比较平缓。对晶体管声频设备音质问题研究的另一项重要成果是产生了瞬态互调失真的概念。它是更典型的"动态指标"，在很大程度上代表着"晶体管声音"存在的程度。对瞬态互调失真的研究已使"晶体管声音"问题趋于解决。

综上所述，声频设备的技术指标有频率特性、谐波失真、互调失真、信号噪声比、相位失真、瞬态响应和瞬态互调失真等。这些指标之间，有的是相互联系的，有的是从不同角度描述同一个概念，因而目前还很难相互替代或统一。对于电声设备，如扬声器、传声器（话筒）和耳机的技术指标，因牵涉到声—电、电—声转换，所以问题要复杂得多，除了上述一些指标外，还应包括指向性、灵敏度、效率等。

9.1.2 音质评价

声频与电声设备技术指标的测量，近年来已有很大的发展，但是客观指标的测量仍然不能完全和主观听音的感觉相一致，因此，对声频与电声设备的主观音质评价工作就显得非常重要。特别是 20 世纪 90 年代以后数字声频技术迅猛发展，采用各种数字压缩的声频设备大量涌现，用常规稳态测量方法给出的指标，已很难完全反映其音质，所以主观音质评价显得更加重要。但是，音质评价会因人而异，因此是一项很复杂的工作，特别是在评价术语、评价人员、听音室及评价结果的表述等方面都是需要着力解决的问题。对此，虽然存在一些可遵循的原则，但仍然是一个要不断摸索的问题。

9.1.3　声频测量工作的原则与注意事项

下面叙述的测量工作的一些基本原则是很重要的，如果对这些测量原则能够融会贯通，就能正确地进行各种复杂的测量工作，并可以减小测量误差。

1. 声频技术指标的相互关系及测量顺序

主要的声频技术指标有信号噪声比、谐波失真、互调失真及频率特性等。它们虽然是各自独立的，但又有着密切的内部联系。

例如，一套频率范围很宽的声频设备，它的热噪声可能较大。这是因为，宽频带的热噪声信号可以通过这套设备。

设备信号噪声比的大小，对谐波失真的测量也有很大影响。这是因为，谐波失真指标的测量，是先滤除信号的基波部分，测量出各次谐波振幅的有效值总和，然后再算出与信号有效值的比值。因此，如果信号噪声比指标很差，噪声电平很高，它们就会与各次谐波信号叠加在一起，甚至还会压倒各次谐波信号，从而造成很大的测量误差。

在测量谐波失真时，如果测量系统的地线脱落，谐波失真测试仪的读数将会增加很多。如不仔细检查，便会误认为是谐波失真增加了，但实际上是噪声电平增大了。

另外，如果频率特性指标没有调整好，就会影响谐波失真测量的结果。例如，当高频段上翘或跌落时，谐波成分也将随着变化。此外，频率特性还会影响噪声电平，如对某一频段电平进行了提升或衰减，那就会直接影响到该频段噪声电平的数值。

从以上分析可以看出，这几项主要指标都是相互关联的。一般可以按下列顺序来进行测量。

① 频率特性；
② 信号噪声比；
③ 谐波失真；
④ 互调失真；
⑤ 其他技术指标。

在进行测量时，如果后面的一些技术指标在测量过程中进行过某些调整，那么排列在前面的一些指标应该复测一次。

2. 反接试验

当测量系统的连线、接地工作完成以后，在正式进行测量以前，对整个测量系统作一次反接试验是很有必要的。这样做，可以进一步验证测量系统是否正常。

下面以图 9-1 所示前置放大器的测量为例，来说明反接试验。图中，ZD 为声频振荡器；mV_1、mV_2 为电子毫伏表；FD 为待测前置放大器；SJ 为可调衰减器；R_L 为负载电阻。

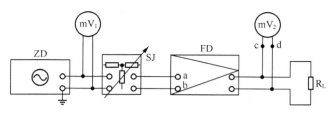

图9-1 反接试验示意图

使声频振荡器输出的频率为10kHz,将电平适当的信号经由可调标准衰减器送入前置放大器,在电子毫伏表mV₂上读出输出电平。将前置放大器的输入线（a与b）反接（即互换）后,继续读出电子毫伏表mV₂上的输出电平。这时,mV₂读数会有不大的变化,这种现象叫做反接效应。如果反接效应小于0.5dB,是可以允许的,否则,应当进行检查,找出原因并进行消除。这是因为,在反接效应较大的情况下进行技术指标的测量,正接与反接所得到的数值会有相当大的出入,以致不容易断定究竟哪一个数值是准确的。

3．平衡与不平衡

声频器件,即放大器、衰减器、频率校正网络、混合网络等,有平衡的和不平衡的两种。甚至同一声频通路中,往往在某一环节采用平衡器件,而在另一环节却采用不平衡器件。与此相似,声频测量仪器的输入与输出端也有平衡与不平衡两种。在测量过程中,必须正确处理器件、仪器等平衡与不平衡电路的连接关系。

所谓不平衡式,就是把声频电路的一端接地,我们称这一端为声频负线,而把不接地的一端称为声频正线。一般在平衡的通路中,各环节使用的器件、仪器都应该是平衡的;而在不平衡的通路中,各个环节的器件、仪器都应该是不平衡的。当平衡的器件、仪器与不平衡的器件、仪器相连接时,应该串入阻抗比为1∶1的隔离变压器。但是在某些场合下,也可以省去隔离变压器。图9-2所示为平衡与不平衡器件的连接方式。图中,T为变压器。

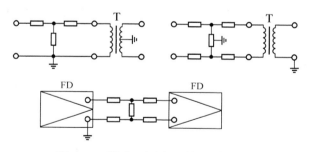

图9-2 平衡与不平衡器件的连接方式

这里必须说明的是,隔离变压器必须是高质量的,它的工作频带应该宽于被测设备,至少应该达到在20Hz～20kHz频率范围内,不均匀度为±（0.2～0.3）dB。它介入的非线性失真也应该是可以忽略不计的。在高质量声频系统测量中,它的谐波失真应低于0.05%。另外,还要求这种变压器对杂散电磁场有很强的隔离能力。同时,绕组之间或绕组对地的绝缘性能也应该很好。

在下面三种情况进行测量时,应该尽可能采用输入、输出平衡的仪器,并且采用平衡接法。

① 在信号电平很低的环节，例如在–40dB（0dB 电平是指 600Ω阻抗上电压为 0.775V 的电平，下同）以下；

② 测量引线很长；

③ 测量引线附近有很强的杂散电磁场，以致很可能引入干扰。

4. 阻抗匹配

在声频测量中，应当正确地处理好通路中的阻抗关系，一般可以遵循以下原则。

① 在测量通路中，每一环节的阻抗都应该是匹配的，图 9-3 所示为处理阻抗匹配的一些范例。图中，CY 为测试仪器。

② 对放大器输出端来说，必须跨接标称负载，应该注意避免无负载、轻负载或重负载的不正常状态。在图 9-3（a）所示的情况下，就必须接负载电阻 R_L（600Ω）。因为该测试仪器的输入阻抗为高阻抗，如果不接 R_L，就形成了无负载或者是轻负载。

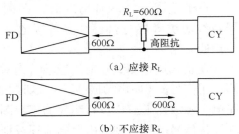

图 9-3 声频测量中处理阻抗匹配的范例

又如，在图 9-3（b）所示的电路中，如果再外加一个 R_L（600Ω），就会成为双重负载的情况，这是因为测试仪器的输入阻抗是 600Ω，本身已形成放大器的负载了。

③ 要特别注意衰减器和滤波器的输入、输出端的阻抗匹配问题，否则会影响衰减器和滤波器的工作特性。在阻抗失配时，衰减器实际呈现的衰减量和应有数值对比，会有较大出入。

④ 高输出阻抗（例如 5～10kΩ）的放大器，可以直接接入高输入阻抗（接近上述数值）的仪器进行测量。

5. 接地与连线

测量仪器和被测设备间的连线方式，连线和仪器、设备机架的接地方法，都是声频测量中值得重视的问题。

测量仪器和被测设备间的连线，应该采用金属纺织的屏蔽线对。对于平衡电路，可用双芯屏蔽线；而对于不平衡电路，则用单芯屏蔽线，屏蔽本身同时可作为声频负线。

当然，在信号电平很高的环节，采用没有屏蔽的连线也是可以的，但应考虑高电平电路对其他低电平电路的干扰问题。如果出现这种情况，还是需要采用有屏蔽的连线。在信号电平较低的环节，特别在–40dB 以下时，屏蔽就更必要了。同时，在低电平环节，即使采用不平衡电路，也最好用双芯屏蔽线。这时，两根芯线分别为声频正、负线，屏蔽层则应连接到设备机架。

连线的屏蔽应该与各设备、仪器的金属机架一件一件地连接起来，然后在一点接地。接地点一般可以选择在信号电平最强的环节，也可以通过试验找出介入干扰最小的一点进行。一般只需一点接地，因为多点接地有时会增加干扰，所以不宜采用。

屏蔽不良或者接地不当时，往往会介入干扰，一般说来，干扰信号有下列几种形式。

① 50Hz 交流声：它大多是由于电源变压器、电动机等器件漏磁而引起的。

② 高频信号：当附近有中波、短波无线电发射台或高频炉时，在测量场所会有很高的高

频信号场强。当这些高频信号串入声频电路以后，在设备或仪器中某一环节可能受到非正常的解调，调制信号将形成声频干扰信号。

③ 超高频信号：当附近有电视台、雷达站、调频广播电台等超高频信号源时，在测量场所会有较大的场强。电视超高频信号串入声频电路以后，如果在设备或仪器某一环节受到非正常解调，将形成"嗞嗞"声的声频干扰信号。这是因为，视频信号的调制方式是幅度调制，很容易得到解调。电视台的声音是采用频率调制的，如果串入信号很强，也可受到非正常解调，重放出声音节目，同样形成干扰。

在遇到②、③两种情况时，必须首先检查测量系统的连线、接地等有无问题，以及屏蔽线对屏蔽层是否已经妥善接地。有时，需要换用编织密度更大的屏蔽线或重新选择接地点。

在正式进行测量以前，应该首先对测量系统的接地和连线作一次详细的检查，然后切断测量用信号源（如声频振荡器）。这时，测量系统的各个环节应该没有能够明显观测到的信号，在电子示波器上应该没有明显的信号图形，在各电子毫伏表上应无读数。在检查时，如果发现干扰信号串入，则应由后向前逐级地进行详细检查，找出受干扰的部位，按照上述原则，设法消除干扰，才能开始进行测量。

6．负载变动对放大器指标的影响

声频放大器常常接以可变负载，有时可变负载对放大器技术指标测量会有很大的影响。

高质量声频放大器采用较深度的负反馈以后，工作稳定性会有很大的提高，放大器输出内阻会显著降低，甚至成为定电压输出源。对于这种放大器，即使负载阻抗与额定值相差较多，放大器的指标也基本上不受影响，只要负载阻抗不低于输出内阻，一般都可以正常地工作。

但是，对于某些反馈量不大的放大器来说，可变负载却会带来很大的麻烦。

7．功率放大器的额定状态

对功率放大器进行测量时，应该注意使放大器工作在额定输出功率的状态下。

9.2　对声频测量仪器的要求

9.2.1　对声频振荡器的要求

声频振荡器的频率范围至少应该是 20Hz～20kHz，并且度盘要连续可调，其刻度要精确。在接通电源 10min 后，声频振荡器的频率零点应该达到稳定。在使用过程中，频率零点不应有漂移现象。当电源频率变化在±2%以内、电源电压变化在±10%以内时，振荡器的输出电压及频率，都不应当感觉有漂移。

声频振荡器应该有电压输出和功率输出两挡。电压输出应该有−80～+20dB 的调整范围。为此，振荡器内需附有分挡的标准衰减器，每挡 10dB，并可微调。要求能提供 2W 以上的功率输出。声频振荡器在上述频率范围内的各种输出状态下工作时，本身的谐波失真都应在0.05%以下。

声频振荡器频率零点的监测设备应该完善。它的输出内阻应尽可能小，要求在 20Ω 以下。在上述频率范围内，调整频率度盘时，输出电平的变化要求在 ±0.2dB 以内。

9.2.2 对电子毫伏表的要求

电子毫伏表的输入阻抗要求大于 500kΩ。电压测量有效范围为 0.1mV～300V。最低电压量程的满刻度电压应低于 1mV。电子毫伏表的工作频率范围要求为 10Hz～300kHz，测量误差应小于 ±0.2dB。电子毫伏表应能指示被测信号的峰值和有效值，并有毫伏和分贝两种刻度。仪器的零点也不应有漂移现象。

在同一个声频通路中，不同环节所使用的几台电子毫伏表的频率特性及电压读数都应事先进行校准，误差要求小于 ±0.1dB。

当电源频率变化在 ±2% 以内，电源电压变化在 ±10% 以内时，电子毫伏表的读数应该保持不变。

9.2.3 对标准衰减器的要求

标准衰减器有平衡式（H 形）与不平衡式（T 形或桥 T 形）两种。在测量工作中，这两种衰减器都是需要的。它们的输入与输出阻抗都要求为 600Ω。H 形衰减器的中心抽头是否接地，可以由一个专门的开关或接线端子来进行转换。

标准衰减器的可调范围应足够大，一般由几个旋钮来确定它的衰减量，如三个旋钮分别表示每挡变化 0.1dB、1dB、10dB，而它的总衰减量是三个衰减量之和。在仪器面板上另外还有一个开关，可以一次加入 60dB 的衰减量，并与上述三个旋钮的衰减量相加。当所有旋钮都旋到衰减量为零的位置时，整个衰减器的衰减量应该小于 0.1dB。

衰减器的频率特性应该很好，要求在 20Hz～20kHz 范围内，误差小于 ±0.05dB。当输入电压小于 10V 时，要求衰减器能正常工作。

9.2.4 对电子示波器的要求

电子示波器的垂直扫描系统的输入电压，要求有 10mV～400V 的调整范围，它的水平扫描系统应能同步于电源频率或外加同步信号，并能稳定地工作。示波器屏幕上应有清晰的网格。要求它的扫描光点能够很好地聚焦。在利用电子示波器进行声频测量时，测量的准确度在很大程度上取决于水平及垂直偏转放大器的质量。因此，偏转放大器的频率范围要求应达到 10Hz～500kHz，在此频率范围内的相位失真，应该可以忽略不计。

9.2.5 对测量用功率放大器的要求

测量用功率放大器的输出功率应大于 20W，在测量大功率扬声器组合时，则要求大于 100W。频率特性在 10Hz～100kHz 范围内不均匀度小于 ±0.5dB，谐波失真在 20Hz～20kHz 范围内小于 0.2%，输出阻抗可以多挡变换。

9.2.6 对无感电阻箱的要求

无感电阻箱的电阻范围为 0.1～1000Ω，十进位，工作频段为 20Hz～20kHz，误差不大于 0.5%。

9.2.7　对失真度测试仪的要求

要求失真度测试仪可以读出 0.01%～100%的失真量，即最低量程挡的满刻度应小于 0.1%。测量频率范围为 20Hz～20kHz。

仪器要求高阻（大于 500kΩ）输入，能够适应平衡接法与不平衡接法，并要求附有对滤除基频以后的谐波或噪声信号进行监测的电子示波器。仪器的本底噪声应该很低，噪声信号对 0.01%失真读数不应有掩蔽作用。

工作状态开关（电压—校准—失真测量）转换时，不得使被测信号瞬间短路。

9.3　声频基本指标的测量

声频放大器基本技术指标的测量，是声频测量技术的基础。对声频放大器的各项技术指标进行测量及调整，目的是为了保证放大器在高保真度状态下工作。为了方便起见，我们在介绍各种声频设备以及电声器件的测量技术时，主要以声频放大器的测量为例。这里仅对指标中的几项进行简介。

9.3.1　频率特性

频率特性（或频率响应，简称频响）是声频领域中最早引起人们注意的技术指标，也是最重要的技术指标之一，它是表征声频系统或元器件在工作频率范围内增益量、衰减量或灵敏度不均匀性的技术指标。

1．两种基本测量方法

频率特性可用定电流法及定电压法两种基本方法进行测量，它们的原理是相同的。图 9-4 为频率特性测量的两种基本方法的电路图。

定电流法测量的电路图如图 9-4（a）所示，图中 A_1、A_2 为电流表。这种方法是当声频振荡器输出各频率信号时，都保持待测放大器的输入电流恒定。这种方法的困难在于必须使用满刻度电流数值很小的声频电流表，而这种电流表一般不容易得到。

最广泛使用的是定电压法，它的测量电路很简单，如图 9-4（b）所示。衰减器的作用是使放大器的输入端得到额定电平。必须注意使声频振荡器、衰减器以及放大器之间的阻抗得到匹配。电子毫伏表是接在衰减器之前进行电平测量的，这样，可以改善测量系统的信号

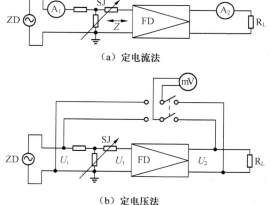

图 9-4　频率特性测量的两种基本方法

噪声比，同时要求可调衰减器的刻度准确，否则就不能准确地推算出放大器的增益和频率特性。利用同一台电子毫伏表，并用转换开关来进行输入电平与输出电平的测量，可以减少误

差。这时，改变可调衰减器的衰减量，使输入、输出电平都用电子毫伏表的同一挡量程来进行测量。如果在测量时，使用两台电子毫伏表，必须在测试前将两台仪器进行对比校准。

在进行频率特性测量以前，应当首先检验放大器的增益量。将 1kHz 的信号送入放大器，测得输出电压 U_2（V）和衰减器输入电压 U_i（V），则放大器在 1kHz 时的增益可按下式计算：

$$K = 20\lg\frac{U_2}{U_i} + A\text{(dB)}$$

式中，A 为可调衰减器的衰减量（dB）。

然后，在 20Hz～20kHz 频率中选出若干个频率的信号送入放大器进行测量，通常，大约每隔一个倍频程测一次。例如，可以选择 20Hz、30Hz、50Hz、100Hz、200Hz、400Hz、1kHz、2kHz、4kHz、8kHz、10kHz、15kHz、20kHz 等。在进行频率特性测量时，放大器的输入电平一般应比额定值低 10dB，这对于频率特性不好的放大器，尤其是频率特性曲线出现较大的峰值，或者在某些频率作了大幅度提升的放大器是尤为重要的。因为，如果采用额定电平，当测到这些巅峰时，放大器峰值储备有可能用尽而达到饱和，从而无法显示出频率特性曲线上的这些巅峰来，造成很大的测量误差。由于这个原因，对于有频率校正网络的放大器，如录音机内的录音或放音放大器，最好首先找出输出最高的频率，使这个频率的输出电平不超过额定值，这样可以确保不过载。通常，这类放大器在某些频段上有着 15～25dB 的提升。

如果放大器的输出电平很高或输出功率很大，应该特别注意输出、输入端连线的屏蔽和接地，以免由于反馈而引起振荡，从而损坏放大器的元件。

在测量以前，声频振荡器的频率零点要进行校准。通常，电桥式振荡器需要预热几分钟，而声频振荡器则需要预热半小时左右。

测量结果可用坐标图绘出，横坐标表示频率（Hz），采用对数坐标。对声频放大器来说，曲线通常取 1kHz 的电平为相对电平的 0dB；对于均衡器来说，可以取 400Hz 的电平为相对电平的基准值（0dB）；带通和带阻滤波器则取通带或阻带中心频率的电平作为基准。

2. 滤波器的频率特性

平衡或不平衡式带通与带阻滤波器的频率特性，可用如图 9-5 所示的电路进行测量。图中，SJ 为 6～10dB 衰减网络。在声频振荡器与待测滤波器之间串接 6～10dB 的固定衰减网络，可以基本上消除滤波器电路中电感元件对声频振荡器的影响，从而消除测量误差。

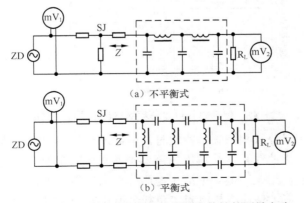

（a）不平衡式

（b）平衡式

图 9-5 平衡与不平衡式滤波器频率特性的测量电路

测量时，滤波器的输入电平应取额定值，否则，滤波器内电感元件铁芯的非线性将会带来测量误差。接在滤波器输出端的电子毫伏表，也应有足够高的灵敏度，否则，对滤波器阻带的衰减情况将无法进行仔细地观测。

　　不论是测量带通或带阻滤波器，首先应该找出通带或阻带的中心频率。如果是带通滤波器，应调整上述放大器的放大量，使在中心频率时不致引起过载。如果是带阻滤波器也应调整上述放大器的放大量，使在中心频率时的电平可以被读出，不致被噪声电平掩蔽，并在它的通带不致引起过载。

　　低通或高通滤波器的测量方法与上述方法完全相同。在对高通滤波器进行测量时，声频振荡器的度盘由高频端旋向低频端。而对低通滤波器进行测量时，则声频振荡器的度盘应由低频端旋向高频端。这样做的目的，是为了及时检验过载情况。

　　对于各种均衡器，上述测量方法也同样适用，不过在开始测量时还需首先找出均衡器的最大提升点或抑制点。在最大提升点，放大器不应过载。另外，还要在最大提升点与最大抑制点进行反接试验。

3. 组合式扬声器的分频网络

　　高质量放声系统大多采用组合式扬声器，这样可以保证能够重放出频带足够宽的声音，扬声器组合总效率可以明显提高，互调失真与谐波失真也可以适当减少。组合式扬声器的高、低频扬声器通常由同一部功率放大器来推动，采用某一频率（例如 500Hz）作为分频网络的分频频率，如图 9-6（b）所示。高、低频分频网络的频率特性曲线都在 500Hz 时下跌 3dB。这样，500Hz 的声功率由高、低频扬声器各提供一半，而对 500Hz 仍然可以得到与其他频率相同的声功率。

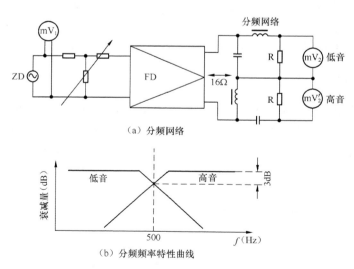

图 9-6　组合式扬声器分频网络频率特性的测量

　　在测量组合式扬声器分频网络频率特性时，可用两个与扬声器同功率的 16Ω电阻 R 来代替扬声器。测量后，如果曲线正常，再用扬声器把两只电阻替换下来进行复测。由于扬声器阻抗包括感抗部分，复测结果可能会偏离用电阻作负载时测得的曲线，这时可以适当地改变分频网络中的电容器数值，使曲线与电阻作负载时所测得的曲线接近。

测量时，首先测低频分频网络。调节功率放大器增益控制，使低频分频网络在 250Hz 达到额定输出功率。然后，由 20Hz 起测量至 500Hz 以上 3～4 个倍频程，约 4kHz。第二步，测量高频分频网络。调节功率放大器增益，使分频网络在 2kHz 时达到额定输出功率。接着由 20kHz 测至 500Hz 以下电子毫伏表可读出数值的频率为止，并将测量结果描绘出如图 9-6（b）所示的曲线。

9.3.2　信号噪声比

信号噪声比是声频设备最基本的三个主要指标之一。噪声是声频系统中所不希望有的，噪声电平越低越好。由于在声频通路中实际上不可能完全避免噪声，因此通常给它规定一个允许的上限值，用它的绝对电平值或用它与信号电平的相对 dB 值来表示。由于后者更能说明噪声对有用信号的干扰程度，因而使用更为普遍。

信号噪声比与输出电平的测量，都应该在声频设备的额定工作状态下进行，图 9-7 所示为这种测量的电路图。在测量前，应先进行输出电平的校正。向放大器送入 1kHz 额定输入电平，对于一般的传声器放大器，其输入电平可以是−70dB。调整放大器的增益控制衰减器，使放大器给出额定输出电平。对常用的声频放大器，输出电平可以是 0dB 或+6dB。然后，将声频振荡器的输出断开，即将可调衰减器的输出接线由放大器输入端子上拿掉，在放大器输入端接上放大器额定输入阻抗的等效电阻，阻值通常为 600Ω，此时，在电子毫伏表 mV_2 上读出放大器输出的噪声电压 U_N（mV），则放大器的噪声电平可按下式计算：

$$N = 20\lg\frac{U_N}{775}(\mathrm{dB})$$

放大器信号噪声比的计算公式为

$$\frac{S}{N} = 20\lg\frac{U_o}{U_N}(\mathrm{dB})$$

式中，U_o 为放大器额定输出电压，单位为 mV。

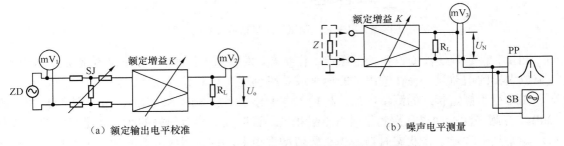

（a）额定输出电平校准　　　　　　　　　　（b）噪声电平测量

图 9-7　信号噪声比与噪声电平的基本测量电路图

需要注意的是，不要把噪声电平与信号噪声比两种概念混淆，两个指标的概念是完全不同的。前者的 dB 值是相对于 0.775V 电压的绝对电平，而后者则是纯粹的相对值。另外，由于使用的仪器是一般的电子毫伏表，因此测出的噪声电压是均方根值。

如上所述，测量噪声电平时，一般是在放大器输入端接入等效无感电阻，而不应将放大器输入端开路或短路，以免使测出的噪声电平增大。由于放大器增益很高，因此等效电阻在接入时必须注意屏蔽。最好的办法是将它装在金属小盒里，而将金属小盒外壳接地。另外，在测量噪声电平时，放大器的增益调节衰减器应该固定在校正额定输出电平的位置，在测量过程中不可再变动。

对于声频前置放大器的噪声指标，还可以用等效输入噪声电平来表示。这里将噪声都算作是由放大器输入端引入的一种噪声指标，等效输入噪声电平 N' 等于测得的输出噪声电平 N 减去前置放大器的增益量 K，即

$$等效输入噪声电平\ N'\,(\mathrm{dB})=N-K$$

优质前置放大器的 N' 值可达-125dB 以下，S/N 值可达 65dB 以上。

9.3.3　谐波失真

谐波失真是非线性失真的一种表现形式，是表征声频设备性能的另一个重要技术指标。谐波失真是由声频设备或器件（放大器、电感元件的铁芯等）的非线性所引起。将一个纯正弦信号送入有谐波失真的声频设备或器件，那么在这一设备或器件的输出端，除了原来的正弦波信号以外，还将出现一些新的成分。这些新的成分的频率，分别是正弦信号频率的整数倍。

音乐或语言节目在经过有谐波失真的放大器以后，节目就会失真。当谐波失真严重时，声音听起来便会有发"破"的感觉。

对声频放大器进行谐波失真测量，可以选用以下一些频率：20Hz、40Hz、100Hz、400Hz、1kHz、5kHz、8kHz、10kHz。选用再高的频率，就没有太大意义了，因为这时谐波已超出声频范围。

用失真度测试仪进行测量，是最基本的方法，测量电路如图 9-8 所示。图中 LB_d 为低通滤波器；LB_g 为高通滤波器；CY 为失真度测试仪。

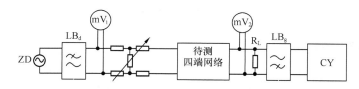

图 9-8　用失真度测试议测量谐波失真的电路图

测量时，必须使被测设备处于额定工作状态。对于放大器来说，应该馈给额定输入电平，调节放大器的增益量，使在输出端的电平或功率也达到额定值。

在进行了额定状态的测量以后，将输入电平分别增加 3dB 和 12dB，再分别降低 3dB 和12dB，各测一次。如果几次测量所得结果相近，说明放大器有很好的线性和足够的功率储备量。如果高于额定工作状态时谐波失真数值增大很多，这说明放大器的额定工作状态已接近饱和状态。降低电平的测量，还能进一步说明放大器的小信号谐波失真状况。对于晶体管甲乙类功率放大器，由于存在推挽交越失真，所以应该注意小信号失真问题。

9.3.4　最大输出功率

最大输出功率也是声频功率放大器的一个重要指标，因为由它可以知道放大器工作时的

功率储备情况。工厂出品的功率放大器都应该给出这个指标。

图 9-9 所示为用电子示波器观测功率放大器最大输出功率的电路图。将声频振荡器输出的 400Hz 或 1kHz 信号馈入待测功率放大器，由放大器的负载电阻 R_L 及放大器输出电压计算出输出功率。

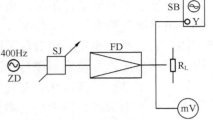

图 9-9 用电子示波器观测功率放大器最大输出功率的电路图

调整放大器输入端的衰减器使放大器在额定输出功率状态下工作，用电子示波器观测输出信号的波形，这时，波形不应该有失真。逐渐增大功率放大器的输入电平，直到使电子示波器显示的波形刚刚有可观测到的失真。将输入衰减器衰减量增加 2dB，测量放大器这时的输出功率，即最大输出功率。

由试验可粗略得知：当示波器呈现能观察到的波形失真时，谐波失真约为 4%。如果输入电平再降低 2dB，谐波失真约降至 2%以下。

从放大器的饱和状态也可以估算最大功率输出。先使放大器在额定输出状态下工作，逐渐减小输入衰减器的衰减量，每步 1dB。每当输入衰减器减小 1dB 衰减量，输出电平也应增加 1dB。如此直到输入电平增加 1dB 而输出电平只增加 0.8dB 为止，这时的输出功率就是最大输出功率。通常，这时的失真量为 2%～3%。假如输入电平增加 1dB 而输出电平只增加 0.5dB，这时谐波失真往往已迅速上升为 10%左右。

9.3.5　声频系统的测量

以上介绍了对声频系统中单件设备或器件技术指标的测量，下面介绍对多件设备和器件构成的声频系统的测量。声频系统总技术指标的优劣实际上决定了总体的效果。单件设备、器件的指标很高，并不代表系统指标一定很高，只能说是对声频系统提高质量奠定了基础。

单件声频设备和器件在逐一接成系统时，往往由于技术指标偏离量的叠加、阻抗匹配不合理、电平处理不恰当以及外界噪声介入等原因使系统指标降低。

常规的测量项一般包括各点电平、频率特性、谐波失真和噪声电平几项，测量方法和单件声频设备或器件完全相同。但由于测量工作需要同时在几个测量点进行，因而事先要把准备工作做好。

进行声频系统测量时要特别注意以下事项。

① 各测量点接入仪器时，应注意阻抗关系和平衡与不平衡，还需注意不要引入外界噪声。

② 各测量仪器，特别是毫伏表在进行测量前应仔细校准。

③ 各测量点得到的数值应进行对比，然后作出综合分析，判断其是否合理。如果指标出现大幅度的变化，则需要找出造成误差的原因，排除异常后重新测试。

④ 声频系统可以先分段测量，调整好以后，再从声频系统的始端送入测量信号，把尽可能多的设备、器件包括进去测量，这样可以发现各种各样的问题，反映的是系统整体的真正技术指标。

9.3.6　传声器与扬声器的测量

传声器与扬声器是声频系统中的声—电、电—声转换器件，它们是声频系统中的薄弱环节。通过测量可以鉴定它们的质量，但是在很多情况下通过主观评价的办法显得更为重要。

电声换能器的测量，不仅与电子技术有关，而且也与声学技术有关，测量环境的声学条件对电声器件的测量工作有很大影响。普通房间的墙面及地面，都有不同程度的声反射，在房间内发出频率稳定的纯音信号时，在房间内将形成驻波，这样就给电声器件的测量带来很大困难。所以测量应该在自由声场中进行，这样只有直达声波而没有经反射到达的声波，同时也不会有驻波存在。室外空旷的地方是近似自由声场的天然场所，而消声室内的声场则是人工形成的自由声场。消声室要求各个界面的声反射小到可以忽略不计的程度，实际是很困难的，因此造价高，非一般使用单位所能建造。而室外空旷地方在大城市中本来就较难找，更重要的是室外噪声太大，往往使测量很难进行或误差太大。正因为测量受到这些条件的限制，所以传声器和扬声器性能的测量，一般都在专业生产研究单位内进行。对于一般使用者，只能在普通的使用环境中进行主观听音或拾音效果的评价，以大致判断它的质量。

由于在一般条件下不太具备测试的环境条件，而且涉及的测量设备及设施有一些也不是经常使用的，所以在此就不作详细介绍了。

第 10 章
视频基础

本章将简要介绍电视信号、黑白和彩色电视接收机以及磁带录像机的基础知识。

10.1 电视信号

电视是利用电学方法即时传送景物活动图像和声音的技术。电视与电影相似，都是利用人眼的视觉暂留现象将一帧帧渐变的静止图像形成视觉上的活动图像。根据实验，当每秒钟呈现多于 20 帧的渐变图像，人眼就会有连续的感觉。电影是每秒放映 24 幅画面，我国电视标准是每秒传送 25 帧图像。

黑白电视只传送景物的亮度，而不能反映景物的颜色，得到的只是明暗不同的黑白图像。彩色电视则可以传送景物的颜色，它需要在黑白电视的基础上进一步解决如何将色彩与电信号联系起来，即如何用电信号来反映颜色的问题。

下面简述一下光和色的问题。可见光是一种波长为 380~780nm（1nm=10^{-9}m，即 1 纳米）的电磁波。白光通过三棱镜后可分解为红、橙、黄、绿、青、蓝、紫（品红）等颜色的光，其中红光波长最长。任何一种色光都可认为是由表征明亮程度的亮度、表征光色种类的色调以及表征颜色浓淡的饱和度所决定。通常将色调和饱和度合称为色度。

彩色电视是利用三基色原理实现的。根据三基色原理，任何一种色光都可认为是由红、绿、蓝三种基本色光按不同光量相混而成的。三基色光等量相混可成为白光，红、绿色光等量相混可成黄色光，红、蓝色光等量相混可成为紫色光，蓝、绿色光等量相混可成青色光，如图 10-1（a）所示。光色相混与颜料相混不同，前者是相加混色，而后者是相减混色，例如青颜料与黄颜料相混可得绿色颜料，如图 10-1（b）所示。

将三基色光点靠得很近而不相重叠时，人眼从远处看去，也可获得彼此重叠相混的相同效果。例如红色光点与绿色光点相距很近时，人眼从远处看去会获得黄色光点的感觉，这种混色法称为空间混色。彩色电视在接收端就是利用彩色电视机中显像管荧光屏上按一定规律涂布的许多组彼此相距很近的能发出红、绿、蓝光的荧光点受各自的电子束轰击而发光，使观看电视的人能获得各种彩色感觉。

彩色电视系统的发送端将要传送的景物各光点按亮度和色度转换为电信号后传送，接收端按相应的几何位置显现各光点的亮度和色度，重现出一帧帧景物的图像。

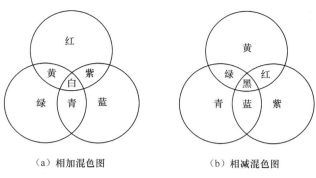

（a）相加混色图　　　　　　　（b）相减混色图

图 10-1　混色图

10.1.1　图像的分解扫描

景物经透镜聚焦在电视摄像机的摄像管上，电视信号从点到面按顺序依次被拾取、传送，以及在电视接收机的显像管中都是靠电子束扫描来完成的。各国的电视扫描制式不尽相同，我国是每秒 25 帧，每帧 625 行，宽高比为 4∶3。

对于景物图像的扫描如同人们看书一样。先从一页第一行的最左端依次向右看完一行后，立即将视线快速向左移向第二行最左端，这样，依次一行行地看完一页后，又快速地将视线移向下一页的第一行最左端，一页页地看下去。电子束扫描时，先从一帧图像的左上端依次向右扫描图像的各光点，扫到最右端时完成第一行的扫描（称为行扫描正程），然后电子束快速移向第二行最左端（称为行扫描逆程），开始第二行扫描，直到扫完最后一行（上述整个过程称为帧扫描正程），然后电子束快速移向左上角（称为帧扫描逆程），开始扫描第二帧图像。

由于每秒扫描 25 帧图像人眼还会有闪烁感觉，所以电影采取每个画面投两次光，即每秒 48 次来消除闪烁。电视则采用隔行扫描的办法，即将一帧图像分两次扫描，先扫奇数（1、3、5…）行，再扫偶数（2、4、6…）行，即每秒扫描 50 次来消除闪烁。每扫描一次称为一场，这样，每一帧扫描改由两场完成，即先扫奇数场，再扫偶数场，每秒 50 场，每场由场正程和场逆程完成。

电子束扫描的行逆程和场逆程形成的信号应被消隐掉，以免影响正程信号形成的图像。利用行、场逆程消隐期间可传送行、场同步信号，以使收发端的扫描同步准确地重视原景物的图像。

彩色电视图像的发送和接收过程如下：在发送端利用电视摄像机的镜头将景物的图像通过分色镜后分为红、绿、蓝三幅图像，让它们分别聚焦到三个摄像器件的光敏（或光导）靶面上。靶面各点激发的光电子或光电导变化情况随图像各点的亮度而不同。当电子束对靶面扫描时，就会产生一个幅度正比于图像各点亮度的电信号。将红、绿、蓝三个摄像器件产生的电信号经过组合处理后，送往电视发射台，以电波形式发射出去。电视接收机收到传来的电视信号后，分为红、绿、蓝三个图像信号，分别送往显像管的红、绿、蓝电子枪，控制它们发射的电子束的强弱。当显像管电子束与发送端同步扫描时，显像管上按一定规律排列的许多组相互靠得很近的红、绿、蓝荧光粉分别受到红、绿、蓝电子束轰击而发出不同亮度的色光，组成一帧彩色图像。

在黑白电视中，摄像机中没有分色镜，只有一个摄像器件，形成黑白亮度信号。接收端的黑白显像管中只有一个电子枪，发出的电子束受亮度信号控制强弱，轰击荧光屏而呈现黑白图像。

10.1.2 黑白电视与彩色电视的兼容

由于彩色电视是在黑白电视基础上实现的，它必须与黑白电视兼容，即应使黑白电视机也能接收彩色电视台播出的节目，而彩色电视机也能接收黑白电视台播出的节目，当然两者收到的都是黑白图像。

要实现兼容，必须做到两点：一是彩色电视广播的信号中必须包括有亮度信号，以供黑白电视机能够接收重现黑白图像；二是彩色电视广播所占的频带应与黑白电视广播完全相同，这样黑白电视机和彩色电视机才能彼此互相收到信号。

我国的电视制式如前述，一秒钟传送 25 帧，一帧有 625 行，宽高比为 4:3，因而可计算出图像信号所占带频宽度为 6MHz。彩色电视要传输红、绿、蓝三个图像信号，如果不采取措施，它就需要 18MHz 的频带，这不符合兼容的要求，所以应将红、绿、蓝三个图像信号压缩到与黑白电视相同的 6MHz 内。

R（红）、G（绿）、B（蓝）三个彩色分量不仅代表了图像的色度，也代表了图像的亮度。图像亮度 Y 与 R、G、B 三者之间的关系是固定的，可用公式表示为

$$Y = 0.30R + 0.59G + 0.11B$$

如果用电信号来代表，R 就代表红色分量电信号，G 代表绿色分量电信号，B 代表蓝色分量电信号，如果有了 R、G、B 三个电信号，将它们按上述公式的比例混合就可得出亮度信号 Y，这就是黑白电视机所需要的。为了兼容，在彩色电视广播中必须包括亮度 Y，而彩色电视机需要的又是 R、G、B 三个电信号。由上述公式可知 Y、R、G、B 四个电信号中只需传送其中三个电信号，而在彩色电视机中也用加法与减法电路由 Y、$R-Y$、$B-Y$ 三个电信号形成 R、G、B 三个信号。

黑白电视广播频带是只供传送亮度信号 Y 的，色差信号 $R-Y$、$B-Y$ 如何在这个已经规定的频带中同时传送，而且不与 Y 信号相互干扰是个关键问题。

解决这个问题的方法有两步，第一步是将色差信号 $R-Y$、$B-Y$ 所占频带进行压窄，第二步再将它们插到 Y 信号所占的频带中，并设法使它们互不干扰，让整个频带宽度仍保持 6MHz。

根据人眼对景物的细节只能辨别它的亮度差别，即黑白差别，而不大看得出彩色差别，只是对于景物中的大面积部分，人眼才能辨别彩色差别，即人眼对彩色感觉的灵敏度远低于亮度感觉的灵敏度这一特性，就可将色度信号的频带进行压窄。

如前所述，电视信号是由 0～6MHz 频带内的不同频率成分组成的。频率高的信号成分相当于景物的轮廓等细节部分，因为这些部分相当于亮度或颜色的快变化，也就是频率高；频率低的信号成分相当于景物的大面积部分，因为这些部分相当于亮度或颜色的慢变化，也就是频率低。于是，利用人眼对景物颜色只能感受大面积部分的特性，对色度信号只传送它的低频成分就可以了，而对景物的轮廓等细节部分只可传送 Y 信号，即通常所说的大面积着色。在我国彩色电视中是将色差信号 $R-Y$、$B-Y$ 先经幅度压缩后（分别改称为 V、U 信号），再将它们的频率范围压缩到 0～1.3MHz，而将亮度信号 Y 保持 6MHz。

理论分析和实验证明，亮度信号并不是连续布满了 0～6MHz 整个频带，而是按行扫描频率整数倍以一定宽度相间隔分布的，即每两组相邻亮度信号频谱之间还留有一定空隙。但色度信号是与亮度信号相同规律从行扫描得到的，因此它的频谱位置与亮度信号的频谱位置是

相重叠的，所以应设法将色度信号与亮度信号错开，然后插到亮度信号频谱的空隙中，达到互不干扰的目的。

在彩色电视中，将 V、U 两个色差信号用一种称为正交平衡调幅器的设备，同时分别调制到频率为 4.43361875MHz 两个相差 90°（即正交）的副载波上后，使形成的频谱变为恰好能插到亮度信号频谱的空隙处，并与亮度信号合在一起传送出去。以上整个过程称为编码。

在接收端，由接收天线收到信号后，可得到亮度信号 Y 以及经副载波调制的色差信号，再用与普通检波电路相似的称为"同步检波"电路将 V、U 即 $R-Y$、$B-Y$ 两个色差信号恢复出来并区分开，再与亮度信号 Y 经过处理，得出 R、G、B 信号，整个过程称为解码。然后将 R、G、B 信号送给彩色显像管，显示出彩色图像。

10.1.3 彩色电视制式

世界上现有三种彩色电视制式，它们都是与黑白电视兼容的。三种彩色电视制式是根据电视发、收端对 R、G、B 三基色信号编码和解码方式不同而区分的。

1．NTSC 制

NTSC 制是美国在 1954 年正式广播的一种兼容彩色电视制式，也用于加拿大、日本等国。NTSC 是 National Television System Committee（美国国家电视制式委员会）的缩写。根据人眼对蓝色和紫色细节的分辨力最弱，而对红色和黄色细节的分辨力最强的视觉特性，这种制式采用以蓝、紫之间的色差信号 Q 和红、黄之间的色差信号 I 来代替蓝、红色差信号 U 和 V。将 Q、I 色差信号分别对初相角为 33°、123° 两个同频彩色副载波进行正交平衡调幅，以便于解码分离和抑制副载波。调制后的两个色差信号经混合组成色度信号。为了在接收端对色度信号进行同步检波，须在发送端利用行消隐期间送出色同步信号。这种制式的特点是解码电路简单，成本较低；缺点是色度信号的相位失真会对重显彩色的色调有明显影响，这一现象称为正交平衡调幅的相位敏感性。

2．PAL 制（帕尔制）

PAL 制是前联邦德国为了降低 NTSC 制的相位敏感性于 1963 年制定的一种制式，于 1967 年正式广播，也用于英国和中国等国。PAL 制是 Phase Alternation Line（相位逐行交变）的缩写。这种制式是用 U、V 色差信号分别对相位为 0° 和 90° 的两个同频色副载波进行正交平衡调幅，并将 V 色差信号逐行倒相，使色度信号的相位偏差在相邻两行之间经平均而抵消。它也在行消隐相间，传送有色同步信号及判断 V 信号倒相与否的识别信号。这种制式的特点是对相位偏差不甚敏感，在传输中受多径接收而出现的彩色重影影响较小，缺点是编码、解码电路较复杂。

3．SECAM 制（塞康制）

SECAM 制也是为改善 NTSC 制相位敏感性而制定的一种兼容彩色电视制式，于 1967 年在法国正式广播，还用于独联体和东欧等国。SECAM 是法文 Sequential Couleur Avec Mémoire（顺序传送彩色和存储）的缩写。它是在发送端传送亮度和色度信号的同时，依次逐行传送红、蓝色差信号，但在接收端解码时，需要同时有亮度和红、蓝色差信号才能还原出红、绿、蓝三基色信号。因此，在接收端解码器中利用延时线将收到的其中一个色差信号储存一行的时间差，再与下一行收到的亮度信号和另一个色差信号一起组成三个用作解码的信号。色度信号是由红、蓝两个色差信号分别对有一定频率间隔的两个色副载波调频而成。这种制式的特点是所传色度受传输过程的多径接收的影响较小，缺点是电路稍复杂。

10.2　电视接收机

电视接收机是广播电视系统的终端设备，简称电视机。它将天线接收到的高频电视信号还原为视频图像和声音信号，分别加给显像管和扬声器，重现图像和重放出声音。

10.2.1　黑白电视接收机

黑白电视接收机用来接收电视台播送的黑白电视节目，也可以接收兼容制彩色电视节目，但只能重现黑白图像和伴音。它由接收天线、高频调谐器、图像中频公共通道、声音通道、扫描系统和电源等部分组成。

电视机通常都带有室内拉杆天线，接收甚高频（VHF）电视频道电视台的节目时，可根据频道号来调节天线拉出的长度。接收特高频（UHF）电视频道电视台的节目时可用较简单的室内环形天线。如距电视台较远处接收时，应使用室外天线（VHF 频道使用三单元或五单元天线；UHF 频道使用十几个单元的鱼骨形天线）。天线拾得的微弱电视信号经馈线进入电视机高频调谐器，选择高频调谐器的工作频道号使与要接收电视台的频道号一致。

高频调谐器将信号放大并经一混频电路进行超外差变频，即由机内本地振荡器产生比接收信号高一个中频的频率（我国规定图像中频为 38MHz，声音中频为 31.5MHz，如接收 2 频道节目，由于 2 频道图像载波为 57.75MHz，声音载波为 64.25MHz，因此本机振荡器应产生一个 95.75MHz 的频率），经混频后变为固定的图像中频和声音中频信号，然后进入图像中频公共通道，受到进一步选择和放大。公共通道具有如图 10-2 所示幅频特性，再经检波后，残留边带低频的下边带剩余部分与上边带的不足部分互相补偿，得到平直的幅频特性。由图像信号和同步信号组成

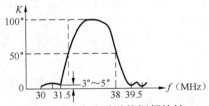

图 10-2　公共通道的幅频特性

的全电视信号和附加在上面的幅度很小的、由图像中频和声音中频差拍产生的第二声音中频信号（我国为 6.5MHz），同时加给视频放大器、同步分离电路和伴音通道。经视频放大器放大的图像信号加给显像管，调制电子束的亮度。同步分离电路分离出行、场同步信号，经微分电路和积分电路后，分别触发水平和垂直偏转电路，使显像管的扫描系统与电视台的扫描同步，正确重现图像。伴音通道将第二伴音中频信号经声音中放、限幅、鉴频后放大，使扬声器发出声音。

10.2.2　彩色电视接收机

彩色电视接收机用来接收彩色电视台播送的节目，当接收黑白电视台播送的节目时，能

重显黑白图像和声音。

与黑白电视接收机相比，彩色电视接收机多了彩色解码器，图像通道的带宽稍宽，显像管为彩色显像管。

彩色解码器包括亮度通道、色度通道、辅助信号电路等。

从图像中频公共通道输出的彩色全电视信号进入亮度通道，得到相当于黑白电视机图像信号的亮度信号（Y）；彩色全电视信号进入色度通道经解调后得到 $R-Y$ 和 $B-Y$ 两个色差信号，它们与亮度信号一起加到一个相加电路上，产生红（R）、绿（G）和蓝（B）三基色图像信号。再分别经三个视频放大后，调制彩色显像管中三个电子束的亮度。彩色全电视信号经辅助信号电路后，可得到行、场同步信号和色同步信号等。色同步信号用来提供给色度通道一个频率和相位准确的彩色副载频，以解调出 U、V 信号。行、场同步信号被加给彩色显像管的扫描系统，控制三个电子束的偏转，使它们能正确形成扫描并正确地射向彩色显像管荧光屏上相应的红、绿、蓝荧光点上，重现出彩色图像。

目前所用的彩色显像管大多为单枪三束显像管，它由一个电子枪发射出的三束电子束，分别受红、绿、蓝图像信号调制后射向荧光屏。荧光屏上涂敷有依次排列的几百组垂直条形红、绿、蓝荧光粉。在距荧光屏一定距离处有一隙缝障板，它是一个开有几百个条形隙缝的薄钢板。红、绿、蓝电子束射到隙缝障板位置时被聚焦，穿过隙缝后分别射到与条形隙缝相对应的一组红、绿、蓝荧光粉上，轰击荧光粉发光，并保持一段时间，其示意图如图 10-3 所示。为了使荧光屏上未涂有荧光粉部分不反射光线，以免影响重现图像的亮暗对比度，在这些部分涂有石墨形成了"黑底管"。

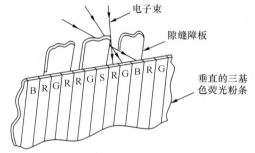

图 10-3　单枪三束彩色显像管的组成示意图

为了消除由于电波从不同方向反射后到达电视接收天线形成多径传输而在屏幕上出现重影，有的电视机装有消重影电路，使接收图像清晰稳定。有的电视机可接收立体声电视台信号，发出立体声。新型电视机大多采用数字选台方式，可预选约上百个电视台，并大多备有遥控器，可在适当距离内遥控选台，控制音量大小，调节亮度、色饱和度和对比度。有的电视机采用低音提升电路，可使低频声加重，增强真实感。

目前，电视机正朝大小两个方面发展。大屏幕电视机显像管屏幕尺寸可达 141cm，而微型液晶显示的电视机屏幕尺寸只有 3.8cm。液晶是由一种按一定规律排列的有机分子，被密封在两块玻璃板之间，当光线照射时可显示出在电场作用下的图形。它具有功耗小的优点，缺点是视角小、速度低、性能与温度有关。液晶显示的电视机大多为袖珍型便携式电视机。

此外，还有大型投影电视机，它是将红、绿、蓝三个高亮度显像管显示的图像经透镜投射到大型屏幕上，合成彩色图像。目前已批量生产的大型平板式壁挂显示屏，是未来电视机的方向。

彩色电视的数字化将在几年内实现，它的扫描行数可达 1250 行，屏幕宽高比为 16:9，有 5.1 声道的声音。

10.3 磁带录像机

模拟磁带录像机（VTR）是利用与模拟磁带录音机相同的电磁转换原理来记录和重放图像和声音的设备。

由于图像信号带宽为 6MHz，频率太高，因此，磁带录像机大多采用旋转磁头记录方式。即将磁头装在磁鼓上，以一定速度旋转，同时磁带也以一定速度移动，利用两者的高速相对运动在磁带上记录下与磁带长度方向成一定角度的一条条磁迹。磁带录像机按照所用磁带宽度和对信号处理方式的不同，可分为以下几种。

① C 型录像机：采用 2.54cm（1 英寸）宽开盘磁带，磁带以 Ω 形缠绕磁鼓，磁鼓上有六个录放磁头，其中录像磁头属 1.5 磁头方式。记录的每一条视频磁迹包括场正程信号，每一条辅助磁迹记录场消隐期间的信号。将辅助磁头作为 0.5 磁头，因而称 1.5 磁头方式。重放时，利用磁头切换开关去除重叠部分。

② U 型录像机：采用 1.9cm（3/4 英寸）宽盒式磁带，一条磁迹记录一场信号，称为不分段记录方式。磁鼓转速为 25r/s。索尼公司生产的 VO 系列和松下公司生产的 NV 系列机属于低带 U 型机，而 BVU 系列属于高带 U 型机。高带 U 型机的质量稍高于低带 U 型机。

③ 分量录像机：将亮度信号与色度信号分别进行记录以避免亮色互串，有 Betacam SP 型和 MⅡ型机。

④ 1.25cm（1/2 英寸）宽盒式磁带录像机：有索尼公司生产的 β 型（国内称小 1/2 型）和日本胜利公司首先制成的 VHS（国内称大 1/2 型）。它们都是两磁头不分段式录像机，不能兼容使用。

磁带录像机记录亮度信号都需采用调频后再记录的方法。在录音时，由于声音信号频率为 20Hz～20kHz，其间约有 10 个倍频程，放音时由于重放特性曲线是以每倍频程 6dB 上升的，20Hz 与 20kHz 时的输出可相差 60dB，可由电路校正使特性平直。但图像信号为 25Hz～6MHz，约有 18 个倍频程，所以低端与高端的输出可相差 108dB，而磁带本身只能记录约 70dB，高端输出可能使磁带过载，而低频输出又可能被噪声淹没。因此，必须将图像信号采用调频方法，使调频后的频率范围上移，这样，虽然调频后的绝对带宽增加了，但由于同时提高了上限频率和下限频率，两者的比值降低。调频后的频率范围为 1.1～7.8MHz，不到 3 个倍频程，可便于记录。

另外，对于低带录像机，由于记录的视频信号最高频率只达 3MHz，而视频信号的色度分量的频率为 4.43MHz+500kHz，超过 3MHz，不能将它与亮度分量一起调频记录。所以对于色度分量大多采用降低副载波频率的办法，移到低频端 1MHz 以下。这种方法称为色度降频记录法。

盒式录像机大多与录音机相似，可快进、快倒，并且可以使一幅图像静止不动。另外录像机本身大多带有接收电视广播的功能，可以将电视广播节目记录下来。目前，数字录像机已开始普及，它所记录的图像和声音质量都很高。

附录 A 中华人民共和国文化行业标准 WH/T 18—2003 演出场所扩声系统的声学特性指标（摘要）

（1）音乐、歌剧扩声系统声学特性指标

表 A-1 仅适用于作为辅助扩声用的扩声系统，不包括作为报幕用的扩声系统。

表 A-1　　　　　　　　　　　　　　音乐、歌剧扩声系统声学特性指标

演出场所环境	等级	声学特性						
		最大声压级(dB)	传输频率特性	传声增益(dB)	声场不均匀度(dB)	失真度	总噪声	系统噪声
室内	一级	80～8000Hz 范围内平均声压级≥109	以 80～8000Hz 的平均声压级为 0dB，在此频带内允许范围为|±4dB|；40～80Hz 和 8000～16000Hz 的允许范围见标准中图 1（图略）	80～8000Hz 的平均值≥-6	80Hz ≤ 10 ；500Hz、1000Hz、2000Hz、4000Hz、8000Hz ≤ 6 ；16000Hz≤8	≤3%（500Hz；1000Hz）	≤NR25 噪声评价曲线	≤NR20 噪声评价曲线
室外	一级	80～8000Hz 范围内平均声压级≥109	以 80～8000Hz 的平均声压级为 0dB，在此频带内允许≤|±4dB|；40～80Hz 和 8000～12500Hz 的允许范围见标准中图 2（图略）	80～8000Hz 的平均值≥-4	80Hz ≤ 12 ；500Hz、1000Hz、2000Hz、4000Hz、8000Hz ≤ 10 ；12500Hz≤12	≤3%（500Hz；1000Hz）	≤NR50 噪声评价曲线	≤35dB
室内	二级	100 ～ 6300Hz 范围内平均声压级≥105	以 100～6300Hz 的平均声压级为 0dB，在此频带内允许≤|±4dB|；50～100Hz 和 6300～12500Hz 的允许范围见标准中图 3（图略）	100 ～ 6300Hz 的平均值≥-8	100Hz ≤ 10 ；500Hz、1000Hz、2000Hz、4000Hz、6300Hz≤8	≤5%（500Hz；1000Hz）	≤NR30 噪声评价曲线	≤NR25 噪声评价曲线
室外	二级	100 ～ 6300Hz 范围内平均声压级≥105	以 100～6300Hz 的平均声压级为 0dB，在此频带内允许≤|±4dB|；50～100Hz 和 6300～10000Hz 的允许范围见标准中图 4（图略）	100 ～ 6300Hz 的平均值≥-6	100Hz≤4；500Hz、1000Hz、2000Hz、4000Hz、6300Hz≤10	不考核	不考核	≤40dB

（2）歌舞剧扩声系统声学特性指标（见表 A-2）

表 A-2　　　　　　　　　　　　　　歌舞剧扩声系统声学特性指标

演出场所环境	等级	声学特性						
		最大声压级(dB)	传输频率特性	传声增益（dB）	声场不均匀度(dB)	失真度	总噪声	系统噪声
室内	一级	80～8000Hz 范围内平均声压级≥109	以80～8000Hz的平均声压级为0dB，在此频带内允许≤|±4dB|；40～80Hz 和 8000～12500Hz 的允许范围见标准中图 5（图略）	80 ～ 8000Hz 的平均值≥-6	80Hz≤10；500Hz、1000Hz、2000Hz、4000Hz、8000Hz≤6	≤3%（500Hz；1000Hz）	≤NR25 噪声评价曲线	≤NR20 噪声评价曲线

演出场所环境	等级	声 学 特 性						
		最大声压级（dB）	传输频率特性	传声增益（dB）	声场不均匀度（dB）	失真度	总噪声	系统噪声
室外	一级	80～8000Hz 范围内平均声压级≥109	以 80～8000Hz 的平均声压级为 0dB，在此频带内允许≤|±4dB|；40～80Hz 和 8000～12500Hz 的允许范围见标准中图 6（图略）	80～8000Hz 的平均值≥-4	80Hz≤12；500Hz、1000Hz、2000Hz、4000Hz、8000Hz≤10	≤3%(500Hz；1000Hz)	≤NR50 噪声评价曲线	≤35dB
室内	二级	100～6300Hz 范围内平均声压级≥105	以 100～6300Hz 的平均声压级为 0dB，在此频带内允许≤|±4dB|；50～100Hz 和 6300～10000Hz 的允许范围见标准中图 7（图略）	100～6300Hz 的平均值≥-8	100Hz≤10；500Hz、1000Hz、2000Hz、4000Hz、6300Hz≤8	≤5%(500Hz；1000Hz)	≤NR30 噪声评价曲线	≤NR25 噪声评价曲线
室外	二级	100～6300Hz 范围内平均声压级≥103	以 100～6300Hz 的平均声压级为 0dB，在此频带内允许≤|±4dB|；50～100Hz 和 6300～10000Hz 的允许范围见标准中图 8（图略）	100～6300Hz 的平均值≥-6	100Hz≤14；500Hz、1000Hz、2000Hz、4000Hz、8000Hz≤10	不考核	不考核	≤40dB
室内	三级	125～5000Hz 范围内平均声压级≥100	以 125～5000Hz 的平均声压级为 0dB，在此频带内允许≤|±4dB|；63～125Hz 和 5000～8000Hz 的允许范围见标准中图 9（图略）	125～5000Hz 的平均值≥-8	125Hz≤10；500Hz、1000Hz、2000Hz、4000Hz、5000Hz≤8	≤7%(500Hz；1000Hz)	≤NR35 噪声评价曲线	≤NR30 噪声评价曲线
室外	三级	125～5000Hz 范围内平均声压级≥100	以 125～5000Hz 的平均声压级为 0dB，在此频带内允许≤|±4dB|；63～125Hz 和 5000～8000Hz 的允许范围见标准中图 10（图略）	125～5000Hz 的平均值≥-6	125Hz≤14；500Hz、1000Hz、2000Hz、4000Hz、5000Hz≤10	不考核	不考核	≤45dB

（3）戏剧、戏曲及话剧、曲艺扩声系统声学特性指标（见表 A-3）

表 A-3　　　　戏剧、戏曲及话剧、曲艺扩声系统声学特性指标

演出场所环境	等级	声 学 特 性						
		最大声压级（dB）	传输频率特性	传声增益（dB）	声场不均匀度（dB）	失真度	总噪声	系统噪声
室内	一级	100～6300Hz 范围内平均声压级≥103（话剧、曲艺）或≥106（戏剧、戏曲）	以 100～6300Hz 的平均声压级为 0dB，在此频带内允许≤|±4dB|；50～100Hz 和 6300～10000Hz 的允许范围见标准中图 11（图略）	100～6300Hz 的平均值≥-6	100Hz≤10；500Hz、1000Hz、2000Hz、4000Hz、6300Hz≤6	≤3%(500Hz；1000Hz)	≤NR25 噪声评价曲线	≤NR20 噪声评价曲线
室外	一级	100～6300Hz 范围内平均声压级≥103（话剧、曲艺）或≥106（戏剧、戏曲）	以 100～6300Hz 的平均声压级为 0dB，在此频带内允许≤|±4dB|；50～100Hz 和 6300～8000Hz 的允许范围见标准中图 12（图略）	100～6300Hz 的平均值≥-4	100Hz≤10；500Hz、1000Hz、2000Hz、4000Hz、6300Hz≤8	≤3%(500Hz；1000Hz)	≤NR50 噪声评价曲线	≤35dB

演出场所环境	等级	声学特性						
		最大声压级（dB）	传输频率特性	传声增益（dB）	声场不均匀度（dB）	失真度	总噪声	系统噪声
室内	二级	125~5000Hz范围内平均声压级≥100（话剧、曲艺）或≥103（戏剧、戏曲）	以125~5000Hz的平均声压级为0dB，在此频带内允许≤|±4dB|；63~125Hz和5000~8000Hz的允许范围见标准中图13（图略）	125~5000Hz的平均值≥-8	125Hz≤10；500Hz、1000Hz、2000Hz、4000Hz、5000Hz≤8	≤5%（500Hz；1000Hz）	≤NR30噪声评价曲线	≤NR25噪声评价曲线
室外	二级	125~5000Hz范围内平均声压级≥100（话剧、曲艺）或≥103（戏剧、戏曲）	以125~5000Hz的平均声压级为0dB，在此频带内允许≤|±4dB|；63~125Hz和5000~6300Hz的允许范围见标准中图14（图略）	125~5000Hz的平均值≥-8	125Hz≤14；500Hz、1000Hz、2000Hz、4000Hz、5000Hz≤10	不考核	不考核	≤40dB
室内	三级	200~4000Hz范围内平均声压级≥96（话剧、曲艺）或≥100（戏剧、戏曲）	以200~4000Hz的平均声压级为0dB，在此频带内允许≤|±4dB|；100~200Hz和4000~6300Hz的允许范围见标准中图15（图略）	200~4000Hz的平均值≥-8	200Hz、500Hz、1000Hz、2000Hz、4000Hz≤8	≤7%（500Hz；1000Hz）	≤NR35噪声评价曲线	≤NR30噪声评价曲线
室外	三级	200~4000Hz范围内平均声压级≥96（话剧、曲艺）或≥100（戏剧、戏曲）	以200~4000Hz的平均声压级为0dB，在此频带内允许≤|±4dB|；100~200Hz和4000~5000Hz的允许范围见标准中图16（图略）	200~4000Hz的平均值≥-8	200Hz、500Hz、1000Hz、2000Hz、4000Hz≤10	不考核	不考核	≤45dB

注：杂技、马戏扩声可参照此表。

（4）现代音乐、摇滚乐扩声系统声学特性指标（见表A-4）

表A-4　　　　　　　　　现代音乐、摇滚乐扩声系统声学特性指标

演出场所环境	等级	声学特性						
		最大声压级（dB）	传输频率特性	传声增益（dB）	声场不均匀度（dB）	失真度	总噪声	系统噪声
室内	一级	80~8000Hz范围内平均声压级≥109	以80~8000Hz的平均声压级为0dB，在此频带内允许≤|±4dB|；40~80Hz和8000~12500Hz的允许范围见标准中图17（图略）	80~8000Hz的平均值≥-6	80Hz≤10；500Hz、1000Hz、2000Hz、4000Hz、8000Hz≤6	≤3%（500Hz；1000Hz）	≤NR25噪声评价曲线	≤NR20噪声评价曲线
室外	一级	80~8000Hz范围内平均声压级≥112	以80~8000Hz的平均声压级为0dB，在此频带内允许≤|±4dB|；40~80Hz和8000~12500Hz的允许范围见标准中图18（图略）	80~8000Hz的平均值≥-4	80Hz≤12；500Hz、1000Hz、2000Hz、4000Hz、8000Hz≤8	≤3%（500Hz；1000Hz）	不考核	≤35dB
室内	二级	100~6300Hz范围内平均声压级≥106	以100~6300Hz的平均声压级为0dB，在此频带内允许≤|±4dB|；50~100Hz和6300~10000Hz的允许范围见标准中图19（图略）	100~6300Hz的平均值≥-8	100Hz≤10；500Hz、1000Hz、2000Hz、4000Hz、6300Hz≤8	≤5%（500Hz；1000Hz）	≤NR30噪声评价曲线	≤NR25噪声评价曲线
室外	二级	100~6300Hz范围内平均声压级≥106	以100~6300Hz的平均声压级为0dB，在此频带内允许≤|±4dB|；50~100Hz和6300~10000Hz的允许范围见标准中图20（图略）	100~6300Hz的平均值≥-6	100Hz≤14；500Hz、1000Hz、2000Hz、4000Hz、6300Hz≤10	不考核	不考核	≤40dB

附录B 中华人民共和国文化行业标准 WH 01—1993 歌舞厅扩声系统的声学特性指标与测量方法（摘要）

（1）歌厅、卡拉 OK 厅扩声系统声学特性指标（见表 B-1）

表 B-1　　　歌厅、卡拉 OK 厅扩声系统声学特性指标

等级	声学特性					
	最大声压级（dB）	传输频率特性	传声增益（dB）	声场不均匀度（dB）	总噪声级[dB（A）/dB]	失真度
一级	100～6300Hz ≥103	40～12500Hz 以 80～8000Hz 的平均声压级为 0dB，允许+4～-8dB，且在 80～8000Hz 内允许 ≤|±4dB|	125～4000Hz 的平均值≥-6	100Hz≤10；1000Hz 6300Hz } ≤8	35	5%
二级（一级卡拉 OK 厅）	125～4000Hz ≥98	63～8000Hz 以 125～4000Hz 的平均声压级为 0dB，允许+4～-10dB，且在 125～4000Hz 内允许 ≤|±4dB|	125～4000Hz 的平均值≥-8	1000Hz 4000Hz } ≤8	40	10%
二级卡拉 OK 厅（卡拉 OK 包间）	125～4000Hz ≥93	100～6300Hz 以 250～4000Hz 的平均声压级为 0dB，允许+4～-10dB，且在 250～4000Hz 内允许 +4～-6dB	250～4000Hz 的平均值≥-10	1000Hz 4000Hz } ≤12 卡拉 OK 包间不考核	40	13%

（2）歌舞厅扩声系统声学特性指标（见表 B-2）

表 B-2　　　歌舞厅扩声系统声学特性指标

等级	声学特性					
	最大声压级（dB）	传输频率特性	传声增益（dB）	声场不均匀度（dB）	总噪声级[dB（A）/dB]	失真度
一级	100～6300Hz ≥103	40～12500Hz 以 80～8000Hz 的平均声压级为 0dB，允许+4～-8dB,且在 80～8000Hz 内允许≤|±4dB|	125～4000Hz 的平均值≥-8	100Hz≤10；1000Hz 6300Hz } ≤8	40	7%
二级	125～4000Hz ≥98	63～8000Hz 以 125～4000Hz 的平均声压级为 0dB，允许+4～-10dB，且在 125～4000Hz 内允许≤|±4dB|	125～4000Hz 的平均值≥-10	1000Hz 4000Hz } ≤8	40	10%

续表

等级	声学特性					
	最大声压级（dB）	传输频率特性	传声增益（dB）	声场不均匀度（dB）	总噪声级[dB（A）/dB]	失真度
三级	250～4000Hz ≥93	100 ～ 6300Hz 以 250～4000Hz 的平均声压级为 0dB，允许+4～-10dB，且在 250～4000Hz 内允许+4～-6dB	250～4000Hz 的平均值≥-10	1000Hz 4000Hz } ≤12	45	13%

（3）迪斯科舞厅扩声系统声学特性指标（见表 B-3）

表 B-3 迪斯科舞厅扩声系统声学特性指标

等级	声学特性					
	最大声压级（dB）	传输频率特性	传声增益（dB）	声场不均匀度（dB）	总噪声级[dB（A）/dB]	失真度
一级	100～6300Hz ≥110	40～12500Hz 以 80～8000Hz 的平均声压级为 0dB，允许+4～-8dB，且在 80～8000Hz 内允许≤|±4dB|	—	100Hz≤10； 1000Hz 6300Hz } ≤8	40	7%
二级	125～4000Hz ≥103	63～8000Hz 以 125～4000Hz 的平均声压级为 0dB，允许+4～-10dB，且在 125～4000Hz 内允许≤|±4dB|	—	1000Hz 4000Hz } ≤8	45	10%

注：1. 歌舞厅扩声系统的声压级，正常使用应用 96dB 以下为宜，短时间最大声压级应控制在 110dB 以内；

2. 迪斯科舞厅的扩声系统声学特性指标，只在舞池考核。

附录 C 中华人民共和国广播电视部标准 GYJ 25—1986 厅堂扩声系统 声学特性指标（摘要）

（1）音乐扩声系统声学特性指标（见表 C-1）

表 C-1   音乐扩声系统声学特性指标

等级	声 学 特 性				
	最大声压级（空场稳态准峰值声压级）（dB）	传输频率特性	传声增益（dB）	声场不均匀度（dB）	总噪声级
一级	100～6300Hz 范围内平均声压级≥103	以 100～6300Hz 的平均声压级为 0dB，在此频带内允许≤|±4dB|；50～100Hz 和 6300～10000Hz 的允许范围见标准中图 1（图略）	100～6300Hz≥4（戏剧演出）或≥8（音乐演出）	100Hz≤10；1000Hz、6300Hz≤8	≤NR25
二级	125～4000Hz 范围内平均声压级≥98	以 125～4000Hz 的平均声压级为 0dB，在此频带内允许≤|±4dB|；63～125Hz 和 4000～8000Hz 的允许范围见标准中图 2（图略）	125～4000Hz：平均值≥8	1000Hz、4000Hz≤8	≤NR30

（2）语言和音乐兼用的扩声系统声学特性指标（见表 C-2）

表 C-2   语言和音乐兼用的扩声系统声学特性指标

等级	声 学 特 性				
	最大声压级（空场稳态准峰值声压级）（dB）	传输频率特性	传声增益（dB）	声场不均匀度（dB）	总噪声级
一级	125～4000Hz 范围内平均声压级≥98	以 125～4000Hz 的平均声压级为 0dB，在此频带内允许≤|±4dB|；63～125Hz 和 4000～8000Hz 的允许范围见图 2（图略）	125～4000Hz：平均值≥-8	1000Hz、4000Hz≤8	≤NR30
二级	125～4000Hz 范围内平均声压级≥93	以 250～4000Hz 的平均声压级为 0dB，在此频带内允许≤+4dB、|-6dB|；100～250Hz 和 4000～6300Hz 的允许范围见标准中图 3（图略）	250～4000Hz：平均值≥-12	1000Hz、4000Hz≤10	≤NR30

（3）语言扩声系统声学特性指标（见表 C-3）

表 C-3　　　　　　　　　　　　　　语言扩声系统声学特性指标

等级	声学特性				
	最大声压级（空场稳态准峰值声压级）（dB）	传输频率特性	传声增益（dB）	声场不均匀度（dB）	总噪声级
一级	250～4000Hz 范围内平均声压级≥90	以 250～4000Hz 的平均声压级为 0dB，在此频带内允许≤+4dB、|−6dB|；100～250Hz 和 4000～6300Hz 的允许范围见标准中图 3（图略）	250～4000Hz：平均值≥12	1000Hz、4000Hz≤8	≤NR30
二级	250～4000Hz 范围内平均声压级≥85	以 250～4000Hz 的平均声压级为 0dB，在此频带内允许≤+4dB、|−10dB|；100～250Hz 和 4000～6300Hz 的允许范围见标准中图 4（图略）	250～4000Hz：平均值≥14	1000Hz、4000Hz≤10	≤NR35

附录 D 部分品牌音箱、功放技术参数

有关技术参数见表 D-1～表 D-7。

表 D-1   美国 EV 部分扬声器技术参数

技术参数 \ 型号	EVI-12	EVI-15	EVI-28	FRI-2082	FRI+122/64/66/94	FRI+152/64/66/94	FRI+18IS
类型	二分频	二分频	二分频	二分频（双功放）	二分频（双功放）	二分频（双功放）	超低频
频响（−3dB）（Hz）	45～25000	45～25000	62～25000	55～20000	50～15000	40～15000	36～160000
灵敏度（dB）（1W·1m 时）	99.5	100	93	93	99	101	97
最大声压级（SPLm）（dB）	129	129.5	123.5	122	128	129.5	129
长期承受功率（W）	250	250	250	200	300	350	400
短期承受功率（W）	1000	1000	1000	800	1200	1400	1600
覆盖角	60°（H）×65°（V）	60°（H）×65°（V）	60°（H）×65°（V）	60°（H）×65°（V）	60°（H）×65°（V）	60°（H）×65°（V）	60°（H）×65°（V）
标称阻抗（Ω）	8	8	8	8	8	8	8

表 D-2   美国 EAW 部分扬声器技术参数

技术参数 \ 型号	AS690i	AS660i	AS460	AS490	ASR665	ASR695	AS625
类型	三分频	三分频	二分频	二分频	三分频	三分频	低音
频响（Hz）	70～17000（±3dB）	70～17000（±3dB）	350～17000	350～17000	47～17000	47～17000	47～500000
标称功率（W）	360（MF/HF）800（LF）	360（MF/HF）800（LF）	360	360	360（MF/HF）600（LF）	360（MF/HF）600（LF）	1200
标称阻抗（Ω）	8（MF/LF）4（HF）	8（MF/LF）4（HF）	8	8	8	8	4
灵敏度（dB）（1W·1m 时）	105（MF/HF）100	105（MF/HF）100	105	105	105（MF/HF）97	105（MF/HF）97	100
覆盖角	90°（H）×45°（V）	60°（H）×45°（V）	60°（H）×45°（V）	90°（H）×45°（V）	60°（H）×45°（V）	90°（H）×45°（V）	
最大连续输出声压（dB）	130.6（MF/HF）129（LF）	130.6（MF/HF）129（LF）	130.6（MF/HF）	130.6（MF/HF）	130.6（MF/HF）124.8（LF）	130.6（MF/HF）124.8（LF）	130.8

表 D-3 法国 NEXO 部分扬声器技术参数

型号＼技术参数	频率响应（Hz）	灵敏度（dB）（1W·1m 时）	最大声压级（dB）	覆盖角	驱动单元
Alpha M3/M8	190～19000,±3dB	M3: 110 M8: 108	M3: 145 M8: 143	M3: 35°（H）×35°（V） M8: 75°（H）×45°（V）	中频: 2×10 英寸 高频: 1×3 英寸
Alpha B1	42～190000,±3dB	106	140	N/A	低频: 1×15 英寸
Alpha B2	32～80000,±3dB	105	140	N/A	低频: 2×18 英寸
Alpha-F	40～19000,±3dB	107	M3: 142 MF/HF: 140	75°（H）×30°（V）	低频: 1×18 英寸 中频: 1×10 英寸 高频: 1×3 英寸
Alpha-M	220～19000,±3dB	107	140	75°（H）×30°（V）	中频: 1×10 英寸 高频: 1×3 英寸
Alpha-B1-18	40～19000,±3dB	107	142	N/A	低频: 1×18 英寸
PS-15	50～19000,±3dB	102	134	100°（H）×55°（V）	低频: 1×15 英寸 高频: 1×2 英寸
PS-10	65～19000,±3dB	98	127	100°（H）×55°（V）	低频: 1×10 英寸 高频: 1×1 英寸
PS-8	69～19000,±3dB	96	125	100°（H）×55°（V）	低频: 1×8 英寸 高频: 1×1 英寸

表 D-4 美国 Bose 部分扬声器技术参数

型号＼技术参数	802	302	502	9702 Ⅱ
类型	全频	12 英寸低音	12 英寸低音	全频
频响（Hz）	50～16000	55～180000	55～180000	180～16000
最大输出声压级（dB）	—	124	115（平均值）122（峰值）	128（平均值）134（峰值）
灵敏度（dB）（1W·1m 时）	92	98	90	104
标称阻抗（Ω）	8	4	8	4
覆盖角	120°（H）×100°（V）	>180°	>180°	87°（H）×70°（V）
承受功率（W）	240	600（最大）	450（连续）	600（中频）450（高频）

表 D-5 美国 Meyer Sound Concert Series 音乐会扬声器系列的技术参数

型号	用途	频率范围（+4～−6dB）	最大峰值声压级	覆盖角 H×V（−6dB）	功放输出功率	扬声器单元 低频	扬声器单元 高频	质量（kg）
SB-1	反射式中频/高频系统，用于体育场（馆）远区覆盖	500Hz～15kHz	110dB/100m	10°×10°	2×620W	1×12 英寸	1×2 英寸	133
CQ-1 CQ-2	全频系统，用于音乐厅、剧场和礼拜堂	40Hz～18kHz	136dB/1m 139dB/1m	80°×40°（CQ-1）50°×40°（CQ-2）	2×620W	1×15 英寸	1×2 英寸	59
MSL-4	全频系统，用于体育馆、音乐厅、夜总会、剧场、礼拜堂	65Hz～18kHz	140dB/1m	40°×35°	2×620W	1×12 英寸	1×2 英寸	82

续表

型号	用途	频率范围 (+4～ -6dB)	最大峰值声压级	覆盖角 H × V (-6dB)	功放输出功率	扬声器单元		质量 (kg)
						低频	高频	
MSL-6	全频系统，用于体育馆、音乐厅和各种音乐、语言扩声	65Hz～ 16kHz	145dB/1m	30°×25°	4×620W	2×12 英寸	3×2 英寸	216
MTS-4A	全频系统，用于剧场、夜总会和礼拜堂	33Hz～ 16kHz	140dB/1m	70°×60°	4×620W	1×18 英寸 1×15 英寸 1×12 英寸	1×2 英寸	127
PSM-2	舞台返听	50Hz～ 18kHz	139dB/1m	50°×50°	2×620W	1×12 英寸	1×2 英寸	41
DS-2P	中低频系统，用于体育馆、音乐厅、剧场和夜总会	40～ 160Hz	140dB/1m	120°×120°	2×620W	2×15 英寸	—	110
DS-4P	中低频系统，用于体育馆、音乐厅、剧场和夜总会，与 MSL 配套使用	70～ 200Hz	142dB/1m	120°×120°	2×620W	2×12 英寸	—	74
650-P	超低频系统，用于体育馆、音乐厅、大剧场和夜总会	28～ 100Hz	136dB/1m	360°×180°	2×620W	2×18 英寸	—	100
PSW-2	超低频系统，用于体育馆、音乐厅、大剧场和夜总会	30～ 100Hz	136dB/1m	360°×180°	2×620W	2×15 英寸	—	74
PSW-6	超低频系统，用于体育馆、音乐厅、剧场	32～ 100Hz	140dB/1m	心形特性	4×620W	2×18 英寸 4×15 英寸	—	201

表 D-6　　　　　　　　美国 JBL Mpro 通用扬声器系统技术参数

产品型号	用途	频率范围 (-10dB)	灵敏度(dB) (1W·1m时)	分频方式	扬声器阻抗 (Ω)	额定功率(W)	最大声压级 (dB) (1m)	体积(mm × mm × mm/ kg)
MP410	语言扩声、跳台 F 面补声、监听	50Hz～ 20kHz	94	内置2路分频	8	300	125	508×338× 300/15.4
MP412	语言、歌唱和音乐扩声、补声和舞台返送	50Hz～ 20kHz	99	内置2路分频	8	350	130	605×396× 344/21.4
MP415	多功能厅、会场、卡拉OK 大厅，舞台返送	44Hz～ 20kHz	99	内置2路分频	8	350	130	719×461× 383/26.8
MP418S (与 MP410 配套使用)	多功能厅、会场、卡拉 OK 大厅和以音乐、歌唱为主的场地	36Hz～ 300Hz～ 20kHz	101	与 MP410 或 MP412 组成 3 路分频	4	600	135	617×538× 598/29
MP418SP (与 MP412 配套使用)	多功能厅、会场和歌舞厅	36Hz～ 150Hz～ 20kHz		内置低音分频	4	内置功放 660	132	617×538× 776/54
MP212	语言、歌唱和音乐扩声、补声和舞台返送	50Hz～ 16kHz	99	内置2路分频	8	250	129	610×404× 348/20.2
MP215	多功能厅、会场、卡拉 OK 演唱大厅	45Hz～ 16kHz	99	内置2路分频	8	250	129	709×466× 347/22.2
MP225（双15 英寸全频音箱）	文艺表演、歌舞厅，不加超低音低音效果也出色	32Hz～ 16kHz	101	内置2路分频	4	500	134	1163×465× 513/45.1
MP255S（双15 英寸超低音）	与 MP212 或 MP215 配套使用，歌舞厅、迪斯科厅	32Hz～ 180Hz ～16kHz	102	内置低音分频	8	500	135	950×527× 940/52.2

表 D-7   部分品牌功率放大器技术参数

技术参数 型号	输出功率 （1kHz）	频率响应 （Hz）	总谐波失真 （20Hz～ 20kHz）	阻尼系数 （10～ 400Hz）	信噪 比（dB）	电压转换 速率 （V/μs）	产地
Crown MA-1202	2×310W/8Ω 2×480W/4Ω	20～20000 （±0.1dB）	<0.05%	>1000	>105	13	美国
Crown MA-2402	2×520W/8Ω 2×800W/4Ω	20～20000 （±0.1dB）	<0.05%	>1000	>105	13	美国
Crown MA-3600Vz	2×1120W/8Ω 2×1565W/4Ω	20～20000 （±0.1dB）	<0.05%	>1000	>105	13	美国
Crown MA-5002Vz	2×1300W/8Ω 2×2000W/4Ω	20～20000 （±0.1dB）	<0.05%	>1000	>105	13	美国
CAMCO Tecton24.4	2×698W/8Ω 2×1216W/4Ω	20～20000 （±0.2dB）	<0.05%	>400	>107 （不计权）		德国
CAMCO Tecton32.4	2×918W/8Ω 2×1598W/4Ω	20～20000 （±0.2dB）	<0.02%	>400	>107 （不计权）		德国
CAMCO Tecton38.4	2×1136W/8Ω 2×1900W/4Ω	20～20000 （±0.2dB）	<0.02%	>400	>107 （不计权）		德国
BGW VX440	2×475W/8Ω 2×725W/4Ω	20～20000 （±0/−0.1dB）	<0.008%	>300	>110	13	美国
BGW VX660	2×660W/8Ω 2×1050W/4Ω	20～20000 （±0/−0.1dB）	<0.008%	>300	>110	13	美国
BGW VX880	2×900W/8Ω 2×1500W/4Ω	20～20000 （±0/−0.1dB）	<0.008%	>300	>110	13	美国
QSC PL1.0	2×200W/8Ω 2×325W/4Ω	20～20000 （±0.15dB）	<0.01%	>350	>108		美国
QSC PL1.4	2×300W/8Ω 2×500W/4Ω	20～20000 （±0.15dB）	<0.01%	>350	>108		美国
QSC PL1.8	2×400W/8Ω 2×6500W/4Ω	20～20000 （±0.15dB）	<0.01%	>350	>108		美国
QSC PL2.0	2×650W/8Ω 2×1000W/4Ω	20～20000 （±0.15dB）	<0.01%	>350	>108		美国
QSC PL2.4	2×1000W/8Ω 2×1550W/4Ω	20～20000 （±0.15dB）	<0.01%	>350	>108		美国